第5章

R	抵抗	Ω
e, E	電圧	V
K	ゲージファクタ	
α	加速度	m/s²
k	バネ定数	N/m
f	焦点距離	m
d	視差	m
b	基準長	m

第6章

i	電流	A
B	磁束密度	Wb/m²
k_t	トルク定数	N m/A
Φ	磁束	Wb
k_e	逆起電力定数	V s/rad
L	インダクタンス	H
c	粘性抵抗係数	N m s/rad
J	慣性モーメント	kg m²
T	周期	s
W	仕事	W

第7章

z	減速比	
η	伝達効率	
ξ	減衰係数	
ω_n	固有角周波数	rad/s

ROBOTICS
ロ ボ テ ィ ク ス

日 本 機 械 学 会

まえがき

　本書は，機械工学を学ぶ学生を対象とし，日本機械学会の教科書シリーズに準ずる形で編纂された，「ロボット工学」の教科書である．シリーズ内の他の教科書と同様，大学の機械系学科の学部 3 年生〜4 年生における「ロボット工学」の講義において，国内の標準教科書となることを目指して執筆されたものである．

　その目的は，機械工学で学んだ知識を総動員して，ロボットを設計し，作り，動かすための基礎を学ぶことにある．

　機械技術と電気・電子技術と情報技術を総合したシステム技術はメカトロニクスと呼ばれているが，ロボットはメカトロニクスの代表選手である．ロボットを作るためには，その設計のための要素技術，たとえば，機械工学では力学や振動学や材料力学や機構学や制御工学や機械要素設計など，電気電子工学では電磁気学や電気・電子・論理回路や計測工学や信号処理など，情報科学ではプログラミング言語やデータ構造とアルゴリズムやソフトウェア工学などが，基礎として重要である．しかし，その知識だけでロボットを作ることができるか，というと残念ながら NO といわざるをえない．

　ロボットが必要な動きを行えるようにするためには，要素技術をどう活用するか，どう組み合わせるか，全体の働きをどう分担させるか，といったことを巧みに構成することが必要である．さらには，ユーザが求める機能をどう実現するのか，また，どう顧客の満足を勝ち得るのか，という問題を，巧みに計画することが必要である．このような行為は，システムインテグレーションと呼ばれている．ロボットはシステムインテグレーションを学ぶための格好の教材でもある．

　目次をご覧になるとわかると思うが，本書は通常の教科書とは逆の順序で説明されている．つまり，完成したロボットをまず紹介し，それを分解することによって，ロボットがどう作られているか，どのようにして動かされ，どのような性質を持っているかを示していく．代表的なロボットの移動機構や作業機構について，その主な構成を紹介し，機能を実現するための方法論や考え方を示していく．そして，ロボットという機能体の全貌を理解した後に，その構成要素であるセンサ，アクチュエータ，制御，行動計画などに関する技術を説明する．さらには，最後に，ロボットがどのようにして企画され，設計され，商品化されたかを実例によって学ぶ．

　すなわち，本書はロボットというシステムを科学的に説明し，理解してもらうことが目的ではない．この機能を実現するためにはどうすればいいのか，を考える力を付けることが本書の目的である．ある問題が与えられたとき，それを解決するためのロボットやメカトロニクスシステムを設計し，構成し，それによって問題を解決し，ユーザに対するサービスを実現する，そのための基礎を学ぶことを目的としている．

　ロボットの用途はますます拡大し，工場の中の産業用ロボットから，生活や屋外活動を支援するためのサービスロボットにその用途を広げてきている．それと同時に，サービスを実現するためのシステムインテグレーションの重要性はますます増してきている．本書で学んだ学生諸氏が，将来，大きなシステムをまとめ上げていく中核技術者として活躍されることを願っている．

　本書には，説明順序が前後している部分や，いきなり高度な内容が説明されている部分がある．特に，「移動する」や「作業する」の中では，前に説明されていない事項や，他の講義でも習っていない事項が使われている．これは，ロボットを分解していくという，積み上げ式ではないトップダウン式の説明順序を取ったために他ならない．

　この問題を完全に避けるためには，難しい事項の説明を省略することがひとつの解決策であるが，標準教科書としてはそうすべきではない．そこで，飛躍があったり，内容が高度である節には，タイトルに「＊」の印を付け，明示することにした．

したがって，自習書として本書を活用される学生諸氏におかれては，「＊」の付いた部分は遠慮無くスキップして読み進んでいただき，本書を終わりまで読み終えた後，もう一度「＊」にチャレンジしていただきたい．

本書を講義に採用される先生方におかれては，学科のカリキュラム構成や学生がすでに学んでいる科目を踏まえた上で，「ロボット工学」で学習すべき項目を精査いただくとともに，「＊」をはじめとする学生にとって難解な部分については，適宜後回しにしたり，補足説明を加え，消化不良になることのないよう工夫していただきたい．

最後に，本書の執筆にご尽力いただいた執筆者諸氏に対し，深く感謝の意を表します．本書の出版に当たり，日本機械学会事務局の方々には大変お世話になりました．また，論文やカタログ等からデータの掲載を快く了承していただいた研究者や企業の方々に感謝いたします．

2011 年 8 月
一般社団法人　日本機械学会
ロボティクス・メカトロニクス部門
出版委員会

執筆担当者

第 1 章　大須賀公一（大阪大学）

第 2 章　大隅久（中央大学），中村太郎（中央大学）

第 3 章　米田完（千葉工業大学），横井一仁（産業技術総合研究所），大野和則（東北大学）

第 4 章　菅野重樹（早稲田大学），小俣透（東京工業大学），木口量夫（九州大学）

第 5 章　山下淳（東京大学），大野和則（東北大学）

第 6 章　田所諭（東北大学），河村隆（信州大学）

第 7 章　栗栖正充（東京電機大学），河村隆（信州大学）

第 8 章　横小路泰義（神戸大学），稲邑哲也（国立情報学研究所）

第 9 章　中川志信（大阪芸術大学），藤田雅博（ソニー），石井純夫（セコム），大和信夫（ヴイストン），岩野優樹（明石工業高等専門学校）

おわりに　大須賀公一（大阪大学）

ロボティクス・メカトロニクス部門出版委員会委員

年度	委員長	副委員長	幹事
2007 年度	田所　諭	大須賀公一	大野　和則
2008 年度	大須賀公一	大隅　久	栗栖　正充
2009 年度	大隅　久	栗栖　正充	中村　太郎
2010 年度	栗栖　正充	稲邑　哲也	岩野　優樹
2011 年度	稲邑　哲也	山下　淳	中後　大輔
2012 年度	山下　淳	中村　明生	昆陽　雅司

委員：

石井純夫（セコム），稲邑哲也（国立情報学研究所），岩野優樹（明石工業高等専門学校），大須賀公一（大阪大学），大隅久（中央大学），大野和則（東北大学），小俣透（東京工業大学），河村隆（信州大学），木口量夫（九州大学），栗栖正充（東京電機大学），菅野茂樹（早稲田大学），田所諭（東北大学），中川志信（大阪芸術大学），中村太郎（中央大学），藤田雅博（ソニー），山下淳（東京大学），大和信夫（ヴイストン），横井一仁（産業技術総合研究所），横小路泰義（神戸大学），米田完（千葉工業大学）

目　次

第1章　はじめに 1
- 1・1　ロボットが生まれるプロセス 2
- 1・2　ロボットの構成要素 2
- 1・3　ロボティクスの役割 4
- 1・4　本書の構成 4

第2章　分解する 5
- 2・1　ロボットの作業と機能 5
  - 2・1・1　産業用ロボット 5
  - 2・1・2　レスキューロボット 6
  - 2・1・3　ペットロボット 7
- 2・2　ロボットの機能と構成要素 7
  - 2・2・1　運動部 8
  - 2・2・2　駆動部 8
  - 2・2・3　計測部 9
  - 2・2・4　制御部 9
  - 2・2・5　行動決定部 10
- 2・3　ロボットの構成要素と構造 10
  - 2・3・1　車輪型全方向移動マニピュレータの概要 10
  - 2・3・2　運動部・駆動部 11
  - 2・3・3　計測部・制御部 14
  - 2・3・4　行動決定部 16
  - 2・3・5　分解して見えてくるもの 18
- 2・4　ロボットのモデル化 19
- 2・5　ロボット設計とロボティクス 20
- 2・6　ロボティクスとロボット 22

第3章　移動する 25
- 3・1　移動ロボットの形態と原理 25
  - 3・1・1　2足歩行 25
  - 3・1・2　多足歩行 26
  - 3・1・3　車輪駆動 27
  - 3・1・4　クローラ 28
  - 3・1・5　全方向移動 29
  - 3・1・6　ほふく移動 30
  - 3・1・7　壁面移動 30
  - 3・1・8　脚車輪ハイブリッド 30
- 3・2　車輪移動ロボット 31
  - 3・2・1　車輪移動ロボットの機構 31
  - 3・2・2　車輪移動ロボットの制御 32
  - 3・2・3　対向2輪型移動体の位置・姿勢の推定 34
  - 3・2・4　対向2輪型移動体の経路追従制御 37
  - 3・2・5　車輪移動ロボットの自律制御 39
- 3・3　2足歩行の制御 40
  - 3・3・1　歩行 40
  - 3・3・2　テーブル・台車モデル 41
  - 3・3・3　テーブル・台車モデルの安定性 41
  - 3・3・4　ZMP 42
  - 3・3・5　運動量とZMPの関係 42
  - 3・3・6　歩行パターン生成 43
- 3・4　多足歩行の制御 45
  - 3・4・1　静歩行 －周期的パターンの歩行 45
  - 3・4・2　フレキシブルな静歩行 49
  - 3・4・3　動歩行 51
  - 3・4・4　不整地移動 53
  - 3・4・5　壁面移動 55
  - 練習問題 55

第4章　作業する 59
- 4・1　作業するロボット 59
  - 4・1・1　種類 59
  - 4・1・2　用途 60
  - 4・1・3　駆動方式 62
- 4・2　平面マニピュレータ 62
  - 4・2・1　運動学 63
  - 4・2・2　静力学 67
  - 4・2・3　動力学 68
- 4・3　3次元マニピュレータ 73
  - 4・3・1　座標系 73
  - 4・3・2　座標変換 75
  - 4・3・3　姿勢表現 77
  - 4・3・4　外積と角速度 78

  4・3・5　ヤコビ行列の導出 79
  4・3・6　静力学的関係 81
  4・3・7　座標系に関する補足* 82
  4・3・8　外積と角速度の性質* 84
 4・4　制御 86
  4・4・1　PTP制御 86
  4・4・2　位置制御 86
  4・4・3　力制御 90
  4・4・4　位置／力制御 92
   練習問題 93

第5章　計測する 95
 5・1　ロボットとセンサ 95
  5・1・1　センサ 95
  5・1・2　センサの役割 95
  5・1・3　センサの分類 96
  5・1・4　センサの選定法と計測誤差 97
  5・1・5　センサの使用例 100
 5・2　対象物を発見する 101
  5・2・1　カメラの仕組み 101
  5・2・2　パターンマッチング 102
  5・2・3　カメラモデル 104
  5・2・4　ステレオカメラ 105
 5・3　距離と形状を計測する 107
 5・4　回転量を計測する 109
 5・5　力を計測する 111
 5・6　ロボットの姿勢を計測する 114
  5・6・1　加速度センサ 114
  5・6・2　ジャイロスコープ 114
   練習問題 116

第6章　駆動する 117
 6・1　駆動部の構造とアクチュエータ 117
 6・2　DCサーボモータ 119
  6・2・1　トルク発生の原理 119
  6・2・2　逆起電力と等価回路 120
  6・2・3　速度トルク曲線（静特性） 121
  6・2・4　電気的特性（動特性） 122
  6・2・5　機械的特性（動特性） 123
  6・2・6　モータの伝達関数 124
 6・3　モータドライバ 124
 6・4　動力伝達機構 126

  6・4・1　減速とトルク増幅 126
  6・4・2　負荷の等価慣性 128
  6・4・3　遊星歯車機構 129
  6・4・4　ハーモニックドライブ機構 130
 6・5　ステッピングモータ 130
 6・6　加減速曲線 131
 6・7　モータを選ぶ 132
  6・7・1　アクチュエータの選定 132
  6・7・2　DCサーボモータの選定 133
   練習問題 133

第7章　制御する 135
 7・1　モータを動かす 135
  7・1・1　関節とモータ 135
  7・1・2　モータと周辺装置 135
  7・1・3　負荷の運動 140
 7・2　モータを制御する 141
  7・2・1　制御の話 141
  7・2・2　制御理論 142
  7・2・3　制御理論の実現方法 149
 7・3　ハードウェアとソフトウェアのつながり ... 152
  7・3・1　制御用コントローラ 153
  7・3・2　インタフェース 153
  7・3・3　オペレーティングシステム 154
  7・3・4　デバイスドライバ 155
  7・3・5　RTミドルウェアとは 155
   練習問題 156

第8章　行動を決定する 157
 8・1　行動決定の分類 157
  8・1・1　操縦型 157
  8・1・2　教示型 158
  8・1・3　自律型 158
 8・2　操縦型 158
  8・2・1　操縦型の分類 158
  8・2・2　マスタ・スレーブ方式 160
  8・2・3　マスタ・スレーブ方式の分類* 160
  8・2・4　操縦型ロボットの進化の方向性 162
 8・3　教示型 164
  8・3・1　ティーチングプレイバック 164
  8・3・2　ダイレクトティーチング 165
  8・3・3　実演による教示 165

8・4	自律動作生成	166
	8・4・1 状態空間と探索問題	166
	8・4・2 モーションプラニング	168
8・5	マニピュレータの軌道生成	169
8・6	移動ロボットの行動生成	169
8・7	さらなる知能，自律行動へ	170
	練習問題	171

第9章　デザイン（設計）する ... 173

9・1	デザイン	173
	9・1・1 プロダクトデザイン	173
	9・1・2 ロボットデザイン	174
9・2	食事支援ロボット	175
	9・2・1 企画構想	175
	9・2・2 本体デザインとユーザとの関係	175
	9・2・3 安全性	177
	9・2・4 感性価値	177
	9・2・5 インタラクション	177
	9・2・6 ユーザの評価	178
9・3	エンタテインメントロボット・AIBO	178
	9・3・1 企画構想の概要	178
	9・3・2 本体デザイン	178
	9・3・3 4足歩行	180
	9・3・4 外界センサ	180
	9・3・5 駆動方法	181
	9・3・6 自律動作生成	182
	9・3・7 インタラクション	183
	9・3・8 感性価値	184
	9・3・9 ユーザ評価	184
9・4	ヒューマノイドロボット・VisiON-4G	185
	9・4・1 ロボカップ	185
	9・4・2 サッカーを行うロボットの開発	185
	9・4・3 VisiON-4Gの環境認識と行動計画	185
	9・4・4 VisiON-4Gのハードウェアの設計と制御	
		187

おわりに ... 191

索引 ... 巻末

注：
*印の節および項は「まえがき」で示した，15週を使った標準学習モデルに含まれない事項を表す．

第1章
はじめに
Introduction

　図 1.1 はこれまでに開発されてきたいくつかのロボットである．これらをみてもわかるように，ロボットの形態は様々である．あるロボットは人型であり（同図(a)），あるロボットは 4 脚動物型であり（同図(b)），あるものは生物の体の一部分のようであり（同図(c)），あるいは，エンタテインメント用（同図(d)），産業用（同図(e)），災害対応用（同図(f)），福祉介護用であったり（同図(g)）とその機能・開発目的も多種多様である．さらに，同じ機能を実現するロボットも多様である．それに対してその他の多くの機械システム（例えば，自動車，電車，船，飛行機など）は，基本的には要求機能が定まっており，それに応じてある程度の定型的な形態を持っている．このような違いが生ずる一つの要因は，ロボットが単機能機械ではないということがあげられよう．究極のロボットの姿は万能機械であろうが，そこまで行かずとも，直感的にロボットというのは複数の異なった作業を実現することができる，というのが基本的な捉え方である．

　そもそもロボットという言葉の定義やそこから連想される概念などは流動的であり，時代とともに変化している．なぜなら，ロボットという概念はその時代における最先端技術の先に在るからで，それ故，いつの時代も我々の好奇心をくすぐり興味がつきない存在であり続けているのである．

　本章では，なぜロボットがそのような流動的なイメージをもっていながら，一方では具体的にロボットだと思えるものも多数存在しているという二面性を持っていることに対する考え方を紹介する．そして，そこにロボットの興味深さがあり，工学的な意義があることを述べる．さらにその考え方を踏まえて，読者諸氏がこれからロボットを開発する際の思考の流れを形成するのに役立つ情報を提供する．

(a) 人型ロボット
　（提供：ソニー（株））

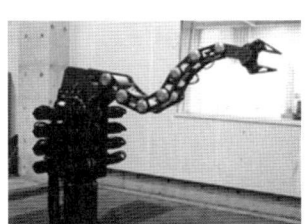
(c) 生物型ロボット
　（提供：東京工業大学
　　広瀬茂男）

(e) 産業用ロボット
　（提供：川崎重工業（株））

(g) 福祉用ロボット
　（提供：（独）理化学
　　研究所）

(b) 4 脚型ロボット
　（提供：京都工芸繊維
　　大学　木村浩）

(d) エンタテインメント
　ロボット
　（提供：（独）産業技術
　　総合研究所）

(f) レスキュー用ロボット
　（提供：NPO 法人国際レス
　　キューシステム研究機構）

図 1.1　様々なロボットたち

1・1 ロボットが生まれるプロセス (How a robot is developed)

上でみたように，ロボットはちょうど生物が持っている多様性と同様に多数の種類が存在する．そのような多様性が生まれる理由は，ロボットが開発されていくプロセスに隠されている．本節では，その一端を紹介しよう．

ロボット開発の第一歩は，白紙の紙に「漫画」を描くことから始まる．すなわち，その設計者の頭に想定している「ロボットにさせたい作業」を実現できる「ロボットのイメージ」を具体的な絵にするところからはじめる．この絵は，ニーズ調査，マーケティングによる仕様決定などを通して考えられる．そして，その絵が描けると次はその絵をもとに概念設計へと進み，さらには詳細設計を行い最終的には製作する．さらに，後過程として，試作を重ね，ユーザ試験，改良，量産設計などと商品化あるいは実用化へと進む．

たとえば，瓦礫内探査ロボット MOIRA の開発における例を説明しよう．図 1.2 は MOIRA がどのようにして具現化されていったかを示している．まず，瓦礫内探査を行うためには上下左右から迫ってくる瓦礫に対応する必要があり，そのための一つの工夫として上下左右にクローラを配置するアイデアが生まれた．これが着想の段階で，同図(a)はそのアイデアのスケッチである．このようなスケッチは思いつくままにたくさん描いてみることが大切である．次に，そのポンチ絵(concept drawing)をより具体的に表現するためにCG によってデザインをした（同図(b)）．さらに，連結クローラ方式の実現可能性を確認するために簡単な試作機を製作し検討した．その様子が同図(c)である．この段階で概念設計が終了し，以上のような検討を踏まえて詳細設計に移行する．最後に詳細な部品図や組み立て図が描かれ，実際に製作される（同図(d)参照）．そして性能評価などを行った後，必要に応じて次号機が設計製作される．もちろん，各段階で複数案を出しておき，それぞれの段階でどの案がより具体的に試作するのに適しているかを評価して徐々に一つの案へと絞ってゆく．

上の例はほんの一例ではあるが，ロボットはこのようにして生まれることが多い．そうすると最終的なロボットの姿の枠組みがどこで決まるかと言うと，最も最初のイメージ図である．これはその設計者の設計思想や経験，哲学などと深く関係しており，二つとして同じ絵はないくらいに多様性に満ちている，ということである．これがロボットに多様性が生まれる所以である．

1・2 ロボットの構成要素 (Components of robot)

前節ではロボットには多様性があることを述べたが，ここでは逆にある種の共通性について触れておく．ロボットは，少なくとも複数の機能・要素が合目的的に融合して構成されている．個々の機能・要素の理解は最低限必要であるが，それだけではなく，それらが統合された姿を思い描き，その統合化システムの挙動を設計しなくてはならない．個々の理解と全体の構想を常に念頭に置きながら，設計を進める必要がある．

さらに，ロボットを設計する時，「作業の理解」が重要であり，この作業とロボットの形態や機能は強力に関連している．

(a) MOIRA 着想（1997年）

(b) MOIRA アイデア CG（2001 年）

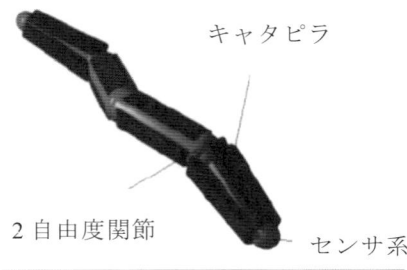
(c) MOIRA 予備試作（2002 年）

(d) MOIRA-1 試作（2003 年）

図 1.2 MOIRA の開発過程
（提供:大阪大学　大須賀公一）

1・2 ロボットの構成要素

　ここでは，工場内で利用される産業用ロボット（industrial robot）のうち，主に組み立て用として用いられることの多いスカラ型ロボットを例に，なぜこのロボットが組み立て作業に適したロボットとされているのかを見てみよう．スカラ型ロボットとは図 1.3 に示すように，水平面内を動くことのできる 3 関節の腕型ロボット（例えば，肩関節，肘関節，手首関節）で，その他に手先（あるいは腕全体）を上下に動かすことのできる直動関節（prismatic joint）を持つ．このロボットは主にハンドで把持した部品を穴に挿入するための用途（組み付け作業．図 1.4(a)参照）に適するよう開発された．ロボットの性能を考える場合，もちろん速く，精度良く動くのが望ましい．ところが組み付け作業の場合，いくらロボットが正確な場所で部品を穴に入れようとしても，穴の位置が予定とずれていてはうまく挿入することができない(図 1.4(b)参照)．つまり，穴を持つ部品の方もロボットと同じだけ正確に置かれていないと意味がない．ところが一般に穴の開いた基板などはベルトコンベアで運ばれており，それほど精度よく置かれるわけではない．このため，組み付けを成功させるには，穴位置が少しずれていたとしても，部品が穴のヘリ（面取り部）にぶつかった時に，部品が横方向にずれることができるよう（図 1.5 参照），ロボットアームは横方向に柔らかい必要がある．一方で，下方向には部品をしっかりと押し込むことも必要となる．つまり，組み立て作業には，穴径方向には柔らかく，挿入する穴の軸方向には硬いロボットアームが望ましいのである．これが，組み付け作業の持つ特性である．

　スカラ型ロボット（SCARA robot）は腕を動かす回転軸が全て軸穴の軸と同じ方向を向いている．通常のロボットでは関節軸周りのねじれ剛性が他の方向の剛性よりも低いので，スカラ型ロボットは水平方向に特に柔らかい関節配置を持つ構造であることがわかる．また，手先に近いアーム断面形状は縦長の長方形となっている．アームの固さはこの長方形の縦横の辺の長さの 3 乗に比例することから，例えば縦が横の 2 倍の長さを持ったアームは，横方向の固さが縦方向の固さの 1/8 となる．つまり，このアーム形状も鉛直方向に比べて水平方向に柔らかい構造となっていることがわかる．スカラ型とは Selective Compliance Assembly Robot Arm（選択的に柔らかさを持った組み立てロボットアーム）の頭文字を並べた呼び名となっているのである．

　産業用ロボットはいずれも腕型の構造をしており，部品を穴に運ぶだけであれば，自由度が足りていればどのような構造のロボットでも使えそうなものである．しかし，ロボットの構造を決定する際に，どのような作業にロボットを利用したいのかを考慮することで，それにふさわしい構造が決定できるのである．産業用ロボットにはこの他にもスポット溶接ロボット，アーク溶接ロボットなど（図 1.6 参照），いくつかの作業を得意とするロボットが開発され利用されている．

　ロボットの特徴は，本体に比べて広い可動領域を持ち，自由度の大きな動作が可能で，しかもその用途をユーザが自分たちで決定できるという，器用さと汎用性を併せ持ったところにある（図 1.7 参照）．これがロボットの持つ魅力であり，"動くコンピュータ"などと呼ばれることもある．しかし，なんでもできることだけを追い求めると，どの作業も下手なロボットとなってし

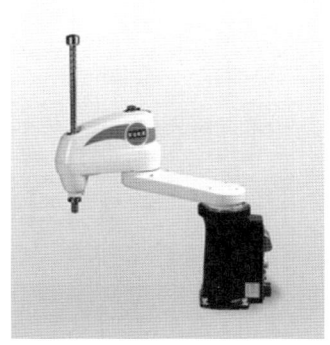

図 1.3　スカラ型ロボット
（© KUKA Roboter GmbH, Augsburg, Germany.）

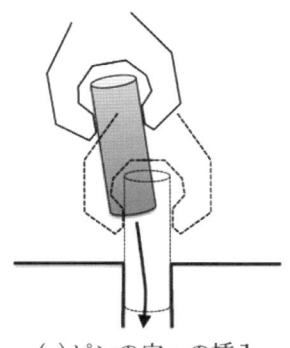

(a) ピンの穴への挿入

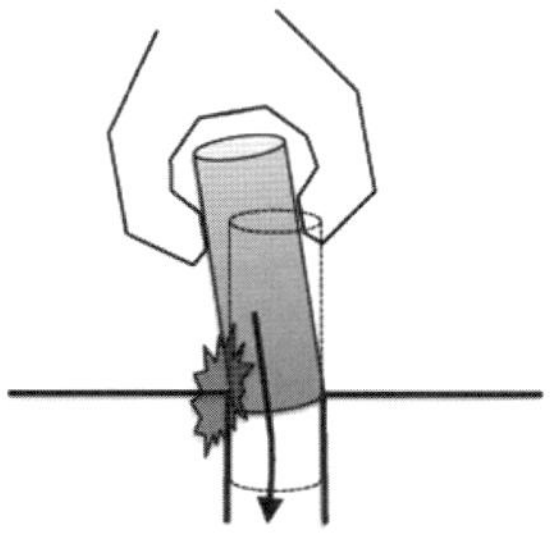

(b) ピンが穴に噛み付く

図 1.4　ピンの穴への挿入

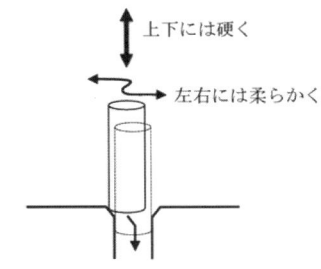

図 1.5　ピン挿入作業の特性

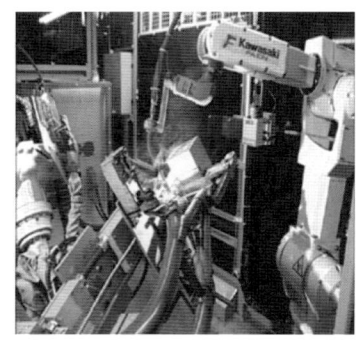

図 1.6 溶接用ロボット
（提供：川崎重工業（株））

図 1.7 ロボット設計の第一歩

まう．

1・3 ロボティクスの役割（Role of robotics）

このように，ロボティクス（robotics）とは，既存の概念の下にある機械だけでなく，新しい概念，機能が必要となる広範な知能機械に対し，それを実現するための様々な理論的，技術的なツールを提供してくれるものである．更に，ロボットに行わせたい目標作業に対し，技術を含めた要素を取捨選択，あるいは更に開発しながら，できるだけシンプルに，信頼性の高いシステムを実現していくための設計論的な学問体系と言える．例えば不整地を移動し，情報収集を行うロボットを作るとすれば，移動機構は歩行とするかクローラとするか，歩行にしたとして何脚のロボットとするか，脚の構造はどうするか，足の動かし方はどうすればよいか，環境認識にはカメラとレーザーレンジファインダのどちらを用いるべきか等々を，これらを利用する環境，利用できる資源などを前提に決定し，1 つのシステムに作り上げて行く，このプロセスが「ロボティクス」である．

現在，人間の形態をした人型ロボット，災害現場で瓦礫や倒壊家屋に埋もれた被災者を救助するためのレスキュー用ロボット，人間に癒しを与えるエンタテインメントロボットなど，ロボットの活躍が期待される新しい分野は無限に広がっている（図 1.1 参照）．そして，ロボティクスのカバーすべき領域も，それに従って拡大しているのである．将来必要となってくるであろう，人間や社会支援を行う様々な技術や装置を実現するための体系的枠組みとして，ロボティクスはまさにふさわしい学問である．そして，コンセプトを反映したシステム化の方法論の必要性はロボットに限ることはない．ロボティクスの習得は，そのまま問題解決能力のアップに大いに役立つことと思う．

1・4 本書の構成（Structure of this book）

本書は，まずロボットの全体像のイメージを掴み，その全体を構成するために必要な要素を分解し，個々の要素技術についての説明を行う．そして最後に再び分解されていた要素を統合化し，ロボットの設計へと進むという流れを取っている．

具体的には，ロボットを分解し，機能毎の実現方法を各章で示す（第 2 章で詳細に説明する）．最後に，AIBO，マイスプーンなどがいかに設計されたかについて詳しく述べる．

個々の要素技術の説明には様々な知識が必要（例えば，数学，物理，電気，情報など）で詳細に説明することが理想であるが，紙面の都合と，細くても最初から最後まで一本の筋を通そうという本書のポリシーから，それぞれの場面ではできるだけシンプルな事例をもとに説明することにした．したがって読者諸氏はさらに高度な知識を得るために参考文献などを積極的に読んでいただき，どんどん深く入って行っていただければ幸いである．

第2章

分解する
Decomposition

第1章で述べたように，ロボットはその目的に合わせて，必要となる機能・要素が統合されたものである．では具体的にはどのような機能が組み合わされているのであろうか．また，要素には何があるのだろうか．諸君がロボットを作るには，まずはこれら機能を実現する方法，要素を設計するための知識が必要となる．そこでこの章では，まずロボットをどんどんと分解していき，その成り立ちを調べることとする．そして，分解された機能や要素をロボティクスという学問体系の中で共通に扱うためのルールとして，モデル化が重要な役割を持つことを説明する．最後に，ロボットを設計する際にロボティクスの知識がどのように利用できるのか，人間を支援するロボットを例に紹介する．

2・1 ロボットの作業と機能（Tasks and functions of robots）

まず，実際に開発されたいくつかのロボットを例に，それらの作られた目的と，そのロボットが持っている機能を考えてみよう．

2・1・1 産業用ロボット（Industrial robot）

世の中で最も広く普及した，工場内で用いられる産業用ロボットを考える．産業用ロボットには第1章で紹介した組立て用のスカラ型ロボットの他にも，図 2.1.1 に示すように塗装用ロボット，スポット溶接用ロボット，アーク溶接用ロボットといった，それぞれの作業に合わせた機能や形態のロボットがある．スポット溶接（spot welding）とは，2枚の金属を図 2.1.2(a)のように重ね合わせ，その部分の上と下に電極を押し当てて大電流を流すことで，電極間の部分の金属を溶かして接合しようというものである．一回の溶接では1点しかつなぎ合わせることができないため，2枚の板を接合しようとすると，数多くの点をスポット溶接で接合していかなくてはならない．自動車のボディを形作るには，屋根，床板，側面などを構成する板をそれぞれ接合する必要があるので，溶接点の数は膨大なものとなる．このため，スポット溶接用ロボットでは，この2つの電極からなる溶接ガンと呼ばれるツールをできるだけ早く，次の点まで動かしては止める，という動作を繰り返す必要がある．一方，アーク溶接では，トーチと呼ばれるツールで供給される電極棒の先端を，図 2.1.2(b)に示すように，接合する2枚の板の線に沿って決められた姿勢，間隔で正確に移動させながら，電流を流すことで溶接を行う．スポット溶接は2枚の紙のホチキス止め，アーク溶接は糊付けのイメージを持つと良い．塗装用ロボットは，車のボディの塗装に利用されることが多く，手先のスプレーから塗りムラが出ないように，塗料をボディにムラなく吹き付けていくといった作業を行う．以上に紹介した作業の他にも，図 2.1.3 に示すバリ取りという作業では，ロボットは研削ツールを決められた軌道で動かしながら，

 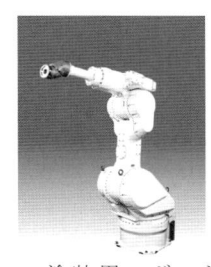

(a) スカラ型ロボット（提供：ヤマハ発動機（株））　(b) 塗装用ロボット（提供：川崎重工業（株））

(c) スポット溶接用ロボット（提供：（株）安川電機）　(d) アーク溶接用ロボット（提供（株）不二越）

図 2.1.1　様々な産業用ロボット

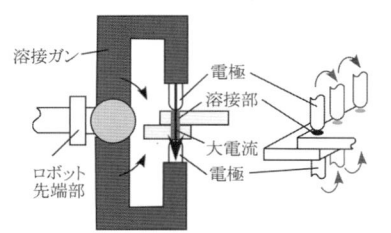

(a) スポット溶接

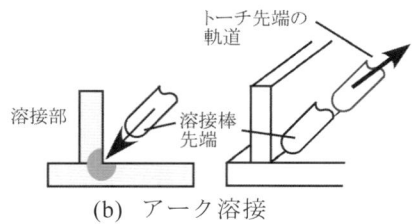

(b) アーク溶接

図 2.1.2　2 種類の溶接

あるいは目標の場所に持って行くだけでなく，バリを削り取るための力を発生する．スカラ型ロボットによる部品の組み付けにおいては，部品を挿入穴まで持って行き，そこで組みつけのための力を発生する．

さて，これら産業用ロボットが実際に行う作業を，ロボット本体が行った機能として考えてみよう．すると，ロボットが行なった溶接や塗装は，ロボットの手先に取り付けた溶接ガン，塗装用スプレーといったツールが行っており，ロボット本体は，単にそのツールを所定の位置まで移動させたり，目標の軌道に沿って目標速度で移動させているに過ぎないことがわかる．バリ取りや組み付けでは，所定の位置・姿勢において，さらに必要な力を出すことができれば良い．

つまり，これらのロボットに求められるのは，ロボット手先を目標の場所まで動かし，そこで必要な方向に向くことのできる機能，あるいは指定された軌道に沿って決められた姿勢と速度で移動する機能，決められた場所で作業に必要な力を決められた方向に出す機能である．ロボット毎に用途が指定されているのは，用途毎に求められる軌道，位置・姿勢，力がそれぞれ異なる特徴を持つことや，ツールの取り付け方法の違いがあるため，各ロボットはそれに適するよう設計されているからである．

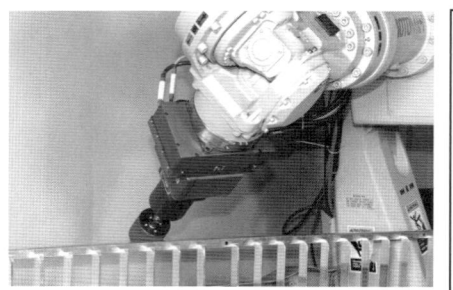

図 2.1.3　ロボットによるバリ取り
（提供：（株）安川電機）

ロボットの姿勢（posture of robot）とは？

この教科書では，"マニピュレータの手先位置・姿勢"，"マニピュレータの姿勢"，など，「姿勢」という言葉がたびたび使われる．マニピュレータとは後述するように，主に腕型の形態をしたロボットの総称で，手先位置・姿勢という場合の姿勢は，ロボットの手先が向いている方向を意味する．xy 平面内に存在するロボットであれば，ロボットの方向は x 軸となす角度で表すことができる．3 次元空間で方向を表す場合には，オイラー角やロール・ピッチ・ヨー角などが用いられることが多い．また，マニピュレータの姿勢といった場合には，関節の動きで実現されるマニピュレータの姿そのもの（その姿勢をとる関節角）を意味する場合もある．詳しくは第 4 章に示す．

2・1・2　レスキューロボット（Rescue robot）

レスキューロボットとは，災害現場において被災者を救助するために開発されたロボットで，MOIRA のように瓦礫の上を探索する以外にも，様々な救助作業に用いられるロボットが開発されている．このため，レスキューロボットに求められる機能も，どのような現場かによって異なる．例えば，地下街での火災や化学兵器によるテロ攻撃などの場合，現場での被災者を発見するためのロボットは，通常の地下街と同じ，階段と平坦な床を走行することができれば良い．ただし，屋内での探索では，部屋のドアをロボット自身で開ける必要がある．図 2.1.4，図 2.1.5 はこのような目的のために開発されたロボットである．階段や床をスムーズに移動できるよう，クローラ機構を持った台車の上に，ドアを開けるためのロボットハンド，及び周囲の様子を映し出すためのカメラが取り付けられたロボットアームが搭載されている．

図 2.1.4　レスキューロボット
HELIOS-VII
（提供：東京工業大学　広瀬茂男）

ここでレスキューロボットに求められる機能を整理してみよう．ドア開けには，ロボットハンドをドアノブに持って行き，ノブを掴んで回転させ，押し開ける，という一連の動作が必要となる．産業用ロボットの場合と同じように，ノブを掴むのはロボット先端のハンドと考えれば，ドア開け作業も，ロボットの先端を目標の場所まで移動させ，回転動作を行ない，ドアの開く方向に力を出しながら移動することで実現できる．ただし，産業用ロボットと違い，ドアのある場所まで床面を移動する必要がある．この移動機能を実現するための構造には様々なものがある．図 2.1.6 の Quince や MOIRA は，建物の崩壊した瓦礫の中を動き回り，下敷きとなった被災者を探索するという目的で開発されている．したがってこれらのロボットには，平地だけではなく瓦礫の上や中を移動できる機能が必要となる．

これら動きに関する機能のほかに，レスキューロボットでは，探索の場所や被災者の状況確認といった作業が必要となるため，ロボットの周囲を確認するためのカメラ，レーザレンジファインダといった計測のための機器や，オペレータが簡単に遠隔操縦できるような，簡便でわかりやすい操縦インタフェースが求められる．

2・1・3　ペットロボット（Pet robot）

最近では人とのかかわりを持つロボットも多数登場してきた．そのようなロボットの先駆けとして，第 9 章でも詳しく紹介する犬型ロボットの AIBO（図 2.1.7）が開発された．その目的は，ペットと同じように愛嬌のあるしぐさで人々の心を癒すことである．このためには，本物の犬のように歩き回れること，人々が愛嬌を感じることができる程度に複雑な動きができること，飽きが来ないよう AIBO がだんだんと成長していくように人に感じさせること，そして相手をしてくれている人とのインタラクション（コミュニケーション）機能を持つことが求められる．図 2.1.8 はアザラシの形態をまねたパロというロボットである．このロボットも癒し効果を目的に開発され，病院，介護施設などでセラピーへの利用が検討されている．本物に似せるために，毛並みや手触り感などにも工夫がこらされている．このような人間の心に作用するロボットをメンタルコミットロボット（mental commit robot）と呼び，その外観，デザインも重要な役割を果たす．これらロボットを機能として見ると，動きに関しては，全身の関節を生き物のように動かすこと，そして人間からの刺激，例えば頭を撫でるとか，声を掛けるとかいったアクションに対して，愛らしく反応することである．そして，どのように動けば生き物のように見えるのか，どのように反応すると愛らしく感じられるのか，がこれらロボットを開発する時のポイントになる．

2・2　ロボットの機能と構成要素（Functions and units of robots）

以上では，3 つのカテゴリのロボットを例に，ロボットの本体が果たしているのはどのような機能なのかを見てきた．動きに関しては，手先に取り付けられたツールを目的の位置・姿勢まで動かして，必要があれば力を出すこと，また，床や瓦礫など様々な環境で移動する機能があればよいことがわか

図 2.1.5　ドア開けロボット UMRS-DOOR
（提供：NPO 法人国際レスキューシステム研究機構）

図 2.1.6　レスキューロボット Quince
（提供：NPO 法人国際レスキューシステム

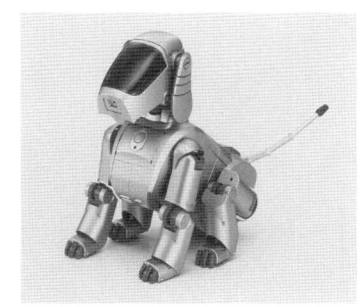

図 2.1.7　ペットロボット AIBO(ERS 110)
（提供：ソニー（株））

図 2.1.8　セラピー用メンタルコミットロボット・パロ
（提供：（独）産業技術総合研究所）

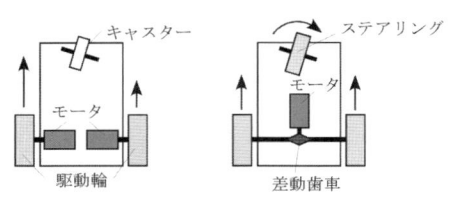

(a) 車輪型移動機構の例

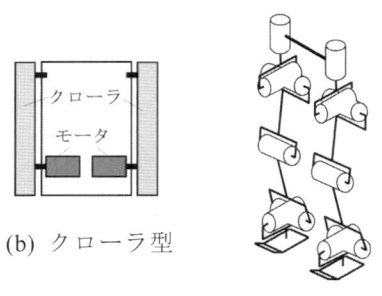

(b) クローラ型

(c) 脚機構の例

車輪にモータを付けなくても
体をくねらせることで動くこ
とができる

(d) ヘビ型移動機構

図 2.2.1　移動機能を実現する機構

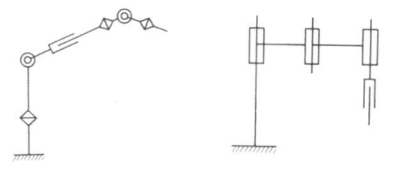

(a) 極座標型　　(b) スカラ型

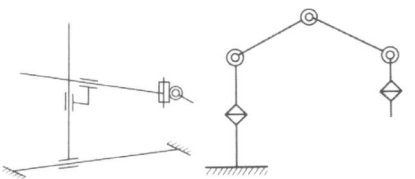

(c) 円筒座標型　(d) 垂直多関節型

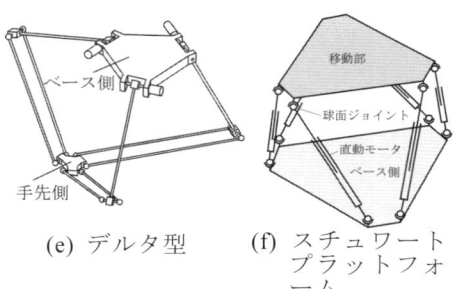

(e) デルタ型　(f) スチュワート
　　　　　　　プラットフォーム

図 2.2.2　作業機能を実現する
　　　　　腕型機構

った．これを人間に当てはめて考えると，手によって行う作業の機能，そして足による移動機能となる．ただし，人間同様ロボットにも単に手作業や移動といった動作を行う機能だけではなく，人を発見する，人とコミュニケーションをとる，といった動作以外の機能も数多く必要となる．これらの機能がロボットのどの部分で実現されているのかを調べると，概念的には

1) 運動部（「第 3 章　移動する」「第 4 章　作業する」参照）
2) 駆動部（「第 6 章　駆動する」参照）
3) 計測部（「第 5 章　計測する」参照）
4) 制御部（「第 7 章　制御する」参照）
5) 行動決定部（「第 8 章　行動を決定する」参照）

の 5 つの構成要素に分解して考えることができる．3) は人間の五感，4) は運動神経，5) は論理的思考に相当する．本書はこの分類に従って構成されている．そして，上述のロボットに限らず，世の中の全てのロボットはこれら 5 つの構成要素に分解できる．そこで，これら各部の成り立ちについて，もう少し具体的に見て行くこととしよう．

2・2・1　運動部（Motion unit）

運動部はロボット本体や腕などの実際に動く部分，すなわちロボットの姿をなす部分であり，人間であれば，腕，脚，頭部，胴体といった筋骨格に相当する．ロボットの構造を理解したり，新たにロボットを設計したりする上で最も重要となる部分である．第 1 章に示した MOIRA のスケッチも，運動部の構造の決定から始まっている．

さて，運動部の果たしている機能を分解すると，これまで述べてきたように，車輪や脚による移動機能，腕による作業の機能，の 2 つの機能に単純化して考えることができる．もちろん腕を動かせば手先も移動するが，ここでの移動は地面の上を動き回るという意味と考えて欲しい．産業用ロボットは腕による作業の機能のみ，また見回りのみを行うガードマンロボットなら移動機能のみ，ドア開けのための腕を持ったレスキューロボットは作業と移動の両方の機能を持っている．AIBO の場合には同じ 4 つの脚（アーム）で移動と作業（パフォーマンス）の両方の機能を実現している．

移動機能を実現するには図 2.2.1 に示すように車輪，クローラ，脚などの，腕による作業を実現するには図 2.2.2 に示すように多関節型，極座標型やパラレルリンク構造（parallel link structure）のデルタ型（delta-type），スチュワートプラットフォーム(Stewart platform)などの，様々な選択肢がある．これらの移動形態，腕の構造は，それぞれその動作特性や機構の特徴が異なることから，移動環境や作業特性に合わせた適切な使い分けが必要である．

本書では，第 3 章において移動機能を実現するための脚型ロボット，車輪移動型ロボットについて，第 4 章において作業機能を実現するための腕型ロボットについて，それぞれ詳しく説明する．

2・2・2　駆動部（Actuator unit）

駆動部とは，例えば，1) で決定した構造のロボットを動かすためのモータ

のことと思えばよい．一般に，電動モータに限らず力を発生する要素を総称してアクチュエータ（actuator）と呼ぶ．人間なら筋肉に相当する．アクチュエータの中には，大きな力を出すことができる，速く動かすことができる，軽く作ることができる，など，様々な特徴を備えた原理のものがある．例えば，空気圧による人工筋肉（図 2.2.3）や，ミクロンオーダーの微小な動きを作るためのピエゾアクチュエータなどがある．ロボットを設計する際には，1)で説明した運動部の構造と共に，どのようなアクチュエータを用いて，ロボット本体のどこにどのように取り付けるのか，モータから関節にどのように動力を伝達するのかも考える必要がある．また，モータの選定には，関節に必要なトルク，回転速度などの力学を基にした計算も必要となる．本書の第6章では，ロボットに最も一般的に利用される DC サーボモータ（DC servo motor）についての原理，使い方などが詳しく解説されている．

図 2.2.3　人工筋アクチュエータを用いたロボットアーム
（提供：中央大学　中村太郎）

2・2・3　計測部（Sensing unit）

これまで紹介したレスキューロボットには，災害現場で被災者を発見する機能が求められる．ただし，レスキューロボットに限らず，屋内外を自由に動き回るロボットを作ろうと思ったら，自分がどこにいるのか，進行方向に障害物が無いかなど，自分の周囲の状況を絶えずチェックできなくてはならない．この他にも，全ての種類のロボットを動かす大前提として，ロボット自身の腕や脚の関節の現在の角度や車輪の回転角速度を知る必要がある．これらの機能はまとめて計測機能とみなすことができる．ロボット自身の内部の状態を計測するセンサを内界センサ（internal sensor），外部の状況やロボットの外の世界における自身の位置・姿勢等を計測するセンサを外界センサ（external sensor）と呼ぶ．図 2.2.4 に示すように，ベースが地面に固定されている腕型のロボットでは，ロボット自身の持つ関節の角度さえ知ることができれば，手先がどの位置でどの方向を向いているのかを，簡単な計算で正確に知ることができる．一方，地面を走り回るロボットの場合，一般には自身に内蔵された車輪の角度センサだけでは，スリップの影響を正確に検出することが困難なため，自分の位置や向いている方向を正確に知ることができない．このため，移動ロボットには，外界センサの利用が必須となる．

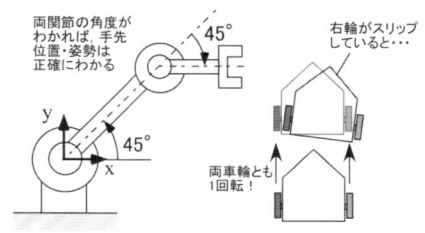

図 2.2.4　内界センサによる計測

(a) 回転量が異なると・・・

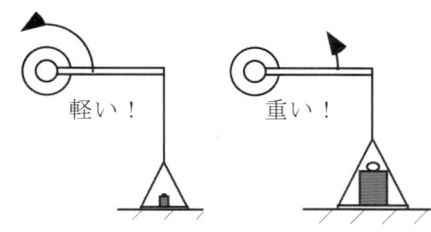

(b) 重さが異なると・・・

図 2.2.5　制御機能の必要性

このように，何を計測すべきかは，作業はもちろんのこと，ロボットの動作原理や構造にも依存して決定される．この計測の原理については，第5章で詳しく紹介する．

2・2・4　制御部（Control unit）

以上のように，ロボットは，運動に関しては移動機能と作業の機能，そして周囲の状況や自分自身の状態を知るための計測機能から成り立っていることがわかった．ただしもう一つ，人間は意識をすることがほとんどないが，腕や足を思い通りに動かすための運動神経系に当たる機能が必要である．

例えば，ロボットの関節の運動は，モータにより生み出される．ではモータにどのような電圧をかけ電流を流せば，目標の運動を実現するための回転を行ってくれるのであろうか．これから回転させたい関節の角度が 10deg の

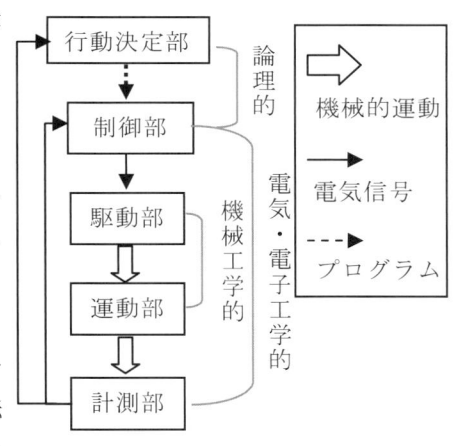

図 2.2.6　ロボットの機能の関連付け

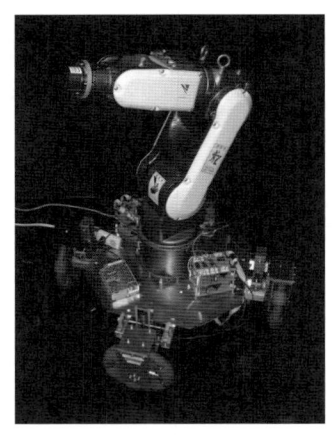

図 2.3.1 車輪型全方向移動
マニピュレータ
（提供：中央大学　大隅　久）

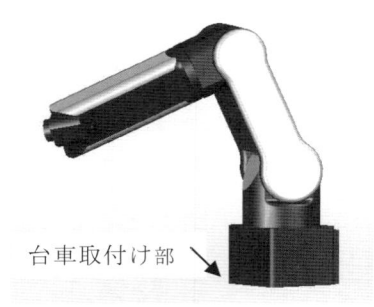

図 2.3.2　搭載されたマニピュレータ

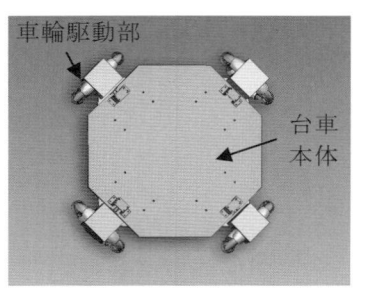

図 2.3.3　移動台車の構成

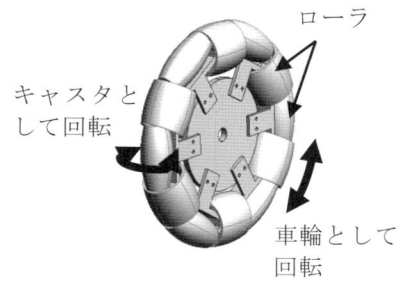

図 2.3.4　全方向移動台車用車輪

場合と 180deg の場合に，どちらも同じ大きさの電圧をモータに掛けて動かしたのでは，10deg 回転させた場合に比べて 180deg 回転するのに要する時間が長くなりすぎる．あるいは腕に重い荷物を持った場合と持っていない場合，同じ電圧を掛けたのでは荷物が重いと腕は持ち上がらず，荷物が軽いと腕が跳ね上がってしまうかもしれない（図 2.2.5）．これら問題が起きないようにするには，モータ駆動部を"素早く正確に"目標値通りに回転させるための機能が必要となる．この機能を制御と呼び，これを実現するのが制御部である．具体的な制御部の役割は，モータの目標角度と，実際の角度の計測結果から，どのような電圧や電流をモータに与えればよいのかを計算し，それをモータに与えることである．この電圧や電流をモータ指令，あるいはモータへの指令電圧，指令電流と呼ぶ．モータを目標通りに動かすための具体的な方法は第 7 章で説明されている．

2・2・5　行動決定部（Motion teaching/planning unit）

　行動決定部は人間を考えるとわかりやすい．人間は移動のための 2 本の足，作業するための 2 つの手，周囲の様子を知るための五感を持っている．ただしこれだけではなく，命令を受け，あるいは自身で状況を判断し，時には他人とのコミュニケーションをとりながら，自分の行動を決定するための頭脳を持つ．ロボットにも同様に行動を決定する機能が必要である．この行動決定機能は，例えばロボットの手先を目的の場所まで動かす時に，ロボコンのロボットのようにリモコンで動かされる単純な機能のものから，迷路を抜け出すにはどのように動けばよいのかをロボット自身が考える，といった知的なものまで幅広い．人間を癒すにはどのような動きをすれば良いのかを決定するのも，この行動決定部の役割である．

　最後に，以上で説明した 1)〜5) の関連を図 2.2.6 に示す．1) 運動部，2) 駆動部は構造やアクチュエータの発生する力の伝達に関連した機械工学の扱う領域，3) 計測部，4) 制御部は，電子デバイスが多用され，また扱う信号も電流，電圧が主であることから電気・電子工学的な領域，5) はロボットの知的，論理的な部分で，情報工学の領域とも重なっている．

　次節では，それぞれの機能がどのように実現されているのか，いくつかのロボットを例に，その構造をさらに分解して見ていくことにしよう．

2・3　ロボットの構成要素と構造（Units and structures of robots）

　本項では，上述の「運動部・駆動部」，「計測部・制御部」，「行動決定部」の 3 つの部分で，それぞれの機能が具体的にどのように実現されているのかを理解するために，車輪型全方向移動マニピュレータを例に，構造的に分解しながら解説する．

2・3・1　車輪型全方向移動マニピュレータの概要（Abstract of a wheeled omnidirectional mobile manipulator）

　腕型のロボットを利用する場合，通常はロボットのベースを床にしっかりと固定しなければならない．一方，ロボットのベースを，移動機能を持つ台

車に固定すれば，台車を移動させることで，様々な場所での作業が可能となる．このような台車で移動することのできるロボットを使えば，例えば工場内で物品を搬送する際に，搬送した物品を目的の場所にロボット自身で設置することや，ベルトコンベアを止めることなく部品を組み立てることができ，大変便利である．このような要求を満たすよう開発されたのが，図 2.3.1 に示す車輪型全方向移動マニピュレータ（全方向に移動機能を持つ車輪型移動ロボットにマニピュレータの搭載された構造を持つロボット）である．移動台車の中央には 6 自由度のマニピュレータが搭載され，台車のみでは実現できない作業が遂行できる．

以下では，主にこの移動マニピュレータを分解しながら，運動部・駆動部，計測・制御部，行動決定部それぞれについての機能の実現方法を，より詳しく見ていくこととしよう．

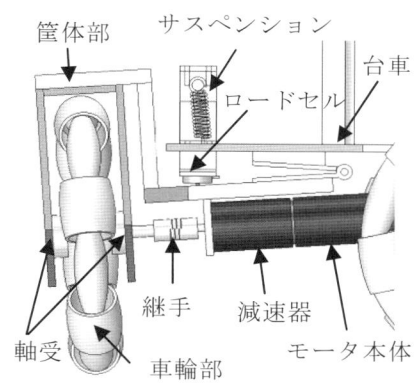

図 2.3.5 駆動ユニットの拡大図

> **マニピュレータ（manipulator）**
> JIS 規格における定義では，「互いに連結された分節で構成し，対象物（部品，工具など）をつかむ（掴む），または動かすことを目的とした機械」とある．つまり，対象物体を操作するロボットの総称で，腕型の形態をしたものが多い．代表的な構造は図 2.2.2 に示した通りである．根元から先端まで一筆書きのように腕がつなぎ合わされた構造をシリアルリンクマニピュレータ（serial link manipulator），先端を複数の腕で支えた構造となっているパラレルリンクマニピュレータ（parallel link manipulator）がある．
>
> **全方向移動ロボット（omni-directional mobile robot）**
> 現在の状態から，360deg どの方向にも進み出すことのできる移動ロボットのこと．自動車が真横に動くには，一旦斜め前に前進した後，バックする必要があるのに対して，全方向移動ロボットは姿勢を変えることなく真横にも動き出すことができる．

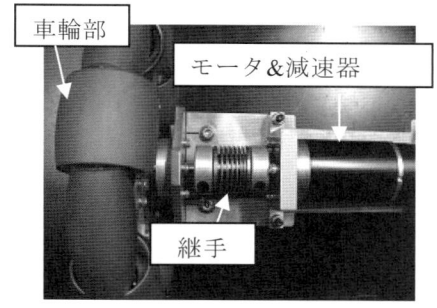

図 2.3.6 モータ駆動部と車輪部の接続

2・3・2 運動部・駆動部（Motion unit・Actuator unit）

図 2.3.1 の移動マニピュレータは，図 2.3.2 に示す作業を行うためのマニピュレータと，図 2.3.3 に示す移動機能を実現するための車輪型移動台車に分解することができる．以下では本ロボットの車輪機構（第 3 章の一部参照）とマニピュレータ（第 3 章の一部および第 4 章）のそれぞれについて，運動・駆動部を説明する．

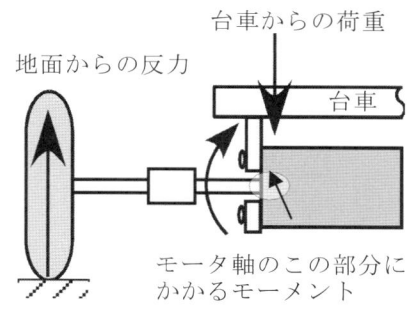

図 2.3.7 車輪の片持ち梁構造

a．車輪型移動台車の運動・駆動部

それでは車輪型機構台車の詳細を見て行こう．まず図 2.3.3 の外観から，移動台車部は正方形の台車本体と，その 4 頂点にそれぞれ取り付けられた，4 つの車輪駆動部に分解できることがわかる．それぞれの車輪はモータで駆動される．車輪には全方向移動用の特殊な構造のものを用いている．これを図 2.3.4 に示す．この車輪の外周は，円周を軸として回転する 12 個のフリーローラからなる．車輪が回転した時には通常の車輪と同様であるが，車輪による進行方向と垂直な方向に外力が加わるとキャスタとして振舞う．

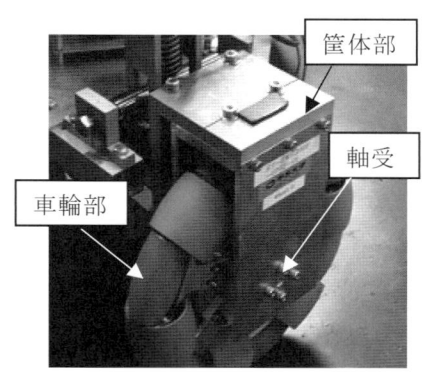

図 2.3.8 車輪部と筐体部の接続

次に，台車の車輪駆動部の詳しい構造を図 2.3.5 に示す．これは車輪 1 個分のもので，これと同じ構造が台車に 4 つ取り付けられている．本車輪機構は，床面の凹凸に対応できるよう，ロボット本体の台車部にサスペンションを介して取り付けられている．

図ではわかりにくいが，車輪に動力を供給する駆動部のモータ本体と出力軸の間には複数の歯車からなる減速器が取り付けられており，モータの回転速度を減速して車輪に伝えている．一方で，この減速器は，モータの出力トルクを拡大する役割も果たす．モータ出力軸と車輪は継手により接続されている．図 2.3.6 に駆動部を真下から見た写真を示す．モータ側は台車の筐体側にネジ止めされている．一方，車輪側は図 2.3.5 のように，筐体側から軸受で支えられている．この軸受を介した筐体からの支えがないと，図 2.3.7 のように，モータの回転軸に大きなモーメントがかかってしまうため，台車に重い荷物が搭載されると，モータがうまく回転しなくなってしまう．このため，車輪部が支える重量の影響がモータの回転軸には及ばないよう，図 2.3.5 および図 2.3.8 のように軸受で車輪を挟み込む両端支持構造を採用しているのである．

b．マニピュレータの運動部・駆動部

マニピュレータは，単数または複数のリンクと関節からなる腕型ロボットの代表的な形態の一つであると共に，その構造は歩行ロボットの脚部とも基本的には同じである．

図 2.3.9 に本移動マニピュレータで用いられたマニピュレータを示す．このマニピュレータは産業用として用いられており，6 つの回転軸がそれぞれモータで駆動される構造を持った 6 自由度マニピュレータである．第 4 章で詳しく説明されるように，ロボット手先を空間内で任意の位置・姿勢にするには，最低 6 つの関節が必要となる．よって，このマニピュレータは，理論的には手先のとどく範囲で，任意の位置・姿勢をとることができる．

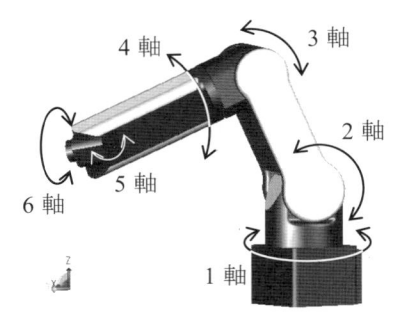

図 2.3.9　6 自由度マニピュレータの関節動作

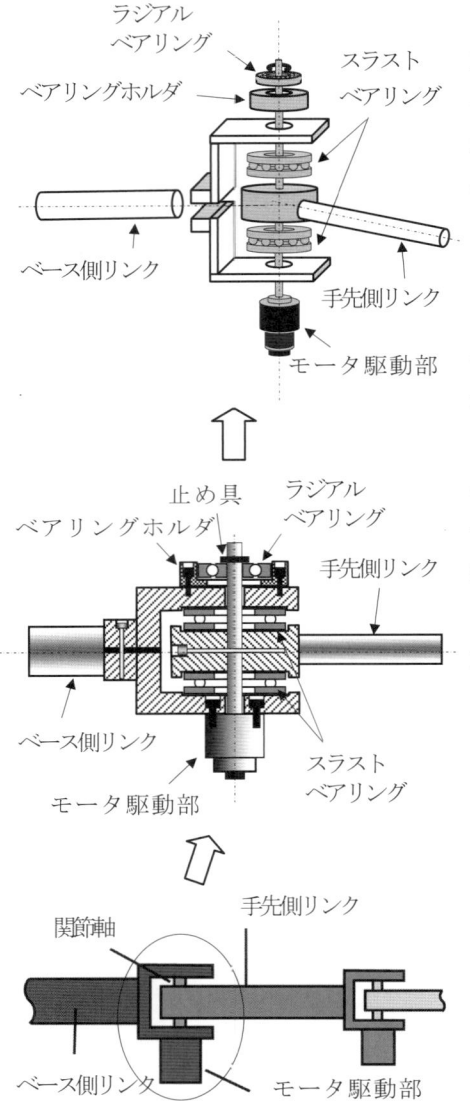

図 2.3.10　マニピュレータ関節部の分解図

自由度（degrees of freedom）

　自由度とは，ロボットを自由に動かすことのできる変数の数だと考えるとわかりやすい．リンクと関節が直列に繋がった図 2.3.9 のようなロボットでは，関節の数と自由度は特別な場合を除いて同じとなる．しかし，2 台の 6 自由度ロボットがお互いに手を繋いだ場合（両方のロボット先端がしっかりと結合された場合），関節の数は 2 台分合わせて 12 となるが，自由度は 6 のままである．なぜなら，片方のロボットの 6 つの関節角度は自由に値を決めることができるが，その 6 つの関節角度の値を一旦決めてしまうと，もう一方のロボットの 6 関節の値は，最初に値を決めたロボット手先の位置・姿勢から一意に定まってしまい，角度を自由に決めることのできる関節がなくなってしまうからである．これに対して自動車では，動かすことのできる関節（モータ）はエンジンとハンドルの 2 つしかないが，切り返しを行えば，平面内で任意の位置・姿勢をとることができる．よって，モータは 2 つであっても 3 自由度となる．

次に，マニピュレータの構造を紹介しよう．マニピュレータの関節には，シリンダのように直動を行う直動関節（prismatic joint）と，回転を行う回転関節（rotary joint）がある．ここでは関節として広く一般に用いられている回転関節を説明する．産業用ロボットの関節は，小型で高トルクが出力できるよう，数多くの工夫が組み込まれており，単純な機構ではないものが多い．しかし，その基本的な構造には，典型的ないくつかのパターンがある．そこで，基本的な関節構造の一例を図2.3.10に示す．

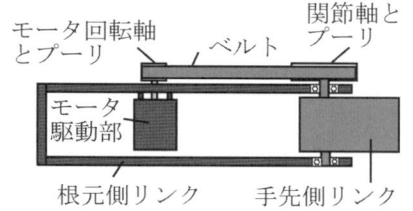

図2.3.11 ベルトを利用した関節駆動部の構造

マニピュレータの関節部は，ベース側リンクとそこに取り付けられたモータ駆動部，手先側リンク部からなり，モータ駆動部と直結された関節軸と手先側リンクが接続されている．ただし，関節軸と手先側リンクを単につないだのでは，図2.3.6で示したのと同じように，モータ駆動部の回転軸に望ましくないモーメントがかかってしまう．これを解消しながら，しかも関節軸をスムーズに回転させることができるよう，図2.3.5に示したものと同じように，軸の上下両方から回転軸を挟みこむ構造としている．また，図2.3.10の例では，軸受として，ラジアルベアリング，スラストベアリングの2種類が用いられている．

次に図2.3.10の構造をもう少し詳しく見てみよう．ベース側リンクは，その先端がコの字型になっており，その下側の板に関節駆動用モータが固定されている．なお，板とリンクの取り付け部は省略して描いてある．関節軸の上端は，上側の板の上面にホルダを介して固定されたラジアルベアリングに支持されている．手先側リンクはこの回転軸に円盤形状の部品を介して固定され，モータ出力軸の回転とともに肘が折れ曲がるように回転する．コの字型の板と円盤形状部品の上下の隙間には，それぞれスラストベアリングが挿入されている．これにより，手先側リンクからベース側リンクにかかる上下方向の力をベース側リンクに支えてもらいながら，滑らかな回転を実現できる．

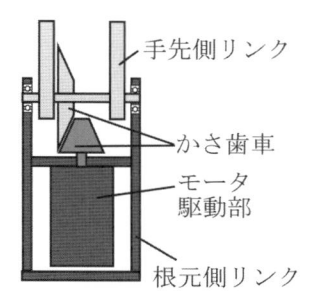

図2.3.12 かさ歯車を利用した関節

図2.3.11は，モータ軸を関節の回転軸とずらして配置する方法のひとつである．モータの動力を，ベルトを介して伝達している．このような構造とすることで，取り付けたモータが腕から飛び出した形となるのを防いでいる．

図2.3.12は，細長いモータを，ロボットのスリムな腕の中に埋め込んでしまう場合に利用される構造である．この構造では，モータ回転軸が関節の回転軸と直交するため，モータの出力軸と関節軸の間にかさ歯車を利用する．

いずれも，構造を単純に示したものであり，実際の設計では，軸受や軸の取り付け方，軸とアームの接続方法など，ロボットにかかってくる力の大きさ

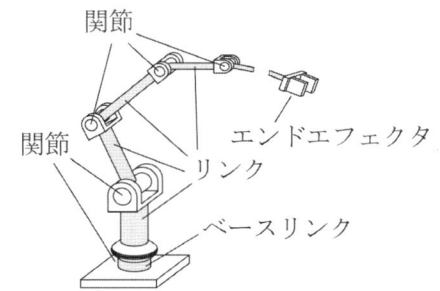

図2.3.13 マニピュレータの基本構造

マニピュレータの基本構造

ロボットの構造を説明する際，リンク，関節といった用語を用いてきた．腕型ロボットや脚歩行ロボットは，図2.3.13に示すように剛体の棒が回転軸や直動軸を介してつなぎ合わされた構造を持つ．この剛体の棒をリンクと呼び，隣り合うリンクの結合部分を関節と呼ぶ．また，地面に固定されたリンクをベースリンクという．腕の先端にはロボットハンドをはじめとして，作業に合わせ様々なツールが取り付けられる．これら，手先に取り付けられる様々なツールを総称して，エンドエフェクタ（end effector）と呼ぶ．

や向きを考慮する必要がある．

c．車輪型移動とマニピュレータの運動部・駆動部の共通点

上述の車輪移動機構，マニピュレータ機構は，外観やその機能はまったく違っている．しかしながら，これらのロボットを分解してみた結果，いくつかの共通点を見出すことができた．

1) 移動ロボットの台車，車輪もリンクとみなせば，どちらの構造もモータにより複数のリンクが接続された構造となっている．そして，その運動はモータの回転により生成される．

2) モータと関節軸の間には歯車が利用されている．歯車は，関節軸とモータ軸をずらす，あるいは角度を変えるための役割の他に，回転速度を落としながら，トルクを拡大させる役割を果たしている．

3) 関節にかかる荷重を軸受で受けながら，スムーズな回転を作り出す工夫がされている．

上記 1) は，車輪移動機構であっても，マニピュレータであっても，負荷をともなう回転軸をモータ駆動部によって思い通りに制御することができれば，ロボットの形態によらず，ロボットを自由に動かすことができることを示しており，適切な動作指令を与えることで，2・1 節に示した運動機能を全て果たすことができる．2) は回転型電動モータの特性を補うための手段とも言える．一般のモータは低トルク，高速回転に向いているのに対して，マニピュレータの関節や車輪には，高トルク，低速回転が求められる．この特性を変換する機械要素が減速機（reduction gear）である．これは第 6 章で説明する．3) がそれぞれの機構で工夫すべき点で，構造が複雑となってしまう要因でもあるが，工夫し甲斐のある点でもある．

図 2.3.14　ロータリエンコーダ

左に飛び出した回転軸を，角度を測りたい軸と結合することで，回転角度を計測できる．モータに組み込まれ，一体となっているタイプも多い．

2・3・3　計測部・制御部（Sensing unit・Control unit）

図 2.3.1 の移動マニピュレータは，4 つの車輪と，6 つの関節に可動部を持つ．そして，それぞれの車輪，関節にはモータが取り付けられている．これら 10 個のモータを思い通りに動かすことで，ロボットに望みの動作を行なわせることができる．そのためには，それぞれのモータの回転角度の計測が必要となる．さらに，このロボットは手先で持った物の重量を計測したり，4 つの車輪にかかる荷重を計測し，その情報を基に 4 つの車輪のモータの制御トルクを工夫して計算している．以下では図 2.3.1 で取り上げた移動マニピュレータの計測部・制御部をそれぞれ分解し，詳しく見ていくことにしよう．

図 2.3.15　ロボット先端に取り付けられた 6 軸力覚センサ

手先の円柱形のものが 6 軸力覚センサ．これよりも先端側にロボットハンドを取り付けると，ハンドに掛かった x,y,z 方向の並進力と，x,y,z 軸回りのモーメントを一度に計測することができる．ただし，やや高価なのが難点．

a．計測部

本移動マニピュレータの計測部を取り出してみよう．図 2.3.5 に示した駆動ユニットには，サスペンションの部分にロードセルが取り付けられている．ロードセルとは，その部分にかかっている荷重（力）を測定することのできるセンサである．車輪にかかっている荷重がゼロに近いと，車輪がスリップしている可能性が高いことから，ロードセルの値を調べることで，車輪のスリップを防止している．また，図には描かれていないが，モータ本体の後部

にはロータリエンコーダ（rotary encoder）が取り付けられている(図 2.3.14 参照).ロータリエンコーダは回転軸の回転角度を測るためのセンサで，これによりモータの回転角度がわかる．これらエンコーダから 4 つの車輪それぞれの時々刻々の回転角度の情報を得ることで，台車がどの方向にどれだけ移動しているかを算出することができる．このように車輪の回転情報から台車の移動距離と方向を計測することをオドメトリと呼ぶ．この方法については第 3 章で詳しく紹介する.

またマニピュレータ部の 6 つの関節にも，同様に，各関節にロータリエンコーダが取り付けられており，マニピュレータの手先位置・姿勢を計測することができる．このように，ロボットの車輪や関節を駆動する全てのモータには，その回転角度を測るためのセンサが取り付けられており，角度を知るだけでなく，これによってはじめてロボットに正確な目標動作をさせることができる.

また，本ロボットには，手先にかかる荷重を計測するために 6 軸力覚センサが取り付けられている(図 2.3.15)．この他，ロボット本体にではないが，天井に据え付けたカメラから移動台車に取り付けたマーカを計測し，移動台車の位置・姿勢を計測している．一般の移動ロボットでは，この他にも，ロボットの周辺環境やロボット自身がどこにいるのかを知るために，カメラやレーザレンジファインダのようなセンサを搭載したロボットも多い．これについては第 5 章で詳しく紹介する.

b．制御部

次に，制御部の構成を調べてみよう．本移動マニピュレータの制御部の構成の概略は，図 2.3.16 の通りである．2 台の制御用コンピュータ，さらにマニピュレータ側 6 台，台車側 4 台のモータドライバ，モータ及びエンコーダのセットに分解できることがわかる．モータドライバ（motor driver）とは，コンピュータから送られてきた信号に従って電流や電圧をモータにかける役割を受け持っており，電源がこれら 10 台のモータドライバに電力を供給している．このロボットでは，6 自由度マニピュレータを制御するためのコンピュータと移動台車を制御するコンピュータを別々に準備し，その間を通信でつないでいる．このように 2 台のコンピュータを利用しているのは，マニピュレータの各関節の動かし方を決めるための計算と，移動台車の各車輪の動かし方を決めるための計算を別々に行うためである．本システムのように，モータの数が多くなりシステムが複雑となる場合には，コンピュータを複数利用して分散して制御することが有効な場合も多い.

次に，具体的に要素間がどのように結びついているか見てみよう．エンコーダの信号線がドライバに入力されるかどうか，マニピュレータ側と台車側で若干の違いがある．これはモータドライバの種類が異なるためである．しかし，そこを除けば，10 個のモータは全て図 2.3.17 のように，全て同じ構成となっている．信号の流れを見ると，まずコンピュータはエンコーダからモータの現在の角度を計測し，その値と回転させるべき目標値から，どのような指令をモータドライバに送れば良いかを計算し，それをモータドライバに出力する．モータドライバはコンピュータからの指令に応じた電流をモー

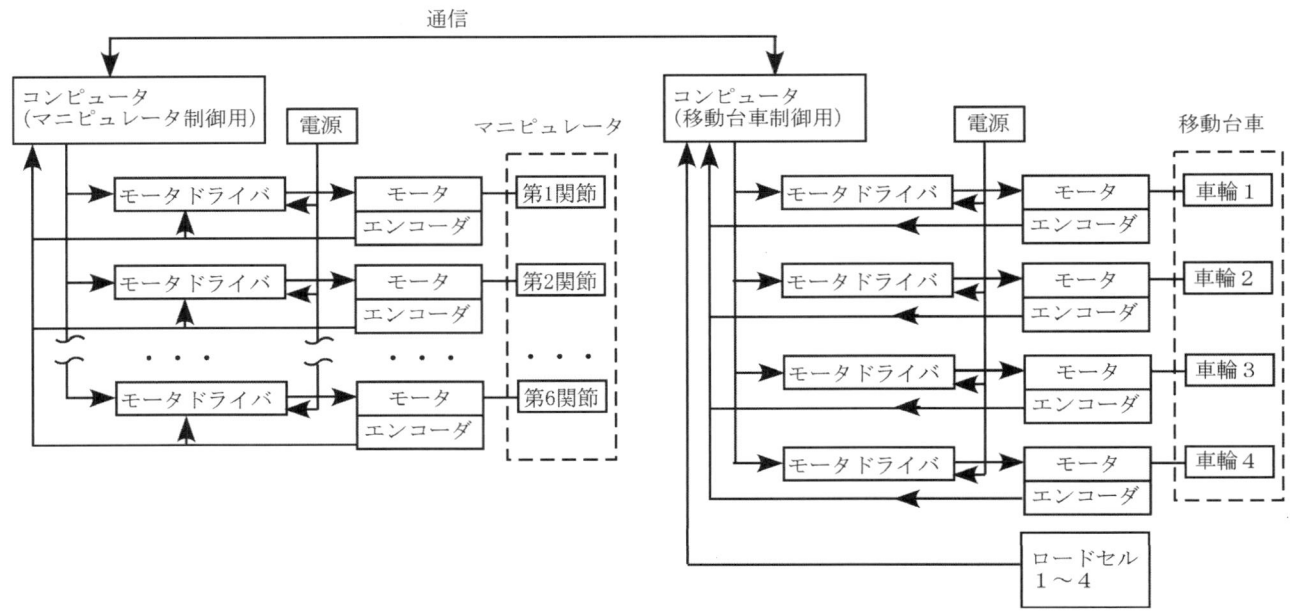

図 2.3.16 制御部の構成

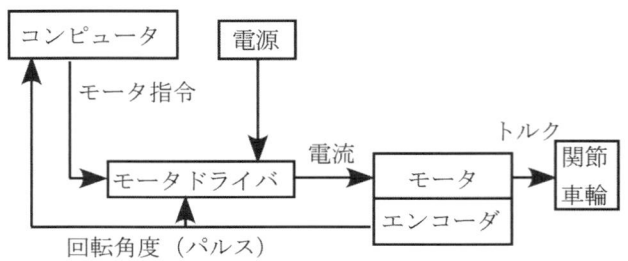

図 2.3.17 モータ 1 台分の制御部

に供給する．この一連の操作を繰り返すことで，ロボットの目標動作が実現される．モータドライバの仕組みについては第 6 章に，エンコーダの信号からモータドライバへの指令をどのように計算すれば良いのかは，第 7 章で解説する．ここでは，回転させるのが車輪か関節かとは無関係に，全てのモータは同じ仕組みで制御されることを頭に刻み込んで欲しい．

2・3・4　行動決定部（Motion teaching/planning unit）

2・3・3 項の計測部・制御部によって，設定された目標値通りにモータが正確に制御され，自分の思い通りに移動ロボットやマニピュレータを動かすことができたとすると，次は人間や他のロボットを含めた周辺環境の中で，「ロボットがどのように行動するべきか」という課題が生まれてくる．ペットロボットなどでは生き物に思わせるための動作,愛嬌のある動作といった,抽象的な動作が要求されるが，ここでは，より一般的に，移動のための行動決定に関する仕組みについて調べてみよう．なお，図 2.3.1 のロボットは，動作の指令を全て予め与えられており，行動決定のための具体的な工夫は行なわれていない．

さて，多くの移動ロボットにおいて行動を決定するには，次の 3 つの段階

が必要となる．
　1) 自分のいる位置を把握，
　2) 移動するための最終目標位置を設定，
　3) 目標値に到達するための移動経路の設定．
以下に，それぞれを詳しく見ていくこととしよう．
1)　自分のいる位置を把握する

　一般的な室内や屋外で移動ロボットを動かすには，カメラにより周囲の景色を取り込み，道路や障害物を認識したり，目標となる標識（ランドマーク（landmark）と呼ぶ）を発見することで自分自身の位置を求めることが必要となる．屋外での自分の位置を知るためにGPS（Global Positioning System）を搭載したロボットも多い（図 2.3.18）．ロボット自身の現在の位置を把握することを自己位置同定と呼ぶ．図 2.3.1 のロボットは基本的に車輪の回転情報のみから自己位置同定を行い，ある時間間隔で天井のカメラからの情報により自己位置の補正を行っている．

2)　目標位置を設定する

　ロボット自身が地図上において現在いる場所を特定できたら，次に移動するべき場所を決定する必要がある．ロボットが用いられる多くの作業では，目標位置は予めオペレータにより設定されている．しかし，家庭用掃除ロボットなどでは，目標位置を持たず，部屋の隅々まで掃き残し無く掃除するための動作を繰り返す，といったものもある．あるいは，地図の無い未知の環境で，自分で地図を作りながら移動を行うロボットでは，人間と同様の高度な判断が必要となる．

3)　目標位置に到達するための経路決定

　最後に，目標位置に到達するための移動経路を決定する必要がある．工場内においては，あらかじめ決定された経路に沿って移動することが必要とされる．これは，制御系に経路を達成するための指令を正しく入力することで簡単に実現できる．図 2.3.1 のロボットも予め与えられた経路を正確に追従することができる．一方，屋外環境で活躍するロボットでは，目標位置に向かう途中に，未知の障害物が立ちはだかる場合も多い．火星探査ロボットでは，オペレータが，ロボットのカメラが捕らえた周囲の映像を見ながら，ロボットに動作指令を送る．ところが，その通信には数十分の時間を要するため，映像が動き出すのは数十分後である．そのためロボットの操縦中に，目の前に障害物が現れても，オペレータの目に入った時には手遅れとなっている．そこで，オペレータは火星から送られてきた映像を元に，ロボットの向かうべき目標位置と途中で経由すべき点のみを指定し，障害物をよけながら目標位置に向かうまでの具体的動作は全てロボットに任せてしまう，という動かし方をする．このような，指令の半分だけを人間が与えるロボットを半自律ロボットという．図 2.3.19 は 2007 年まで行なわれていた，四足歩行ロボットを用いたサッカーで，ロボカップというロボットの世界大会のひとコマである．この競技では，ロボットはボールと相手ゴールを自分のカメラで発見し，ボールをどのように蹴ればよいかを自分で決定する．味方や相手のロボットのいる場所によって，適切なボールさばきが要求される高度な行動

図 2.3.18　GPS を搭載した自律建設ロボット（山祇4号）

GPS により自己位置の計測できると共に，搭載したカメラで土砂山形状を計測し，土砂を掬い取りダンプトラックに積み込む一連の動作を全て自律で行うことができる．

図 2.3.19　ロボカップ四足ロボットリーグ

ロボットはボールと相手ゴールを自分のカメラで見つけ，どのようにボールを蹴れば良いかを決定する．

決定が求められる．このように，すべての動作を人間の手を介さずに行うロボットを自律ロボット(autonomous robot)という．

第3章や第4章では，移動ロボットやマニピュレータが安定して「目標動作」を遂行するための方法について述べているのに対して，第8章は「その目標の動作をどのように生成するか？」という上位概念のひとつとして位置づけられる．

2・3・5 分解して見えてくるもの（What we find after decomposition of robots）

以上より，ロボットを運動部・駆動部，計測部・制御部，行動決定部と分解し，これらをいくつかのロボットを例にとってさらに分解してみた．この分解を通してわかったことを整理してみると，以下のようになる．

- ロボットは，移動，及び作業機能を果たすための運動モジュール，例えば移動台車やマニピュレータ，などから構成されている．
- それぞれのモジュールは，通常はいくつかのモータ駆動系が，リンクあるいは胴体によって接続された構造を持つ．
- ロボット本体，すなわちそれぞれのモジュールの動きは，その形態に関係なく全てモータによって生成される．よって，モータを思い通りに動かすことができれば，ロボット全体も思い通りに動かすことができる．
- モータを思い通りに動かすための制御部は，モータが回転させている対象（車輪か腕か）とは無関係に共通な構成を持つ．
- モータを正確に動かすために，その回転角度の計測や，ロボットの位置・姿勢を計測することが必要である．回転角度の計測には，ロータリエンコーダが用いられることが多い．
- 多くのモータの駆動系には歯車が用いられている．歯車の利用により，モータと関節の回転軸をずらして配置したり，直交させることができると同時に，高速，低トルクの特性を持つモータを，低速，高トルクの駆動系に変換することができる．
- ロボットの動かし方を決めるための頭脳が必要である．これは人間の場合もあれば，ロボット自身の場合もある．

以上のように，ロボットを動かすための知識は，その外見が違っていても，全てのロボットに共通していることがわかる．

一方で，関節や車輪を回転させるモータを取り付ける際には，回転軸にかかってくる望ましくない力やモーメントを受けるための構造上の工夫，軸受の利用などが不可欠である．ロボットの周囲の認識や計測方法も，ロボット毎に工夫が必要となる技術課題となる．そこで求められる工夫は，それぞれのロボットがどのような環境で，何のために利用されるのか，によって変わってくる．

場合によっては，ロボットの形態自体も一から考えなくてはならない．ただしこの工夫はロボット開発の醍醐味でもある．その際の，構造上の工夫，あるいは設計のための知識，開発すべき計測システムに用いる要素技術のほとんどは，工学の共通知識である．

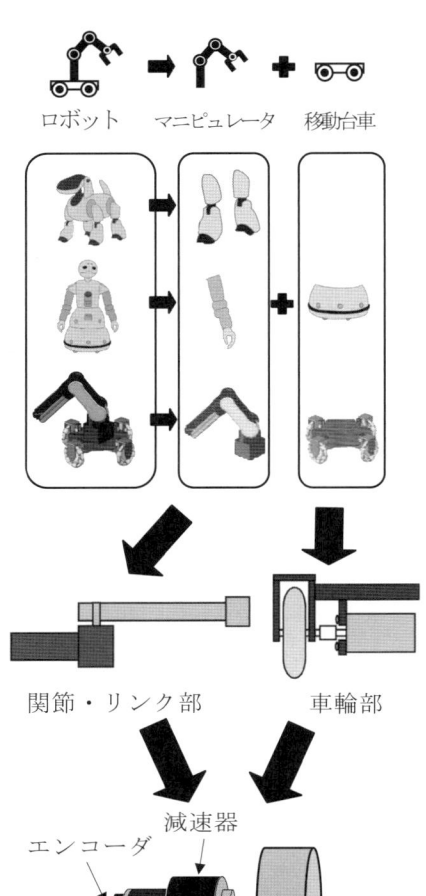

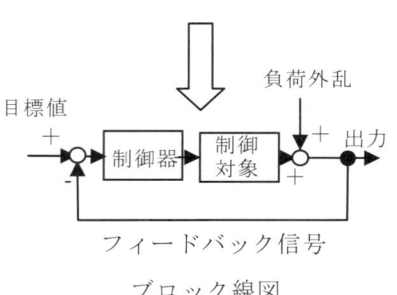

図 2.3.20 ロボットを分解すると‥

2・4 ロボットのモデル化 (Modeling of robots)

ロボットは設計思想や作業目的に応じてまったく違った形をしていても，その構成要素や動かすための基本的な知識は共通している．そこで，ロボットの表現方法に共通したルールを適用すれば，類似したロボットの動かし方を同じように扱うことができる．

例えば図 2.4.1 の腕型マニピュレータのモデルは，あるルールによって描かれている．この図を見てもマニピュレータ本体のデザインはわからない．しかし，マニピュレータがどのような動作を行うかは知ることができる．つまり，この関節配置を持つマニピュレータの，関節角の値と手先の位置・姿勢の幾何的な関係は，全てこのモデルで表現できていることになる．しかも，図 2.4.2 のように，それぞれのリンクの根元側関節に座標系を設定しておけば，第 4 章で示すように，リンクパラメータと呼ばれる 4 つの変数を利用するだけで，どのような形状のリンクであっても，隣り合うリンク座標系間の相対位置，姿勢が全て表現できる．さらにこれらを利用して同次変換行列 (homogeneous transformation matrix) という行列を定義すると，根元から見たロボット先端の位置・姿勢を簡単に計算できる．これも第 4 章で詳しく説明されている．

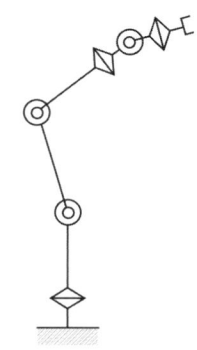

図 2.4.1 マニピュレータのモデル例

また，マニピュレータを動的に制御するためには，その運動方程式が必要となる．具体的にはマニピュレータの各関節の角度（あるいは手先位置・姿勢）を目標の時間軌道で動かすために，マニピュレータの各モータにどのようなトルクを発生させれば良いかを表す関係式が必要となる．これをマニピュレータの逆動力学計算 (inverse dynamics computation) と呼ぶ．個々のリンクは単なる剛体の棒とみなすことができるので，マニピュレータの逆動力学計算は，図 2.4.3 のように関節でつなぎ合わされた剛体の棒の運動方程式として，マニピュレータの関節配置（どのようなタイプの関節がどのように繋ぎ合わされているか）に関わらず式(2.1)のように表現できる．

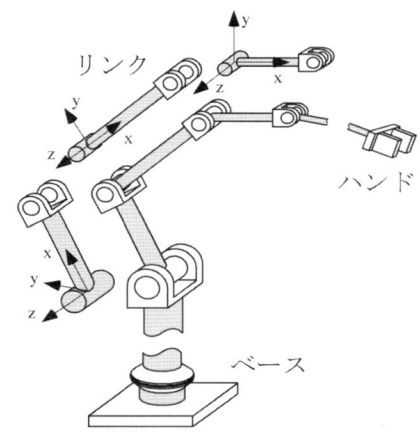

図 2.4.2 マニピュレータのリンク座標系

$$\tau = M(\theta)\ddot{\theta} + h(\theta,\dot{\theta}) + g(\theta) + f_f(\dot{\theta}) \tag{2.1}$$

この式の具体的説明は全て第 4 章に譲るとして，式(2.1)は，一般のマニピュレータに共通に当てはめることができる．よって，多くのマニピュレータは，この式をベースにして制御系設計を行うことができる．つまり，この運動方程式（時間を変数とした微分方程式）で表される変数が望ましい挙動を行うように，モータトルクを計算するルール（制御則）を決めることができれば，そのルールは式(2.1)で表現できる全てのマニピュレータにも適用することができる．

さて，以上ではマニピュレータ全般について，関節の角度と手先位置・姿勢の関係，及び運動方程式に関しての共通モデルが有効であることを説明した．同じように，車輪型移動ロボット，歩行ロボットについても，それぞれの制御を行う上で都合の良いモデルが存在する．

第 3 章では，車輪型移動ロボットの制御，2 足歩行ロボットの制御，多足歩行ロボットの制御，といった項目が説明され，それぞれの機構や原理に適

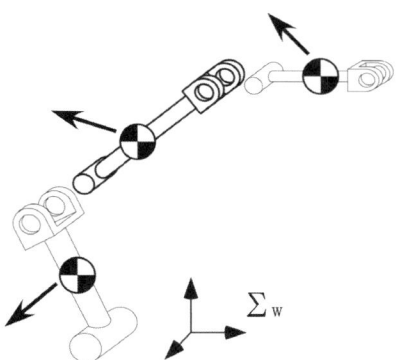

図 2.4.3 連結したリンク構造

したモデル化が行なわれ，それに基づいた制御方法が示されている．例えば車輪型移動ロボットでは，車輪の回転速度とロボット本体の速度の関係が制御のための基本となる．そこに車輪のスリップによる誤差をどのようにモデル化して埋め込んで行くか，が工夫されている．歩行ロボットでは，単に足を動かすだけではすぐに転んでしまうため，うまく歩行を実現するための工夫が必要となる．また，2足歩行，4足歩行など，脚の本数が異なると，歩かせるためのパターンも異なってくる．これら歩行を実現させるためにZMPという力学的な点を指標とした制御モデルが用いられる．第4章では，上述の例に示したモデル化が行なわれ，腕型マニピュレータの制御が解説されている．このように，ロボットを表現する場合には，その目的毎に必要となる物理的特性に着目し，それを抜き出して共通のルールの下で定式化（モデル化）するのが効率的である．

さて，これら第3章，第4章の"制御"に対して，第7章「制御する」においては，全てのロボットに共通して用いられるモータの制御方法が示されている．つまり同じ"制御"ではあっても，第3章，第4章の"ロボットの制御"ではロボットの関節や車輪の動かし方を決めているのに対して，第7章の"モータの制御"では，第3章，第4章で決めた関節の動きをモータでどのように実現するのか，を扱っている．これらの違いは，第3章の歩行ロボットを例に挙げれば，どのように足の関節の目標角度を決めていけばロボットが転ばずに歩くことができるかを考え，そのための足の動かし方を決定することを制御と呼んでいるのに対して，第7章の制御では，それでは目標の関節角度が決まったとして，その望ましい関節角度を実現するには，モータにどのような電流を流し，あるいは電圧をかければよいのか，を扱っている．全てのロボットをモータの単位で眺めると，そこには車輪も歩行も作業も区別は無く，第7章の「制御する」は，第3章，第4章の全てに共通した制御方法として存在する．そして，このモータの制御では，制御工学（control engineering）で扱うのに適した制御用のモデル化が行われている．ただし，第3章〜第6章までのモデル化が共通のルールによって数式化された結果，制御工学の枠組みが利用可能になっていることにも留意して欲しい．

人によっては，このようなモデルをベースとした説明は抽象的で面白くないと感じることがあるかもしれない．そのような場合には，自分がイメージしやすい具体的なロボットやモータの動作を頭に浮かべながら読み進めてみよう．

以上のように，モデルを一般化して共通のルールを用いることにより，ロボティクスを汎用性のある工学分野のひとつとして位置づけることが可能となる。さらには機械工学や電気工学はもとより，その他の学問領域(医工学，心理学，宇宙工学等)との融合と応用にも，大いに役立てることができる．

2・5 ロボット設計とロボティクス（Robot design and robotics）

これまで見てきたように，ロボットとは，分解していくと，最後は共通の要素から構成されている．ロボットを設計するということは，これから作るロボットに何をさせたいのか，そのためにはどのような機能を持っていれば

よいのか，その機能を実現するにはどのような方法が考えられるか，を明らかにし，それを実現するための要素を取捨選択し，一台のロボットに統合するというプロセスである．そして，それぞれの要素やプロセスには，工学の様々な分野が対応している．ロボティクスは，工学の様々な分野に対して横断的な学問であり，それぞれの分野の知識があればあるほど，設計するロボットに対する自由度も増す，すなわち選択肢を広げることができる．

例えば車輪機構や腕の関節機構を頑丈に作る場合，材料力学，軸受などの機械要素に関する知識がベースとなる．ロボットを動かすには力学と制御工学が，そのための計測には計測工学の知識が必要である．この他にも振動工学，機械設計，情報工学など，基礎として備えておくべき知識は多い．ロボットを料理に例えるなら，個々の知識は食材に対応し，それを立派な料理に仕上げるためのレシピがロボティクスといえる．腕の良い料理人は，良い食材が準備できればおいしい料理を次々と作り出すことができる．同じように，工学全体に幅広い知識を持った能力の高い研究者は，次々と性能の高いロボットを開発していくことができる（図 2.5.1）．ロボティクスは，その背後に幅広い知識を持てば持つほど理解を深めることのできる学問である．以下では，このような広い知識を身に付けたとして，人間の生活支援を行う人間共存型のロボットを例に，ロボットを開発していく際のロボティクスの果たす役割を示してみたい．

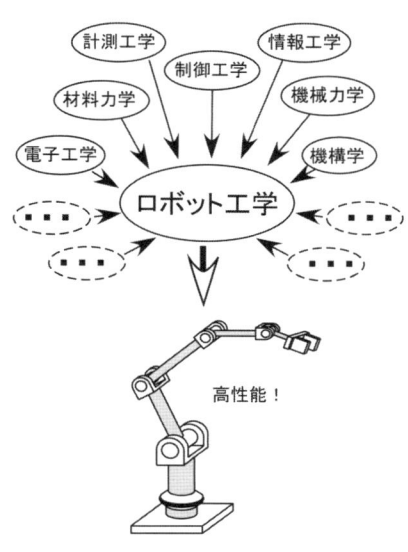

図 2.5.1　ロボティクスの成立ち

近年の少子・高齢社会への対応といった観点から，人間社会の様々な場面で人間をサポートする生活支援ロボットが強く求められるようになってきた．人間の生活支援を行うロボットは，人間との接触を前提に設計・開発される必要がある．しかし，これまでの産業用ロボットは，衝突により人間に危害を加えないよう，人とは隔離された場所での利用を前提としてきた．このため，動作空間を人間と共有する生活支援ロボットのような機械の概念は未だ確立されておらず，生活支援はまさにロボティクスがこれから取り組むべき分野のひとつといえる．

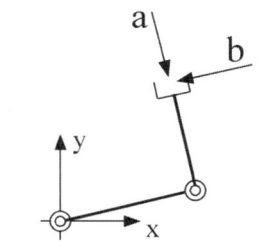

図 2.5.2　ロボットの姿勢とみかけの質量

生活支援ロボットには，まず第一に，人間とぶつかった時に人間を傷つけないことが求められる．このためにまず思いつくのは，ロボットを軽く，柔らかくすることである．ロボットを軽くするには固くて軽い素材を用いればよい．ただし，ロボットを軽くするといっても，腕型のロボットでは同じロボットでもその姿勢の違いに応じて，ぶつかった人の感じるロボットの重量は変化する．例えば図 2.5.2 の姿勢のロボットをそれぞれ矢印 a，b の方向に押した場合，a に比べて b の方が軽く感じられる．つまり，ロボットが同じスピードで人間にぶつかった際には，b の方向からぶつかった場合の方がダメージが少ない．このことは，ロボットを使う場合にはロボットをどのような姿勢で利用するかも考慮する必要のあることを意味している．そして，この見かけの質量やどの方向にどれだけの質量を感じるのかは，ロボティクスの知識であるロボットの慣性行列の固有値と固有ベクトルを調べることで知ることができる．この知識のベースには，剛体の力学，三角関数，線形代数などがある．

次に，ロボットに必要な柔らかさはどのように実現したら良いであろうか．

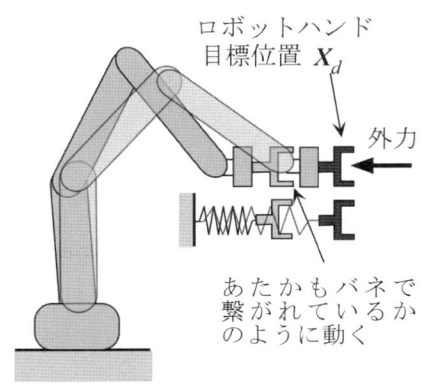

図 2.5.3 インピーダンス制御による仮想バネの実現

本当に柔らかいアームを使うことにすると，アームがたわんでしまい目標の位置まで手先を動かすことすら難しくなってしまう．さらに，動かすたびに揺れが発生してしまう．一方，ロボティクスの知識があれば，この柔らかさを制御，つまりロボットの動かし方を工夫することで作り出すことができる．インピーダンス制御（impedance control）と呼ばれる方法を使うと，外力の働かない状態ではロボットの手先を目標位置に揺れることなく移動させることができ，しかも外力が働いたとしても，手先がバネのように柔軟に応答する（図 2.5.3）．振動工学の基礎的な知識があると，この時の挙動の理解をより深めることができる．

人とぶつかった時の衝撃を小さくする方法は他にもある．それは，ロボットをできるだけ低速で動かすこと，そしてロボットがそもそも大きな力を出せないよう，小さなモータを使うことである．ところが，小さなモータを使うと，今度は力不足のため支援したい作業を満足にこなすことができなくなるかもしれない．この問題を解決するため，モータとロボットの関節をつなぐ部分の歯車の減速比や，ロボットの構造，リンクの長さなどを工夫する必要が出てくる．これもロボティクスのまさに得意とするところである．

このように，ロボティクスの知識を持っていると，機能を実現するための抽斗（ひきだし）をたくさん準備することができるので，見かけの質量を軽くする，あるいは柔らかさを実現する，といった方法をいくつも思いつくことができるのである．

産業用ロボットの安全規格

産業環境におけるロボットの安全規格 ISO 10218 では，人間と同じ領域で作業するロボットには，利用されるモータのうち最大のものが 80W 以下であること，最大速度が 250mm/s 以下であること，発生可能な力の最大が 150N 以下であることが必要とされている．

2・6 ロボティクスとロボット（Robotics and robots）

最後に，ロボティクスをこれから勉強する諸君に強調しておきたいことがある．それは，本当に役立つロボットは，ロボティクスの教科書に載っている一般的な知識だけでは作ることができないということである．

人間支援型ロボット（human support robot）について言えば，軽く，柔らかくすることが必要であることは説明済みである．しかし，ではどの程度軽く，柔らかくしておけば人間との接触のある環境で利用できるロボットができるのであろうか？これには，人間はどの程度ならぶつかっても危なくないのか，という人間自身の身体特性に関する知識が必要となってくる．

この他にも，2・1 節で例に挙げた AIBO では，人間に本物の動物のように思わせることが必要である．では，どんな動きをさせれば動物だと思ってくれるのか？これも教科書には書かれていない．

食事を支援するマイスプーンというロボットがある（第 9 章参照）．これは，腕の不自由な人たちが，お弁当箱の中の好きな食べ物を，口元まで運ぶことのできるように開発されている．利用者がスプーンを自由に操縦できるため

のジョイスティック，ご飯やおかずをしっかりとつかめるスプーンとフォーク，スプーンをお弁当箱の好きな場所と口元まで移動させることのできるアームからなる．しかし，一番重要なのは，利用者が安心して，心地よく利用することのできる操作感やデザインである．

最近ではロボティックサイエンス（robotic science）といって，人間や生命に関する学問的知識をロボットに取り込んでいこうという取り組みもある．

つまり，本当に役立つロボットを作ろうと思ったら，必要な機能を実現するための腕の設計や動かし方の技術と共に，この技術を適切に用いることができるよう作業対象の特性を十分に知ることが，開発のための最も重要なポイントとなるのである．そして，その特性をモデル化してロボティクスの学問体系の中に取り込み，理論的な位置付けを与え，その問題の解決法を一つずつ見つけてはそれを積み上げて行く，これがロボティクスの姿である．日本が産業用ロボットによって世界のロボット大国になりえたのは，工場内での作業の徹底した解析と，それをベースとしたロボット開発を，工夫を重ねながら地道に行ってきたからである．

これからロボティクスを勉強していく諸君には，まずは本書の各章をしっかりと勉強して抽斗をたくさん準備して欲しい．そしてさらに，ロボットだけでなく自然や社会現象などへの幅広い興味と，物事全体を見渡すことのできる広い視野を持ち，その中で道具としてのロボティクスを上手に利用すると同時に，新たなロボットの利用法を積極的に考え，ロボティクスの中に取り込んでいって欲しい．

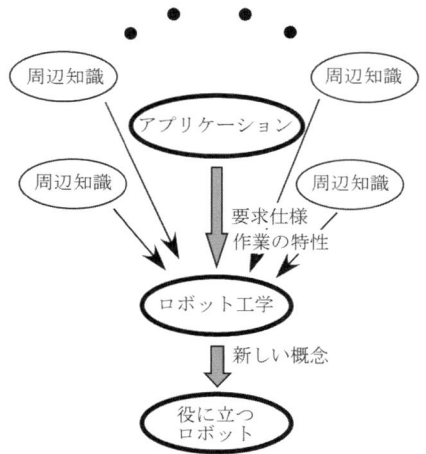

図 2.6.1　ロボティクスに重要なもの

第3章

移動する

Locomotion

　移動ロボットはさまざまな形態があり，それぞれに機構的な工夫がなされ，制御法の模索をくりかえしながら構築されてきている．3・1節ではさまざまな形態の移動ロボット開発の状況を紹介し，次節以降で，車輪型，2足歩行型，多足歩行型に分けて制御法を解説する．3・2節では，対向2輪型移動機構を用いて，車輪型移動ロボットの制御に必要な知識を説明する．対向2輪型の移動ロボットのキネマティクス，位置に基づく直線経路への追従，自律走行制御の概要を説明する．3・3節では，2足歩行ロボットの安定性や歩行生成手法について説明する．3・4節では，多足歩行ロボットの脚運動の制御やバランスをとるための制御法について説明する．

　なお，本章の説明は，他の各章とも密接に関係している．第2章「分解する」で車輪や脚などのロボットの構成要素に関して，第4章「作業する」では，脚先の導出方法に関して，第5章「計測する」でロボットの位置推定や関節角度の計測に使用するセンサに関して，第6章「駆動する」や第7章「制御する」で脚の関節や車輪を駆動するモータの制御に関して，第8章「行動を決定する」では高度な行動計画に関して詳しく説明されている．それらの章も合わせて参考にして欲しい．

3・1　移動ロボットの形態と原理（Mechanical configuration and locomotion principle of mobile robot）

3・1・1　2足歩行（Bipedal walking）

　動物の移動形態には，多足による歩行，翼による飛翔，ひれによる泳ぎなど様々なものがあるが，我々人類のみが何百万年も前から主に2足歩行をしている．2足歩行をすることで，人類は手を自由に使うことができるようになり，道具を作り，文明が発達した．そして，人類は道を作り，階段を作り，自然を2足歩行に適したように変えてきた．つまり，逆説的に言えば，2足歩行は大自然に適した移動形態ではないため，人工環境を構築できる人類のみが2足歩行をしているともいえる．読者の皆さんも，凸凹道や，急な斜面を歩かれたときに，2足歩行の不安定さ，不自由さを痛感されたのではないだろうか．

　現在は2足歩行を行う人間型ロボットが数多く開発されているが，黎明期の2足歩行ロボットは，脚と胴体のみから構成されているものがほとんどであった．脚の機構としては，人間のように回転関節により構成されるものの他，直動伸縮機構で脚の長さを変えるものもあった．また，駆動装置としては，油圧を利用したもの，電動モータを利用したもの，空気圧を利用したものがある．特に初期の等身大サイズの2足歩行ロボットで重量の大きかったものは，その重量を支えるために油圧を使用していた．しかし，電動モータと減速機の性能が向上するにつれ，電動サーボモータが駆動装置の主流を占めるようになった．

　1971年に早稲田大学で開発されたWL-5は，片足5自由度，上体に重心移動のための1自由度の合計11自由度の2足モデルで歩幅0.17m，一歩40sで

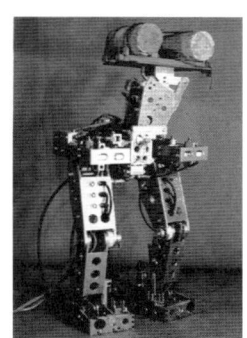

図 3.1.1　WL-5
（提供：早稲田大学ヒューマノイド研究所）

図 3.1.2　WABOT-1
（提供：早稲田大学ヒューマノイド研究所）

図 3.1.3　3D One-Leg Hopper

図 3.1.4　Honda P2
（提供：本田技研工業（株））

図 3.1.5　電動 6 足ロボット
（提供：大阪大学　新井健生）

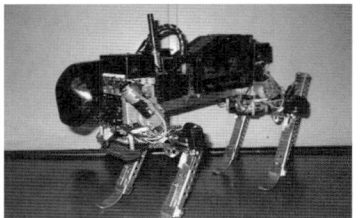

図 3.1.6　電動 4 足ロボット
（提供：京都工芸繊維大学
木村浩）

図 3.1.7　油圧 6 足ロボット
（提供：千葉大学　野波健蔵）

静歩行を行った（図 3.1.1）．これは 1973 年に発表された上半身も備えた世界初の人間型ロボット WABOT-1（図 3.1.2）の下半身として使用された．各関節は回転関節で構成され，駆動装置としては油圧直動型シリンダを用いていた．

1980 年代になると MIT において，跳躍ロボットの研究が盛んに行われた．図 3.1.3 に示すのは，1 本足で 3 次元跳躍を行うことができる 3D One-Leg Hopper である．中央に見える空気圧シリンダで跳躍動作を行い，その空気圧シリンダの胴体に対する角度を油圧アクチュエータで変化させることにより，前後，左右の動きを作り出している．この応用で，2 足，4 足の跳躍機械が開発されている．

2 足歩行の研究は，その後一時下火になるが，1996 年 12 月に Honda が P2 を発表し，安定的な 2 足歩行と，通常環境の階段を昇降することを可能にしたロボットが現実のものとなると，世界中の多くの研究者が参入し，第 2 次 2 足歩行研究ブームとなる（図 3.1.4）．P2 の駆動（作動）軸は，すべて回転型であり，駆動には電動モータが使用されている．P2 の発表以降は，ロボットの形体も下半身だけだったものから，上半身も備えたヒューマノイドロボットが主流となった．

2 足歩行の最大の難点は転びやすいことである．我々人類も歩き始めのヨチヨチ歩きのころは，数歩歩くと転んでしまう．十分に大きな摩擦係数を有する独立な 3 点で接地し，その 3 点で囲まれる領域にロボットの重心投影点が入れば，ロボットは静的に安定となる．これは，カメラの三脚を思い浮かべてもらえば容易に理解できるであろう．これに対し，2 足歩行では，接地点が最大でも 2 点しかないため，その 2 点を結ぶ直線周りに転倒することを防ぐことが難しい．これを機構的に避けるためには，足裏の面積を大きくしていけばよいが，大きな足裏は持ち上げるだけでもエネルギーを消費するし，また接地点の選択にも制限が加わる．この辺りのバランスをとることが 2 足歩行ロボットの課題である．

ヒューマノイドロボットの動作生成

　2 足歩行型のヒューマノイドロボット（注：車輪型のヒューマノイドロボットもある）では，歩行能力や走行能力が注目されがちであるが，ヒューマノイドロボットの最大の特徴は，足だけではなく手や頭も備えている点である．従って，それを動かす際には，本章で述べる 2 足歩行技術のみでなく，第 4 章以降に書かれた全ての技術が重要となる．特に最近のヒューマノイドロボットは，30 自由度以上のものも多く，その動作生成には第 8 章に書かれた「行動を決定する」技術が欠かせない．

3・1・2　多足歩行（Multi-legged walking）

多足歩行型の特徴は，第一に安定性にすぐれることである．特にロボット全体が何らかの原因でバランスを崩した場合でも横転することは少なく，期せずして足が地面に付いてしまう程度で済むことが多い．また，静的な歩行

（3・4 節参照）でも実用的な速度が得られることが特徴である．一方，脚数が多いためにどの足をどこに着地すれば良いかの戦略が複雑になる．一般的に不整地の凹凸に対応する能力はあるが，階段，急傾斜地では 2 足歩行より前後長が長い分，前後の高低差が大きくなり，胴体が後傾して重心が後ろに寄ってしまうため，その対策が必要であるといった弱点もある．また，脚数が多いとアクチュエータ（第 6 章参照）が多くなりがちである．足先を 3 次元空間内で自在に動かすために 1 脚 3 自由度とするのが一般的であるから，4 足歩行で 12 個，6 足歩行で 18 個のアクチュエータのものが多い．

歩行ロボットのアクチュエータはマニピュレータに比較して大きな力を発生する必要がある．回転型のモータにギヤヘッドをつけたものやギヤヘッド一体型のアクチュエータは比較的小型の多足歩行ロボットで多く用いられる（図 3.1.5，図 3.1.6）．大型の場合は油圧シリンダ駆動のものもある（図 3.1.7, 図 3.1.8）．また空気圧シリンダ駆動の例もある（図 3.1.9）．

歩行ロボットは，常に重力に逆らって脚で胴体を支えていなければならない．車輪型の場合には車軸の軸受けが重量を支え，車輪を回転駆動するアクチュエータには重量負担がかからないのが普通である．これに対して歩行ロボットでは，脚を上下に駆動するアクチュエータに重量負担が生じる．そこで，重力方向の力を出しやすくする工夫や重量負担そのものを小さくする工夫がなされている．

その一つは「干渉駆動」と呼ばれる，2 つ以上のアクチュエータが力を出し合ってその合力で重量を支える力を発生させるものである．図 3.1.9 では，2 つの空気圧シリンダを斜めに配置し，2 つを同時に伸縮させて上下運動，2 つの差分で前後運動をつくっている．脚を下に伸ばす力は 2 つの空気圧シリンダが負担しているため，1 つあたりの推力は小さくてよい．また，立ち上がって重量を支えているときに，多くのアクチュエータが活動（力を発生）し，休んでいるアクチュエータを少なくできるという特徴がある．

別の工夫として「重力方向分離駆動(GDA, gravitationally decoupled actuation)」と呼ぶ，鉛直駆動機構と水平駆動機構を完全に分けたものがある．図 3.1.10 の脚の付け根と中間部の関節は鉛直軸まわりの回転であり，アクチュエータが重量を負担していない．このロボットでは脚の上下は胴体中央をねじるアクチュエータが担っている．このように分離すると，上下駆動のアクチュエータだけを高減速比にしたり，ブレーキ機構を付けたり，バックドライブ（4・4 節参照）しない機構にするなどの工夫でエネルギー消費を少なくすることができる．

3・1・3　車輪駆動（Wheel drive）

車輪（タイヤ）は人類の最も古い発明の一つとされていて，人類の歴史と切り離すことのできないものとなっている．人間は，重い荷物や複数の人間を遠くに素早く運ぶために，車輪を用いて，馬車，自転車，電車などを発明した．また，脚の不自由な人を補助する道具として車椅子や，怪我した人を運ぶための車輪付きの担架など，車輪を用いた様々なものが作られている．

車輪駆動の移動ロボットは，皆さんの身近な場所で見かける自動家電や乗

図 3.1.8　油圧駆動の 4 足ロボット（提供：東京工業大学　広瀬茂男）

図 3.1.9　空圧で干渉駆動の 4 足ロボット（提供：東京工業大学　広瀬茂男）

図 3.1.10　重力方向分離駆動の 4 足ロボット

(a) 掃除ロボット（左）とその下面（右）

(b) パーソナルビークル

(c) ロッカーボギー機構（提供：NASA）

図 3.1.11　車輪型移動ロボット

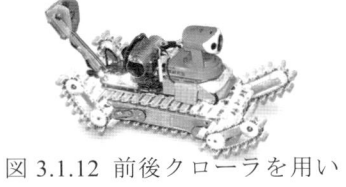

図 3.1.12 前後クローラを用いて不整地走破性向上（提供：千葉工業大学 小柳栄次）

図 3.1.13 連接車体クローラ（提供：東京工業大学 広瀬茂男）

図 3.1.14 車輪付きアームで移動を補助（提供：東京工業大学 広瀬茂男）

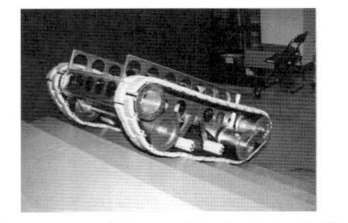

図 3.1.15 グリップを良くする粉体入りパッドを装着

図 3.1.16 アクティブに曲がるクローラ（提供：岡山理科大学 衣笠哲也）

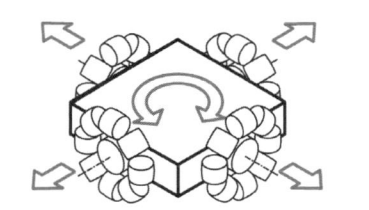

図 3.1.17 オムニホイールを使った全方向移動

り物にも使われている．図 3.1.11(a)は，自走式の掃除機である．自律的に走行しながら，壁などの地図を作りつつ，床面のゴミを掃除機で取り除くことができる掃除機ロボットである．ロボットの裏側を見ると，2つの駆動輪と，1個の補助輪が確認できる．

車輪移動ロボットでも，機構を工夫することで，凹凸のある地面や，ごつごつとした岩がある惑星の地表を走行することができる．図 3.1.11(b)は，2輪で走行する人乗り型の移動体である．補助輪を取り除き，大きな2つの車輪を用いて移動することで，凹凸のある不整地を走行することができる．しかし，2輪で走行するためには，バランスをとらないと倒れてしまう．倒立制御を行うことで，2輪での走行を実現している．

図 3.1.11(c)は，凹凸のある惑星の地表を走行するために開発された移動ロボットである．特徴は，片側の3つの車輪をリンク機構でつないだ，ロッカーボギー機構である．ロッカーボギー機構を用いることで，岩などにタイヤが車輪にぶつかった場合でも，乗り越えて進むことができる．機構ではなく，車輪に低圧タイヤを用いることで，凹凸のある不整地や，砂地を走行する移動ロボットも開発されている．

車輪移動ロボットは，目的地まで自律走行するために必要な，制御，環境認識，経路計画などの知能の研究を行うための研究用プラットフォームとしても国内外で広く使われている．車輪駆動がロボットの研究で広く使われている．理由は，2足歩行ロボットや，4足，6足の脚型ロボットに比べて，平らな地面であれば簡単な機構と制御で動き回ることができるからである．車輪の制御に関して，3・2節で説明する．

車輪移動ロボットの知能に関する研究は，古くから存在する．1970 年代では，米国の JPL（ジェット推進研究所）の Mars Rover や，スタンフォード大学の Stanford Cart などが存在する．1980 年代では，米国の DARPA（国防省先進研究プロジェクト機関）による Autonomous Land Vehicle (ALV) プロジェクトの1つとして，CMU の NavLab が存在する．これらの研究では，車輪駆動で移動する車両が用いられた．CMU の NavLab の研究では，カメラを搭載した自動車を用いて，自律走行でアメリカを横断する研究が行われた．日本でも，筑波大学の車輪移動ロボットの研究（山彦プロジェクト）や，産総研の盲導犬ロボットの研究などが広く知られている．このように，世界中の様々な研究で，車輪駆動のロボットが用いられている．

3・1・4 クローラ (Track)

ブルドーザなどの土木機械に多く使われる，接地部分が幅広のベルト状のものをクローラ（無限軌道）と呼ぶ．クローラを用いた移動方式は，タイヤに比較して接地面積が大きく，接地圧を小さくできるため軟弱地盤に向いている．また接地している範囲が大きいため穴や溝にはまり込んだりせず，凹凸を乗り越えるのが容易である．サスペンション機能を特に付けなくても地面の細かな凹凸を大きな接地範囲で平均化する効果によってボディの上下動が比較的小さいという利点もある．さらに，グリップを良くするための突起（グローサ）を付けた場合にも，車輪型に突起を付けた場合のように回転に

ともなって上下動が生じることがない．一方，欠点としては，旋回には横滑りをともなうため地面を荒らしやすい，クローラ内面と内部の駆動輪または受動輪であるスプロケット外周との間に異物を咬み込みやすい，重くなりがちであるといった問題がある．ブルドーザのように外部に大きな力を出す土木機械は重いことが大事であるが，ロボットの場合は軽い方が望ましいことが多い．

ロボットは土木機械にくらべれば小型のものがほとんどで，機体に比較して大きな凹凸を乗り越えることが望まれる．そのためにはブルドーザのような単純な左右一対のクローラのみの形態ではなく，何らかの工夫が必要である．その例として図 3.1.12 のように前後にスイングするサブクローラを付けたもの，図 3.1.13 のように連接車体のもの，図 3.1.14 のようにアームによって凹凸走破を補助するものなどがある．また，クローラ表面に粉体入りパッドを付けてグリップ力を大きくしたもの（図 3.1.15）や，1 つのクローラが上下左右に屈曲するもの（図 3.1.16）も開発されている．

3・1・5 全方向移動（Omni-directional motion）

一般的な車輪は 1 方向にだけ転がって動くため，ロボットがある瞬間に移動できるのはその車輪の向いている方向だけである．これに対して，前後，左右の平行移動と旋回が独立して行えることを一般に全方向移動と呼ぶ．旋回はその場旋回のほか，旋回と並進を組み合わせたものであるカーブに沿った移動もできる．2 次元の速度ベクトルと 1 軸まわりの回転角速度を発生するために 3 自由度の駆動が必要である．

全方向移動車両は自動車のように切り返しの必要がなく，カーブでの内輪差も生じないため，倉庫内のような狭い場所で機敏な方向転換を必要とする作業に向いている．また，狭い場所で高密度で移動する群ロボットや，方向転換を要する競技ロボットにも向いている．

全方向移動のためのメカニズムは，図 3.1.17 のように大きな車輪全体の周囲に小さな車輪が多数ついていて，大きな車輪の接線方向には駆動力を出し，それと直交する軸方向には受動転がりをするオムニホイールのタイプ，図 3.1.18 のように通常の車輪を用いているがその向きを変える機構が全車輪についたステアリングタイプ，球形車輪のように一カ所の接地部で 2 方向の転がり駆動ができるタイプなどがある．

オムニホイールタイプでは，各車輪は車輪全体が転がる方向すなわち駆動方向に進むだけでなく，周囲の小さな車輪が転がる方向すなわち受動方向にも進む．このとき駆動方向は大径の車輪であるから地面の凹凸があっても踏破しやすいのに対して，受動方向については小径の車輪で移動しているのに等しく，地面の凹凸にはまり込みやすく，段差乗り越えもむずかしい．また，各車輪は転がる方向には垂直荷重のみ負担して駆動力を出さず，受動輪と同じなので，総輪を駆動するものでありながらスリップしやすい路面や急傾斜地では，駆動力伝達が不十分になる可能性がある．つまり 4 輪駆動であっても 2 輪駆動程度の推進力しか伝達できない．

一方，ステアリングタイプは上記の 2 つの欠点を持たないが，瞬時の進行

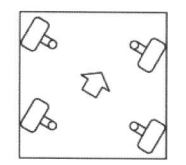

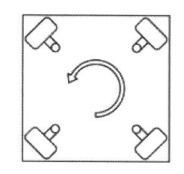

(a) 並進　　　(b) その場旋回

図 3.1.18　ステアリング車輪を使った全方向移動車

図 3.1.19　4 つのオムニホイールを使用

（提供：東京大学　淺間　一）

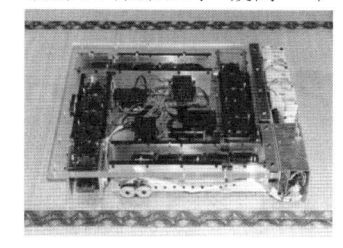

図 3.1.20　4 つのクローラを使用

（提供：東京工業大学　広瀬茂男）

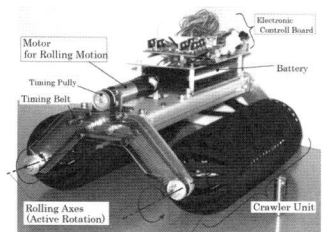

図 3.1.21　2 方向駆動クローラ

（提供：大阪大学　多田隈健二郎）

図 3.1.22　2 方向屈曲型へび（車輪はすべて受動）

（提供：東京工業大学　広瀬茂男）

方向変化ができないため，ロボット競技車両のように即時の対応動作が必要な場合に弱い．2方向駆動タイプはこれらいずれの欠点も持たないが，機構が複雑になりがちである．

駆動するアクチュエータの個数と車輪数について，オムニホイールを持つものは，3軸の駆動があればよいから，3輪あればよい．しかし実際にはボディ形状などの関係で作りにくいため4輪のものが多い．図3.1.19は4輪で，このホイールは大小のローラが交互に重ねてある．また，図3.1.20は小ローラを数珠のようにつなげたクローラを4つもつタイプで，大荷重で低接地圧を実現している．一方，ステアリングタイプは，図3.1.18のようなものでは，4輪の駆動と操舵に合計8つのモータが必要となる．また，図3.1.21は1つの接地部で2方向の駆動力を出すタイプで，クローラベルトの断面が半円形になっていて横方向に転がることもできる．モータは合計4つである．

3・1・6　ほふく移動（Creep）

車輪による駆動ではなく，胴体全体の屈曲や伸縮で移動する形態のものも開発されている．図3.1.22のヘビ型ロボットは胴体の屈曲によって車輪部を地面に対して横に移動させる．図3.1.23のように車輪は進行方向に向かって斜めに接地していて，しかも車輪が転がる方向には容易に移動するが，軸の方向すなわち横滑りの方向には移動しにくい．この特性によってローラースケートのように横への駆動を前後の移動に変換して進んで行く．また，図3.1.24は車輪の部分がヒレにもなっていて，ヒレが前後方向には水の抵抗が小さく，左右方向には抵抗が大きいという特性によって水中で屈曲しながら前に進むことができる．

一方，図3.1.25は屈曲のほかに伸縮も行い，ナメクジのように移動することができる．このような伸縮による移動方法には図3.1.26(a)のように体幹の粗になった部分を接地させるナメクジ型と，(b)のように密になった部分を接地させるカサガイ型がある．(a)は縮んだ密の部分が前に移動することで前進し，(b)では密の部分が後ろに移動することによって前進する．

3・1・7　壁面移動（Wall climbing）

壁面や天井面を移動するためには，ロボットを面に押し付ける力すなわち引きはがしに抗する力が必要である．図3.1.27の4足歩行ロボットは，足が吸盤になっていて中の空気をブロアで吸引して負圧にすることで壁面に張り付く．負圧吸引でも，漏れが小さい場合には小型のポンプを用いることができる．このほか，粘着力によるもの，微小なフック状の爪を壁面のわずかな凹凸に引っかけるもの，ファンやプロペラで後方向きに推力を出してロボットを壁面に押し付けるもの，静電気による吸着力を利用するものなどが試みられている．

3・1・8　脚車輪ハイブリッド（Leg-wheel hybrid）

脚と車輪の両方の長所を合わせ持つように両者を組み合わせたロボットは，いくつかの形態がある．いずれも車輪の転がりによる平坦地高速移動と脚の

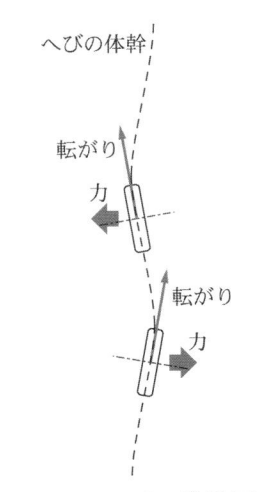

図3.1.23　へびの推進原理

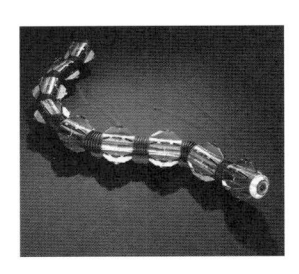

図3.1.24　水陸両用へび
（提供：東京工業大学　広瀬茂男）

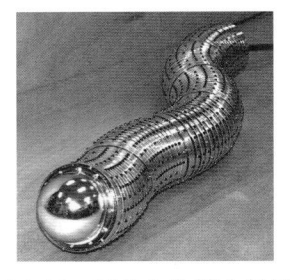

図3.1.25　屈曲と伸縮を併用してほふく移動
（提供：東京工業大学　広瀬茂男）

(a) 波送りが前向きのナメクジ型

(b) 波送りが後向きのカサガイ型

図3.1.26　疎密と上下の波の進行で移動

図3.1.27　ブロア吸引式4足歩行

歩行動作による不整地移動の両立をめざしたものが多い．図 3.1.28 のものは，脚の先にアクティブ（モータで回転駆動する）車輪を付けたタイプであるが，平地と不整地で車輪移動と脚移動を切り換えるのではなく，常に車輪を接地させて転がしながら，不整地においては脚を大きく動かして車輪の進行を行うものである．

図 3.1.29 は 8 脚の先に車輪を付けているが，そのうち前から 2 列目と 4 列目の計 4 輪のみをアクティブとしている．パッシブ車輪は自在に向きが変わるキャスタである．これによって，アクティブ車輪が左右 1 個ずつ以上接地していれば全体の前後進や旋回ができる．また，脚の機能は上下動のみとし，全体としてアクチュエータ数を少なくしている．

図 3.1.30 は 4 脚の先にパッシブ車輪を付けたものである．車軸は脚に固定され，脚の向きで車輪の向きが決まる．そして，脚先で円のような閉曲線を描く動作で進む．このとき，斜めになった車輪を横に押し出すと前進するというヘビと同じローラースケートの原理（図 3.1.23）で進む．この方法では，車輪の角度を浅く，すなわちまっすぐ前方に転がるのに近くすることで，脚先の動作速度にくらべて数倍の大きな対地移動速度を得ることができる．

3・2 車輪移動ロボット（Wheel-type mobile robot）

3・2・1 車輪移動ロボットの機構（Mechanisms of wheel-type mobile robot）

車輪を用いて移動するロボットは，様々な種類の移動機構が存在する．その中でも，図 3.2.1 に示す 3 つの移動機構，(a) 対向する 2 つの車輪と補助輪を有する機構（対向 2 輪型の移動機構），(b) 駆動輪と操舵輪を有する機構（操舵型の移動機構），(c) 全方向移動車輪を有する機構（全方向車輪型の移動機構）がよく用いられる．図 3.2.1 に，それぞれが移動可能な方向を白い矢印で示す．それぞれ 2～4 個のモータで黒い矢印の方向に駆動輪や操舵輪を動かすことで移動を実現する．各機構の特徴は，下記の通りである．

(a) 対向 2 輪型(differential drive wheeled robot)の移動機構

2 つのモータで左右の駆動輪の速度を独立に制御することで移動する．前進，後進の動きだけでなく，任意の曲率で曲がることも，その場で回転（超信地旋回）することもできる．本体を静的に安定して支持するために 1 つ以上補助輪が必要になる．2 つの駆動輪と，補助輪という少ない部品で構成することができ，小型のロボットを構築しやすい．左右の駆動輪の速度を制御しないとまっすぐ走行することができない．また，駆動輪が回転しない本体横方向への移動もできない．縦列駐車など横方向に移動する際は，切り返しを行う必要がある．

(b) 操舵型の移動機構

1 つのモータで駆動輪を回転し，もう 1 つのモータで操舵輪を操作することで移動する．1 つのモータで左右の駆動輪を回転させるため，左右の駆動輪の速度が同じになり，まっすぐ走行することができる．また，操舵角を変えることで任意の曲率の円弧を描いて走行できるが，曲率が大きくなると曲

図 3.1.28 4 脚にアクティブ車輪

図 3.1.29 8 脚にアクティブとパッシブの車輪
（提供：東京工業大学 広瀬茂男）

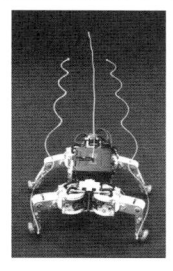

図 3.1.30 4 脚の先にパッシブ車輪
（提供：東京工業大学 広瀬茂男）

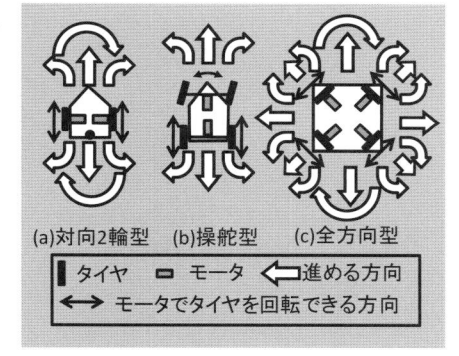

図 3.2.1 代表的な車輪移動機構

図 3.2.2 全方向移動車輪
（提供：(株) 富士製作所）

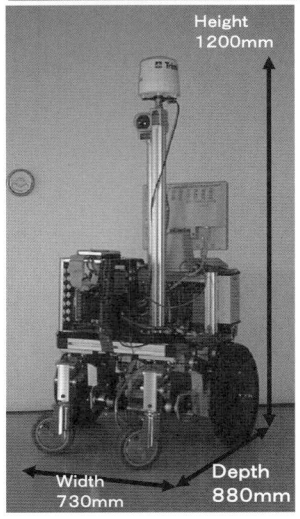

がることが困難になる．超信地旋回や，駆動輪が回転しない本体横方向への移動はできない．また，操舵機構は，複雑で大きな機構になる．

(c) 全方向型の移動機構

図 3.2.2 に示すような特殊な車輪を，3 つ以上駆動輪として用いることで，あらゆる方向に移動することができる．前進，後進，左右方向への移動，任意の曲率で曲がること，超信地旋回が行える．どの方向に移動する場合でも，全ての駆動輪の速度を適切に制御する必要がある．また，ロボットは作りやすい四角形が多いため，4 つの駆動輪で全方向の移動機構を構成することが多い．

上述の 3 つの機構の中で，対向 2 輪型の移動機構は簡単な機構と制御で多様な動きを実現できる．読者の方々が車輪移動ロボットを作る際は，対象とするアプリケーションにあった機構を選択する必要があるが，多くの場合で，対向 2 輪型の移動機構を用いることができる．

図 3.2.3 に対向 2 輪型の移動ロボットの例を示す．図 3.2.3 の上側のロボットは BEEGO と呼ばれる，研究教育用の対向 2 輪型のロボットである．左右の駆動輪と 1 個の補助輪から構成されている．図 3.2.3 の下側のロボットは，左右の駆動輪の他に，前後に 2 輪ずつ，合計 4 輪の補助輪がついている．補助輪の位置や数は，ロボットの大きさや，運ぶ荷物の重さで変わってくる．

図 3.2.3 車輪型移動ロボットの例
（提供：テクノクラフト（上），筑波大学知能ロボット研究室（下））

> **ノンホロノミック（nonholonomic）とホロノミック（holonomic）**
>
> 図 3.2.1 (a)(b) はノンホロノミックな移動機構，(c) はホロノミックな移動機構と呼ばれている．平面上を移動するロボットを例に簡単に説明すると，ホロノミックとは，(x,y,θ) の全ての自由度を独立に制御できることを意味する．ノンホロノミックとは (x,y,θ) を独立に制御できないことを意味する．車などはノンホロノミックな移動機構であり，縦列駐車をする場合は，前進，後進，切り返し操作を組みあわせる必要がある．ホロノミックな移動機構は，切り返しなどを行わずに縦列駐車ができる．

3・2・2 車輪移動ロボットの制御 (Control of wheel-type mobile robot)

車輪移動ロボットを意図する方向に移動させるには，駆動輪や操舵輪を制御する必要がある．本項では，対向 2 輪型の移動機構の制御方法を説明する．

対向 2 輪型は，左右の駆動輪の速度 v_L, v_R を適切に制御することで，任意の速度で，直進走行，超信地旋回，円弧を描きながら走行することができる．直進走行するには，左右の車輪速度を同じ速度 $v_L = v_R$ で回転すればよい．超信地旋回は，左右の車輪を同じ速度で逆向き $v_L = -v_R$ に回転すればよいことは，皆さんにも想像できるであろう．

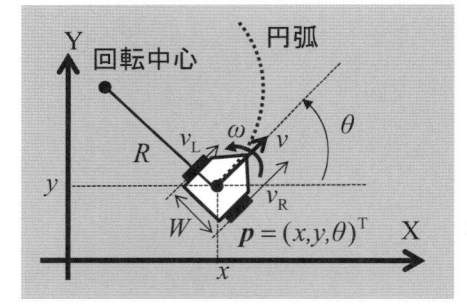

図 3.2.4 に，対向 2 輪型の移動ロボットが任意の円弧に沿って走行している場合のモデルを示す．v_L, v_R が左右の駆動輪の速度，R が円弧の半径（回転半径），W がロボットの車輪間距離（トレッド）を表す．

図 3.2.4 対向 2 輪型移動機構のモデル

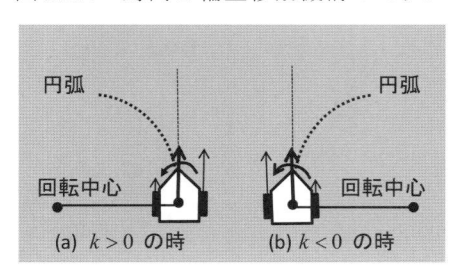

図 3.2.5 曲率の符号と回転中心の関係

曲線の曲がり具合を表す指標として曲率 k がある．曲率 k は，回転半径 R を用いて $k = 1/R$ と表すことができる．しかし，このままでは，時計回りの回転

か，反時計回りの回転かが分からない．そこで，図 3.2.5 のように回転半径 R や曲率 k が正の時は反時計回りに，負の時は時計回りの方向に回転することとする．

左右駆動輪の中心（車軸の中心）p の位置の速度 v，角速度 ω を用いてロボットの動きを考える．物体が半径 R の円周上を速度 v で移動する場合，$v = R\omega$ が成り立つ．この式を用いて，左右の駆動輪の速度 v_L, v_R と中心の速度 v の関係を記述してみよう．

図 3.2.6 に回転中心から車軸の中心までの距離，左右車輪までの距離の関係を示す．車軸の中心までの距離は R である．その場合，左車輪までの距離は $R - W/2$，右車輪までの距離は $R + W/2$ になる．よって，各地点の速度と角速度の関係は，下記のように表すことができる．

$$v_L = (R - \frac{W}{2})\omega \tag{3.2.1}$$

$$v_R = (R + \frac{W}{2})\omega \tag{3.2.2}$$

$$v = R\omega \tag{3.2.3}$$

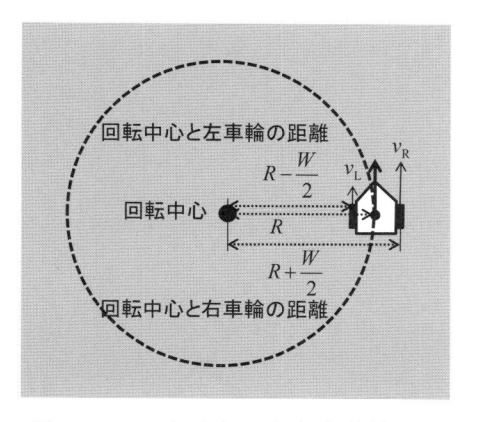

図 3.2.6 回転中心から左右車輪と車軸の中心までの距離

式(3.2.1)(3.2.2)(3.2.3)を，速度 v と角速度 ω でまとめると下記の式をえる．

$$v = \frac{v_R + v_L}{2} \tag{3.2.4}$$

$$\omega = \frac{v_R - v_L}{W} \tag{3.2.5}$$

式(3.2.1)(3.2.2)(3.2.3)を，左右の車輪速度 v_L, v_R でまとめると下記の式をえる．

$$v_R = v + \frac{W}{2}\omega \tag{3.2.6}$$

$$v_L = v - \frac{W}{2}\omega \tag{3.2.7}$$

式(3.2.4)(3.2.5)(3.2.6)(3.2.7)は重要な式であり，各自で導出してみよう．

式(3.2.4)(3.2.5)，式(3.2.6)(3.2.7)は，行列を用いてそれぞれ式(3.2.8)と式(3.2.9)のようにまとめることができる．

$$\begin{bmatrix} v \\ \omega \end{bmatrix} = \begin{bmatrix} 1/2 & 1/2 \\ 1/W & -1/W \end{bmatrix} \begin{bmatrix} v_R \\ v_L \end{bmatrix} \tag{3.2.8}$$

$$\begin{bmatrix} v_R \\ v_L \end{bmatrix} = \begin{bmatrix} 1 & W/2 \\ 1 & -W/2 \end{bmatrix} \begin{bmatrix} v \\ \omega \end{bmatrix} \tag{3.2.9}$$

式(3.2.8)と式(3.2.9)を用いることで，左右の駆動輪の速度と，ロボットの速度と角速度を相互に変換することができる．なお，上式は直進走行する場合，超信地旋回を行う場合でも利用できる．直進走行する時は，式(3.2.9)に速度 v と角速度 $\omega = 0$ [rad/s]を代入することで，超信地旋回の時は $v = 0$ [m/s]と ω を代入することで，左右車輪の速度を計算することができる．

車輪移動ロボットの制御では，ロボットの速度と，曲率や角速度を決めてから，それを実現するために必要な左右の駆動輪の速度を導出する．例えば，

速度 v で，直径 1m の円弧を描きながら走行する場合は，$\omega = v$ になり，左右の車輪の速度を $v_R = (1+W/2)v, v_L = (1-W/2)v$ にすればいいことが分かる．左右の駆動輪の速度制御は第 7 章「制御する」で説明する．

> **移動ロボットの位置・姿勢の姿勢とは？**
>
> 車輪駆動やクローラ駆動の移動ロボットが丘などの起伏のある地面の上を走行する場合は，x,y,z 座標でその位置が指定される．ロボットの姿勢を表すためには一般にロール・ピッチ・ヨー角の 3 つの角度が用いられる．ロール・ピッチ・ヨー角の定義は 4・3・3 項で説明されている．一方，平坦面上を走行する場合は，x,y 座標で位置が指定され，ロボットの進行方向 θ に相当する角度で姿勢が表わされる．
>
> 英語で姿勢は orientation や posture，進行方向は direction や heading direction と区別して表記される．姿勢という言葉は，ヒューマノイドロボットでは腕や足などを含む全身の姿勢になり，移動ロボットの姿勢の意味と大きく異なる．そのため，違和感を覚えた読者も多いだろう．

3・2・3　対向 2 輪型移動体の位置・姿勢の推定 (Position estimation of wheel-type mobile robot)

a．オドメトリ (Odometry)

対向 2 輪型移動機構のある時刻 t の位置・姿勢 $\boldsymbol{p}(t) = (x(t), y(t), \theta(t))^T$ は，図 3.2.7 に示すように短い時間の間に移動した微少移動量を積分することで計算する．微少移動量は，ロボットの車軸の中心 $\boldsymbol{p}$ の速度 v と角速度 ω から計算する．対向 2 輪型移動機構の場合，速度 v と角速度 ω を計測する方法はいくつか存在する．よく使われる方法は，モータに取り付けられたインクリメンタル型のロータリエンコーダ（エンコーダ）で計測した左右の駆動輪の速度 v_L, v_R から，式(3.2.8)を用いて速度と角速度を計算する方法である（インクリメンタル型のロータリエンコーダの説明は第 5 章参照）．

ロボット位置・姿勢 $\boldsymbol{p}(t) = (x(t), y(t), \theta(t))^T$ は，速度 v と角速度 ω を，動き始めの時刻 t_0 から現在時刻 t まで積分することで計算する．位置と姿勢を求める積分式は，連続時間の場合は下記のように表される．

$$
\begin{aligned}
x(t) &= \int_{t_0}^{t} v \cdot \cos\theta(\tau) d\tau + x(t_0) \\
y(t) &= \int_{t_0}^{t} v \cdot \sin\theta(\tau) d\tau + y(t_0) \\
\theta(t) &= \int_{t_0}^{t} \omega(\tau) d\tau + \theta(t_0)
\end{aligned}
\quad (3.2.10)
$$

これまでの説明では，時間を表す記号に t を用いていたが，表記の都合上ここでは，時間を τ で表す．$v \cdot \cos\theta(\tau)$ は時刻 τ の X 軸方向の速度を，$v \cdot \sin\theta(\tau)$ は Y 軸方向の速度を表す．$x(t_0), y(t_0), \theta(t_0)$ はそれぞれの初期値を表す．

実際の速度と角速度は，連続時間ではなく，単位時間 Δt ごとの離散時間で計測される．式(3.2.10)を離散時間の式に変形する必要がある．離散時間の積分計算は，加算になる．

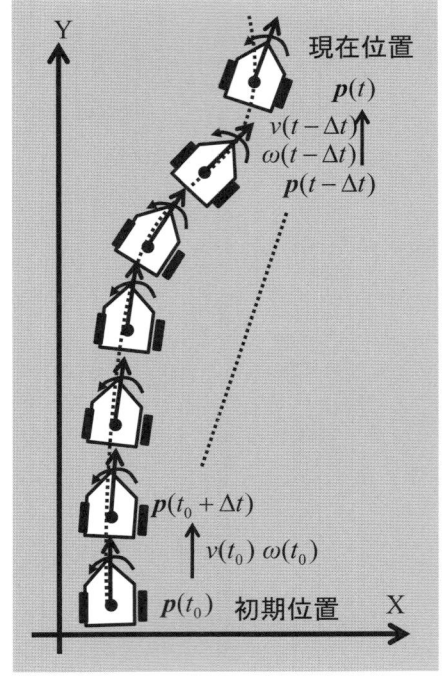

図 3.2.7　微少移動量を積算して現在位置を推定

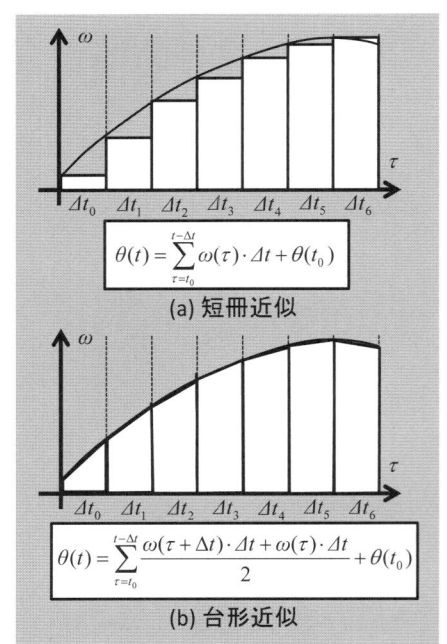

図 3.2.8　積分の近似計算
(a) 短冊近似
$$\theta(t) = \sum_{\tau=t_0}^{t-\Delta t} \omega(\tau) \cdot \Delta t + \theta(t_0)$$

(b) 台形近似
$$\theta(t) = \sum_{\tau=t_0}^{t-\Delta t} \frac{\omega(\tau+\Delta t) \cdot \Delta t + \omega(\tau) \cdot \Delta t}{2} + \theta(t_0)$$

離散時間で積分計算を行う方法はいくつか存在する．その中でも(a)長方形近似と，(b)台形近似が位置推定の積分の近似方法として用いられる．図3.2.8にθを(a)長方形近似と(b)台形近似で積分した例を示す．それぞれの近似計算は，図3.2.8中に記載した式を用いる．θの計算は，ωの曲線で書かれる領域の面積を計算することに相当する．(a)長方形近似では，一定時間Δtの間は一定角速度$\omega(\tau)$で移動したと仮定して計算を行う（図3.2.8(a)の白い四角の領域）．(a)長方形近似では，グラフの曲線部分で実際の値と大きく異なる値になる．しかし，長い時間，角速度を積分して角度を計算する場合，各時刻の計算誤差は足し合わされて相殺されるため，積分後の面積の誤差は小さくなる．一方，(b)の台形近似では，各時刻の面積の計算誤差が小さいことがわかる．

移動ロボットの位置推定では，長い時間にわたって値を積分して位置・姿勢を計測するため，各時刻の誤差が大きいが，計算が簡単な(a)長方形近似を用いて積分計算を行うことが多い．(a)長方形近似を用いて離散時間の積分計算を行うと式(3.2.10)は次式のように表される．

$$x(t) = \sum_{\tau=t_0}^{t-\Delta t} v(\tau)\Delta t \cdot \cos\theta(\tau) + x(t_0)$$
$$y(t) = \sum_{\tau=t_0}^{t-\Delta t} v(\tau)\Delta t \cdot \sin\theta(\tau) + y(t_0) \qquad (3.2.11)$$
$$\theta(t) = \sum_{\tau=t_0}^{t-\Delta t} \omega(\tau)\Delta t + \theta(t_0)$$

このように，計測した速度と角速度を積分することで位置・姿勢を計測する方法をオドメトリと呼ぶ．オドメトリは，簡単にロボットに実装することができ，移動する距離が短い範囲ではロボットの位置・姿勢を計測することができる．このため，対向2輪型の移動機構の位置・姿勢の計測によく用いられる．

一方，オドメトリを用いて精度良く位置・姿勢を推定するためには，機構や計測方法を工夫する必要がある．オドメトリの計測誤差が大きくなる原因は，トレッドやタイヤ径などのパラメータの計測誤差，オドメトリのモデルの誤差，車輪のスリップによる誤差，計算の丸め誤差など様々な要因が存在する．その中でも，車輪のスリップ（駆動輪の空転や滑り）が大きな誤差要因になることが多い．

スリップが原因でオドメトリに誤差が生じる過程を説明する．仮に車輪がスリップして実際にロボット本体は前に進んでいない場合を考える．スリップして前に進んでいないためロボットの現在の位置・姿勢は前の時刻と同じ位置，つまり$p(t) = p(t-\Delta t)$のままである．しかし，左右の車輪速度の計測値(v_R, v_L)はゼロではない．これに基づいて式(3.2.11)を用いて位置・姿勢を計算すると$p(t) = p(t-\Delta t)$とはならない．位置・姿勢の推定を高精度に行うためには，上述の車輪のスリップを取り除く工夫を行う必要がある．

スリップの影響を軽減する下記の2つの方法が存在する．

(1) 車輪のスリップを少なくするための機構の工夫

(2) 車輪のスリップによる誤差を少なくするための位置・姿勢の推定方法

各方法に関して，3・2・3・bと3・2・3・cで説明する．

図 3.2.9　BEEGO の駆動輪（左）と補助輪（右）

図 3.2.10　サスペンション機構

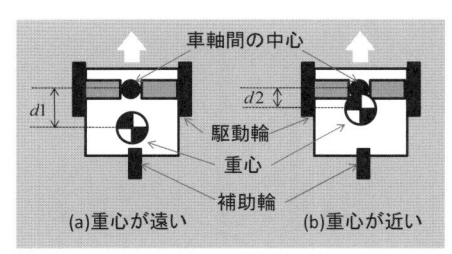

図 3.2.11　重心と回転中心の関係

b．車輪のスリップを少なくするための機構の工夫

ハードウェアを工夫することで車輪と地面の間のスリップを劇的に軽減することができる．スリップを防ぐために，以下の4つの点を工夫する．

(1) 滑りにくい素材を選定し車輪と地面の間の摩擦力を高める

滑りにくい素材の車輪として，ゴム製の空気入りタイヤや，シリコンゴムを表面に貼り付けた車輪を用いる．こうすることで，路面と車輪の間のスリップを減らすことができる．実際に図 3.2.3 の BEEGO では，駆動輪をシリコンで，補助輪をゴムで覆っている（図 3.2.9）．一方，空気入りタイヤやシリコンで覆った車輪は，ロボットの自重がかかることで車輪径が変化する．走行前に正しい車輪径を計測する必要がある．

(2) 走行面の段差を乗り越えられる車輪径の車輪を選ぶ

車輪径が大きいほど，高い段差を乗り越えることができる．また，段差を乗り越える際のスリップを減らすことができる．理想は，なるべく大きな車輪径のタイヤを用いることである．しかし，車輪径が大きすぎると走行できる場所が限られてしまう．そのため，対象とする段差を乗り越えるために最低限必要なタイヤの直径を知ることが重要である．車輪は，直径の 1/3 の高さの段差までは乗り越えられることが知られている．50mm の段差を乗り越える場合は，直径 150mm 以上で，可能な限り大きな車輪径のタイヤを用いる必要がある．

(3) サスペンションを用いて地面の凹凸による車輪の空転を防ぐ

図 3.2.10 に車輪移動ロボットのサスペンションを示す．サスペンションはバネとダンパから構成される．ロボットの本体と，車輪の間に取り付けて使用する．サスペンションを用いることで，地面の凹凸により車輪が浮き上がるのを防ぐことができる．また，対向 2 輪型の移動ロボットでは，本体を安定に支持するために，2 つの駆動輪の他に 1 つ以上の補助輪が必要になる．理由は，剛体の面を静的に安定に支持するには，3 点で支持する必要があるからである．しかし，補助輪が 2 つ以上存在する場合，本体を支持する点の数が 3 つ以上になり，どこかの車輪が浮いてしまう．サスペンションを用いることで，駆動輪や補助輪が地面から浮き上ることを防ぐことができる．

(4) 重心を2つの車輪の中心におき旋回動作時の補助輪によって生じる外力を減らす

2 つの駆動輪の中点と重心位置を近くするため，ロボットを構成するモータや電池などの重い物を左右の駆動輪の中央（車軸の中心）に近い位置に配置する．図 3.2.3 で示した BEEGO も車軸の中心に近い場所に電池を配置している．図 3.2.11 に車軸の中心と重心の間の距離 d が近い場合と遠い場合を示す．重心位置が車軸の中心から離れている(a)の場合は(b)の場合に比べ，補助輪にかかる自重が増え，旋回動作の時の摩擦などが増える．これにより旋回動作の時にスリップが生じやすくなる．一方，距離 d が近い(b)の場合は，補助輪にかかる自重が減り，旋回動作の時の摩擦によるスリップが減る．しかし，(b)の場合は，

床面にある電気のコードなど段差を乗り越える時や，下り段差を下る時に，重心位置が前にあることで，前のめりに転びやすくなる．

c．車輪のスリップによる誤差を少なくするための位置・姿勢の推定方法

オドメトリは簡単に実装でき，比較的短い走行距離であれば誤差の少ない位置・姿勢を推定することが可能である．しかし，オドメトリには累積誤差があり，走行距離が長くなるにつれて誤差が大きくなる．オドメトリでロボットの位置・姿勢を推定すると，走行距離の誤差は比較的小さい．オドメトリの推定誤差を大きくする原因は角度の推定誤差である．ロボットの姿勢角 θ の角度誤差が 5deg の場合，1m 先で横方向に約 0.09m ズレが生じる．角度誤差が 10deg の場合，約 0.17m もズレが生じる．角度の推定誤差を小さくすることで，オドメトリによる位置・姿勢の推定精度を向上させる．

ジャイロをロボット本体に装着し，それを用いて姿勢を推定することでオドメトリの位置・姿勢の推定精度を向上させることができる．この手法をジャイロオドメトリ (gyrodometry) という．具体的には式(3.2.12)を用いて角速度 ω_t を決定し，式(3.2.11)を用いて p を計算する．

$$\omega_t = \begin{cases} \omega_g & (|\omega_g - \omega_e| > \omega_{\text{thresh}}) \\ \omega_e & (|\omega_g - \omega_e| \leq \omega_{\text{thresh}}) \end{cases} \quad (3.2.12)$$

$|x|$ は x の絶対値を計算する数学記号，ω_e はエンコーダを用いて計測した角速度，ω_g はジャイロで計測した角速度，ω_{thresh} は閾値を表す．閾値とは，予め実験や理論値から決めた値である．ジャイロとエンコーダで計測した角速度の差が閾値より大きい時は，スリップが原因でエンコーダを用いて姿勢の計測ができない可能性が高い．そこで，ジャイロセンサで計測した角速度を用いて，p を計算する．閾値より小さい場合は，エンコーダで計測した角速度を用いて，p を計算する．

これまで説明した方法は，駆動輪のモータのエンコーダやジャイロの計測値から位置・姿勢を推定した．しかし，駆動輪はどのような工夫を行ってもスリップを完全になくすことはできないため，エンコーダを取り付けた受動輪を用いて位置・姿勢を推定する方法も提案されている（参考文献[6]を参照）．

3・2・4 対向 2 輪型移動体の経路追従制御（Path following control of wheel-type mobile robot）

ロボットのダイナミクスを考慮しない経路追従制御方法を説明する．車輪移動ロボットの場合，経験的に 0.1～0.3m/s の低速であれば，ダイナミクスを考慮せずにあらかじめ指示された経路に沿って走行させることができる．

経路追従とは，推定したロボットの位置・姿勢 $p(t)$ に基づき，与えられた経路 $\overrightarrow{l_1 l_2}$ に沿って走行することである．図 3.2.12 に追従する経路 $\overrightarrow{l_1 l_2}$ とロボットの位置関係を示す．$\Delta\theta$ が追従する経路とロボットの進行方向のズレを，Δd が位置のズレを表す．ロボットが経路に沿って走行するように制御するということは，図中の $\Delta\theta$ と Δd を，それぞれ 0 に近づけることに相当する．$\Delta\theta, \Delta d$ は，ロボットの位置・姿勢 p と，経路 $\overrightarrow{l_1 l_2}$ から幾何学的に計算できる．

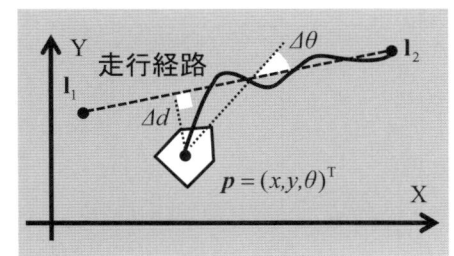

図 3.2.12 経路追従のモデル

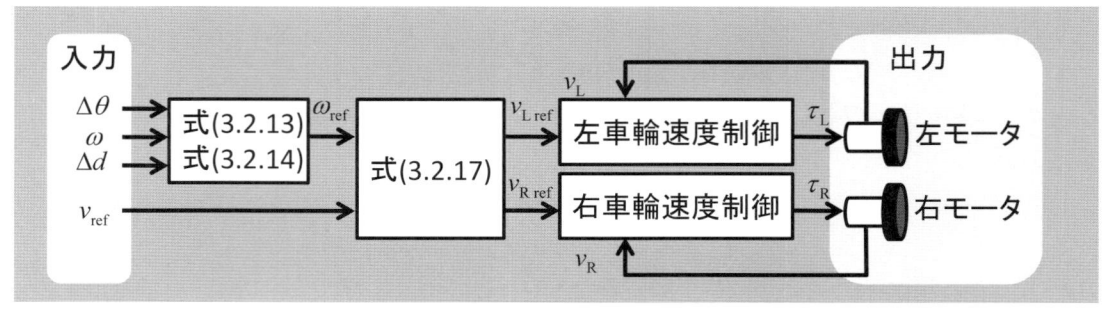

図 3.2.13　経路追従制御の処理

図 3.2.13 に，対向 2 輪型の移動ロボットの経路への追従制御の処理の流れを示す．移動ロボットの車軸の中心 p の移動速度 v_{ref} や角速度 ω_{ref} を制御することで，$\Delta\theta, \Delta d$ を 0 に近づける．実際の運用上は，目標速度 v_{ref} を一定値とし，ステアリングに相当する目標角速度 ω_{ref} を変化させて経路に沿って走行する．

具体的に，経路に沿って走行するための角速度 ω_{ref} を求めてみよう．ω_{ref} の導出は，第 7 章で紹介する PI 制御に似た方法で解くことができる．Δt 秒後のロボットの目標角速度 ω_{ref} を式のように記述する．

$$\omega_{ref}(t+\Delta t) = \omega(t) + \Delta\omega(t)\Delta t \tag{3.2.13}$$

$\omega(t)$ は現在の角速度を，$\Delta\omega(t)$ は追従制御を行うための角速度の修正量を表す．この修正量を，下記の式を用いて決定することで経路追従制御を実現できる．

$$\Delta\omega(t) = -K_{\Delta\theta}\Delta\theta(t) - K_{\omega}\omega(t) - K_{\Delta d}\Delta d(t) \tag{3.2.14}$$

$K_{\Delta\theta}, K_{\omega}, K_{\Delta d}$ は正の定数である．この式の意味を簡単に解釈するため，右辺の第 1 項目だけを用いて制御の流れを考えてみよう．式(3.2.13)に，式(3.2.14)の第 1 項を代入すると下記の式をえる．

$$\omega_{ref}(t+\Delta t) = \omega(t) - K_{\Delta\theta}\Delta\theta(t)\Delta t \tag{3.2.15}$$

まず，$\Delta\theta$ が 0 よりも大きい時，ロボットの角速度 ω_{ref} を，負を含む現在の値よりも小さい値にすることで，$\Delta\theta$ を 0 に近づけることができる．逆に，$\Delta\theta$ が 0 よりも小さい場合は，ロボットの角速度 ω_{ref} を，正を含む現在の値よりも大きい値にすることで，$\Delta\theta$ を 0 に近づけることができる．しかし，$\Delta\theta$ だけで決めた目標角速度 ω_{ref} だけでは，目標とする角度に近づくがその付近で振動してしまい収束しない．この理由は，式(3.2.15)を $\Delta\theta$ について整理した式(3.2.16)を用いることで説明できる．

$$\frac{d^2\Delta\theta}{dt^2} = -K_{\Delta\theta}\Delta\theta \tag{3.2.16}$$

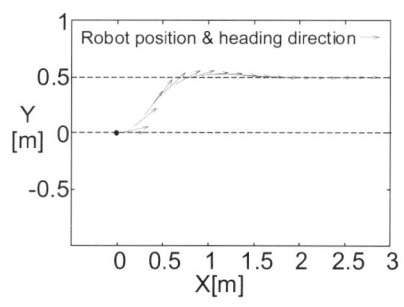

(a) 0.5m 離れた平行な経路に追従

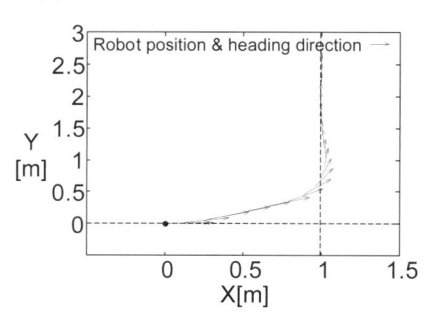

(b) 1m 先の垂直な経路に追従

図 3.2.14　経路追従制御中のロボット走行軌跡

この式は，物理で習った単振動の式に等しい[1]．この振動を抑え目標経路に近づくように K_{ω} の項と $K_{\Delta d}$ の項を付け加えたのが式(3.2.14)になる．$K_{\Delta\theta}, K_{\omega}, K_{\Delta d}$ のそれぞれの項の近似的な解釈としては，K_{ω} が PI 制御の，比例項（P 項），$K_{\Delta\theta}$，$K_{\Delta d}$ が積分項（I 項）に相当する効果を持っている．

対向 2 輪型移動ロボットは左右の車輪速度 v_L, v_R を制御することで，v_{ref}, ω_{ref} を実現する．具体的には，以下の式(3.2.17)を用いて両車輪の目標速度を決定する．

$$\begin{bmatrix} v_{R\,ref} \\ v_{L\,ref} \end{bmatrix} = \begin{bmatrix} 1 & W/2 \\ 1 & -W/2 \end{bmatrix} \begin{bmatrix} v_{ref} \\ \omega_{ref} \end{bmatrix} \tag{3.2.17}$$

図 3.2.14 の(a)に X 軸方向を向いて停止しているロボットが，Y 軸方向に 0.5m 離れた平行な経路に追従する際の，0.5s 毎のロボットの位置と進行方向を矢印で表す．矢印の始点が各時刻のロボットの位置を，矢印の向きがロボットの進行方向を表す．徐々に目標の経路に追従している動作が確認できる．図 3.2.14 の(b)に，ロボットのスタート位置と姿勢は同じで，X 軸方向に 1m 離れた Y 軸に平行な経路に追従する際の，ロボットの位置と姿勢の変化を示す．同じパラメータで，異なる経路に追従できていることが確認できる．

3・2・5 車輪移動ロボットの自律制御（Autonomous control of wheel-type mobile robot）

車輪移動ロボットや自動車が，自律的に建物内や屋外を動き回り，荷物の運搬，人間の道案内，掃除を行う光景を見かけることができるようになった．自律走行を実現する方法はいくつか存在するが，多くのロボットは，あらかじめ人間により指示された地面上の経路に沿って移動することで自律的な走行を実現している．経路追従による自律走行の枠組みとしては，(1)ライントレース(line trace)方式や，(2)推定位置と地図に基づく方式がよく用いられる．

(1)ライントレース方式は，工場で荷物を運搬するロボットの自律走行などでよく用いられる．床面に磁気テープや黒いテープを直接貼り付けることで経路を指示する．経路からのズレを，ロボットの前方に取り付けた複数のラインセンサで検出し，ズレを少なくするように左右の車輪速度を変えて操舵を切ることで，経路上を走行する．図 3.2.15 では，中心よりも左側のラインセンサでラインを検出したため，左側に曲がるように車輪速度を調整する．この方法は，簡単に経路を指示することができ，かつ，ロボットを安定して走行させることができるため，よく用いられている．しかし，広大な場所や，人間の生活する環境では，マークの設置コストや，景観を損ねるといった理由で，この方式を用いることが困難な場合が存在する．そこで，(2)推定位置と地図に基づく方式が必要となる．

(2)推定位置と地図に基づく方式は，ロボットが走行可能な経路を座標としてあらかじめ与え，ロボットは内界センサや外界センサの情報をもとに位置・姿勢を推定しながら，与えられた経路に沿って走行することで自律走行(autonomous driving)を行う（内界センサ，外界センサの説明は第 5 章参照）．図 3.2.16 に，ロボットと走行経路の模式図を示す．図 3.2.17 に推定位置方式の自律走行の処理の流れを示す．この方式では，ゴールが与えられると，走行可能な経路の中からゴールにたどり着くための経路を選び出す．図 3.2.16 のケースでは，ゴールまで 2 つの経路が存在する．一般的には，ゴールにたどり着くまでのコストを最小化するように経路を選ぶ．コストが時間の場合は，経路の長さを基準に最短経路を選ぶことになる．このような経路探索は，第 8 章の探索問題の解法を用いて行う．ロボットは，探索の結果えられた経路に沿って走行を続けることで目的地にたどり着くことができる．

しかし，人が生活する空間で，上述の方法を用いて自律走行を行う場合は，ロボットをより賢くする必要がある．人間により経路上に荷物が置かれたり，ロボットが走行する経路上を人が歩いていたりして，計画した経路通りに走

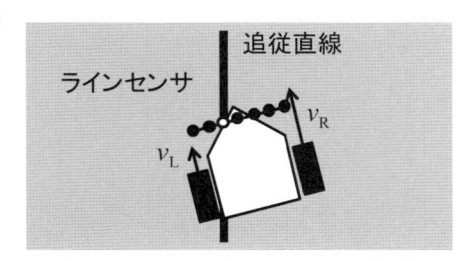

図 3.2.15 ライントレース方式

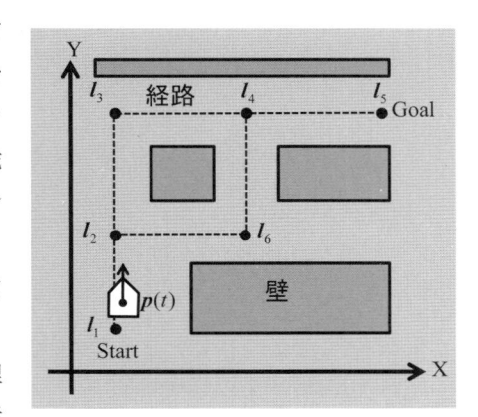

図 3.2.16 推定位置と地図に基づく自律走行

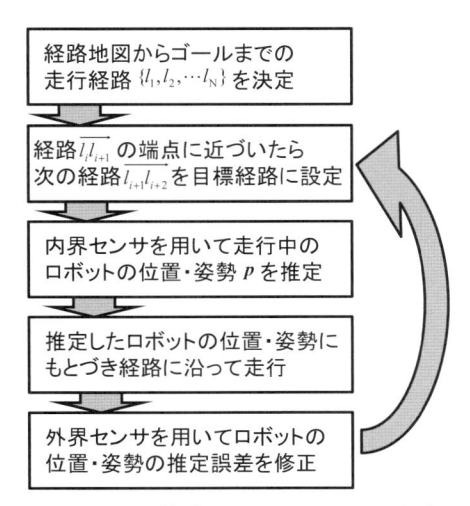

図 3.2.17 推定位置にもとづく自律走行の処理の流れ

行できないことがある．このような移動する障害物の情報は，予め地図に記載することができないため，ロボット自身が経路上にある障害を発見して，回避する経路を動的に生成する必要がある．そのような場合は，第5章で説明するステレオカメラや，レーザ距離計を用いて障害物を検出し，第8章で説明するポテンシャル法などを用いて，障害物を回避する経路を生成することで，移動する障害物にも対応できる．詳細は各章を参照されたし．

オドメトリで推定したロボットの位置・姿勢の誤差は，走行距離に伴い大きくなる．ロボットに搭載した外界センサで周囲の壁などの距離を計測し，オドメトリの累積誤差を修正する必要がある．一方，周囲の壁などを基準に外界センサで計測したロボット位置・姿勢も計測誤差を含んでいる．また，壁の配置によっては，位置・姿勢の一部の情報しか計測できないこともある．このような場合，外界センサの計測誤差や情報の欠損を考慮して修正を行う必要がある．一般的に，これらの不確実性を考慮して推定を行うには，確率的な手法であるベイズフィルタが用いられる．ベイズフィルタ(Bayesian filtering)の実装方法として，拡張カルマンフィルタやパーティクルフィルタがよく用いられる．詳しくは，参考文献[2][3][4][5][6]を参照して欲しい．

3・3 2足歩行の制御（Control of bipedal walking）

3・3・1 歩行（Walk）

2足歩行では，足裏が接地している脚を「支持脚」，足裏が空中にある脚を「遊脚」と呼ぶ．歩行では少なくとも一脚が接地している支持脚となるのに対し，走行では全脚とも地面から離れ遊脚となる瞬間がある．つまり歩行，走行の違いは，胴体の移動速度とは無関係であることに注意されたい．2足歩行は，静歩行と動歩行に区別できる．静歩行は，重力と脚接地位置の関係のみを考慮して安定性を議論する．具体的には，ロボット全体の重心から鉛直に下ろした直線が歩行している床面と交わる点が，支持脚の足裏接地面に絶えず入っているように足の運び方（歩容(gait)）を計画する．一方，動歩行はロボット各部の加減速運動のための力（慣性力）を考慮し，またそれを利用して安定性を議論する．2足歩行を行う玩具が，胴体サイズに比して大きな足裏を有しているのは，静歩行により安定性を確保しているからであり，また，竹馬で歩くときには，絶えず足踏みを続けないと倒れてしまうのは，動歩行により安定性を確保しているからである．次節以降で詳しく述べる．

竹馬歩行

1980年代前半に下山らは駆動自由度数が3の竹馬型2足歩行ロボットの開発を行っている[15]．竹馬型は，足裏面積が小さいため，絶えず重心の床面投影点が足裏から外れる動的安定性を保ちながら歩行を継続する必要がある．一方，足裏面積が小さいということは，支持脚足裏で十分なモーメントが発生できないため，絶えず適切な足踏みを繰り返さなければ立っていることができない．現在の2足歩行ロボットの多くが，後述するZMPに基づいた歩行を行っているのとは対照的である．

3・3・2 テーブル・台車モデル (Table-cart model)

2足歩行ロボットの足裏は床に固定されていないので，体を倒すなどして重心を足裏の外に出すと，重心が外れた方向に倒れてしまう．では，倒れないで歩行を続けるには，どうすればよいであろうか？

この問題を考える前に，まず，図 3.3.1 のような，質量の無視できるテーブルの上に，質量 m を持つ台車が乗っているモデルを考える[7]．なお，台車はテーブル上で左右に自由に動けるものとする．この時，テーブルの足が2足歩行ロボットの足を，台車の運動が2足歩行ロボット全体の重心の運動を簡易的に表していると見なせるため，これを「テーブル・台車モデル」と呼ぶ．

3・3・3 テーブル・台車モデルの安定性 (Stability of table-cart model)

テーブル・台車モデルにおいて，台車が静止していれば，台車に加わる重力 mg が床面を通過する点（＝重心位置を床面に投影した点（図 3.3.1 中の矢印の先端））が，テーブルの足の範囲にあれば，テーブルは安定して立っている．この時，テーブル・台車モデルは「静的安定状態」にある．しかし，台車が右方向に移動し，図 3.3.2 に示すように，台車に加わる重力 mg が床面を通過する点がテーブルの足の範囲から外れてしまったところで台車が静止すると，テーブルは足の右端の点を中心として時計回りに回転し，転倒してしまう．この時，テーブル・台車モデルは「静的不安定状態」にある．

次に，図 3.3.3 に示すように静的安定状態にあるテーブル・台車モデルの台車が加速度 $\ddot{x}$ を持って右方向に加速している場合を考える．この時，テーブルには台車の重力による力 mg に加え，台車の慣性力による力 $m\ddot{x}$ が働き，それらの合力 f がテーブルに作用することとなる．この時，合力 f が床面を通過する点がテーブルの足の範囲にあれば，テーブルは安定に立っている．この時，テーブル・台車モデルは「動的安定状態」となる．この台車の加速による慣性力を用いることにより，図 3.3.2 に示したテーブルが転倒する静的不安定状態でも，図 3.3.4 に示すように動的安定状態にすることができる．しかし，図 3.3.5 に示すように，台車の位置は図 3.3.3 と同じ位置にあっても，さらに大きく右方向に加速すると，台車の重力 mg と，台車の慣性力 $m\ddot{x}$ の合力 f が床面を通過する点がテーブルの足の範囲を左側に外れてしまい，テーブルは足の左端の点を中心として反時計回りに回転し，転倒してしまう．一方，図 3.3.6 に示すように，台車の位置は図 3.3.3 と同じ位置にあっても，台車が左向きに加速する場合は，台車の重力 mg と，台車の慣性力 $m\ddot{x}$ の合力 f が床面を通過する点がテーブルの足の範囲を右側に外れてしまい，テーブルは足の右端の点を中心として時計回りに回転し，やはり転倒してしまう．つまり，台車の加速度によりテーブルの安定性は変化するのである．この現象は，自転車，バイク等で，急加速する（図 3.3.5 の場合）と前輪が持ち上がり，急減速する（図 3.3.6 の場合）と後輪が持ち上がることと類似の現象である．

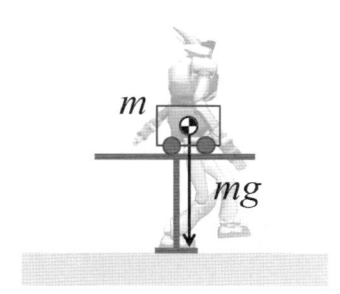

図 3.3.1 テーブル・台車モデル[7]

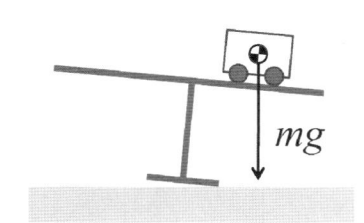

図 3.3.2 テーブルが転倒する場合

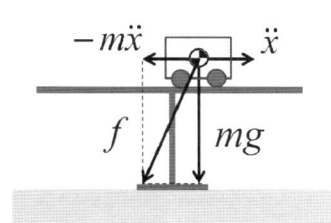

図 3.3.3 台車が右方向に加速する場合の力の関係

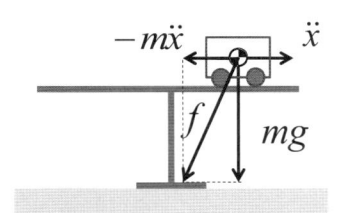

図 3.3.4 静的不安定状態から台車が右方向に加速して動的安定となる場合

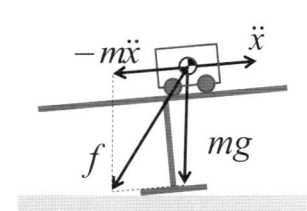

図 3.3.5 台車が右方向に加速してテーブルが転倒する場合

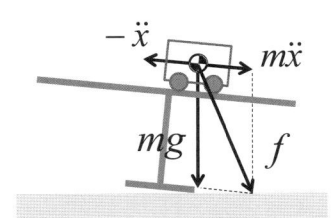

図 3.3.6 台車が左方向に加速してテーブルが転倒する場合

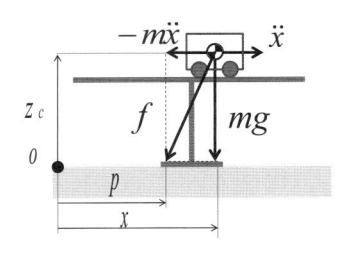

図 3.3.7 テーブル・台車モデルにおける座標の定義

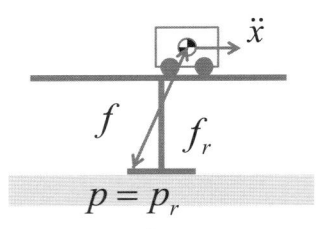

図 3.3.8 計算 ZMP と ZMP が一致する場合

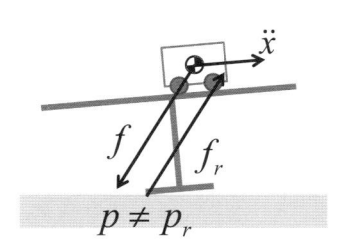

図 3.3.9 計算 ZMP と ZMP が一致しない場合

3・3・4 ZMP（Zero-moment point）

2 足歩行ロボットの足裏が床面と接触を維持できるかどうか判定するのに有用な指標が Vukobratović によって提案された Zero-moment point (ZMP)である[8].

図 3.3.1 で，テーブルの安定性の鍵となっているのは，合力 f が床面を通過する点とテーブルの足の位置関係である．そこで，合力 f が床面を通過する点 p を次に求めてみる．図 3.3.7 に示すように，床面上の適当な位置に原点 O を取り，そこから右向きに x 座標正方向，鉛直上向きに z 座標正方向を取る絶対座標系を設定する．この絶対座標系において，台車の重心位置を (x, z_c) で表わすと，合力 f が床面を通過する点 p は，その点回りのモーメントの釣り合い方程式を p について解くことにより，次式で求めることができる．

$$mg(p-x) = -mz_c\ddot{x}$$

$$p = x - \frac{z_c}{g}\ddot{x} \tag{3.3.1}$$

この点 p をテーブル・台車モデルの計算 ZMP (Computed ZMP)と呼ぶ．

一方，合力 f に対する床反力 f_r を考えると，図 3.3.8 に示す場合のように，合力 f が床面を通過する点 p が，テーブルの足の幅の中にあれば，床反力 f_r の作用点 p_r は，図 3.3.8 に示すように点 p と同一点となる．この時，点 p_r まわりにはモーメントが発生しない．つまり点 p_r が，モーメントが発生しない点「ZMP」となる．一方，図 3.3.9 に示す場合のように合力 F が床面を通過する点 p が，テーブルの足の幅の外に出ても，床反力 f_r の作用点 p_r はテーブルの足の端に留まり，両者のずれに応じた偶力が働き，テーブルは転倒する．この時，テーブルの足の端点 p_r は反モーメントを受けられないため，この点が ZMP となる．ZMP は，足裏の端にあるが，計算 ZMP が足裏から外れれば転倒状態に陥ることを理解されたい．

ZMP（Zero-moment point）

1972 年に Vukobratović らは接地面における圧力中心点として ZMP を提案した[8]．この定義に従えば，ZMP では床面に平行な軸周りのモーメントはゼロとなる一方，ZMP は決して支持多角形（単脚支持の時は支持脚の接地面，両脚支持の時は両接地面で構成される凸包）を逸脱することはない．また，ZMP は接地面が既知の平面であれば足に取り付けられた 6 軸力覚センサによって計測できる（6 軸力覚センサの説明は，5・5 節を参照）．ZMP が，支持多角形の内部にあるということは，支持脚の足裏面が床面からはがれておらず，ZMP を中心とする反モーメントを接地面から受けることができることを表しているに過ぎない．2 足歩行では，足裏が床面に接地していることを前提として，動的に安定な歩行動作を生成しているため，ZMP の位置で安定性を議論することが多い．

3・3・5 運動量と ZMP の関係（Relation between momentum and ZMP）

前項ではテーブル・台車モデルを用いて ZMP に関する議論を行ったため

台車の並進加速度に起因する慣性力のみを考慮したが，3次元空間を移動する2足歩行ロボットでは，重心回りの並進運動量と角運動量の変化が，2足歩行ロボットの安定性に大きな影響を与える．いま対象とする2足歩行ロボットの全関節は位置制御されており，各関節軌道は時間のみの関数で与えられており，またロボットの全動力学パラメータ（質量，慣性テンソル，他）は既知であるとすると，ロボットの状態は，重心位置 c，全並進運動量 P，全回転運動量 L の3つの物理量（いずれも3次元ベクトル）で，次式のように表すことができる．

$$\frac{d}{dt}P = mg + f \tag{3.3.2}$$

$$\frac{d}{dt}L = c \times mg + p \times f + \tau \tag{3.3.3}$$

ここで，mg は重力，p は接地点の座標，f は床反力，τ は床反モーメントである．式(3.3.2)と式(3.3.3)を連立することにより次式(3.3.4)が得られる

$$\tau = \dot{L} - c \times mg - p \times (\dot{P} - mg) \tag{3.3.4}$$

ここで，ZMPの条件である床面と平行な軸回りの床反モーメントが0であるという条件

$$\tau = \begin{bmatrix} 0 & 0 & \tau_z \end{bmatrix}^T \tag{3.3.5}$$

を式(3.3.4)に代入することにより，ZMPは次式によって計算できる．

$$p_x = \frac{mg_z c_x + p_z \dot{P}_x - \dot{L}_y}{mg_z + \dot{P}_z} \tag{3.3.6}$$

$$p_y = \frac{mg_z c_y + p_z \dot{P}_y + \dot{L}_x}{mg_z + \dot{P}_z} \tag{3.3.7}$$

このようにZMPは並進運動量変化（慣性力）のみではなく，角運動量変化に対しても影響を受ける．

3・3・6 歩行パターン生成（Walking pattern generation）

本項では図3.3.1に示すテーブル・台車モデルに立ち戻って歩行パターン生成法を説明する．テーブル・台車モデルでは，台車の運動が決まると式(3.3.1)よりZMPが決定される．つまり，2足歩行ロボットの重心運動が決まると，ZMPが決定される．しかし，2足歩行ロボットの歩行パターン生成では，飛び石を踏んで歩くように，

1）支持脚の着地点列をまず決定し，それぞれの支持多角形の時間変化を計画し，

2）単脚支持期に支持多角形の内部に停留し，両脚支持期に次の支持多角形に移動するように目標ZMP軌道を計画する，

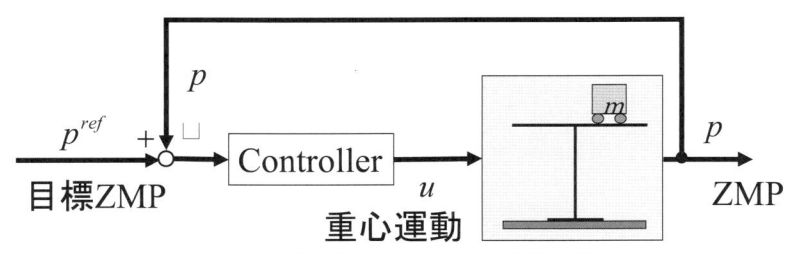

図3.3.10　サーボ制御によるZMP追従制御系[7]

という手順を踏むことが一般的である．つまり，歩行パターンを生成するということは，指定された目標 ZMP 軌道を満足する重心の軌道（位置，加速度の時間変化）を求める問題となる．

これを実現するために図 3.3.10 に示すようなテーブル・台車モデルに対して目標値追従サーボ系（第 7 章「制御する」および文献[9]を参照のこと）を構成することにより，目標 ZMP 軌道に追従する重心軌道が生成できる．ただ，通常の目標追従サーボ制御では，図 3.3.11 に示すように，目標値 ZMP が変化してから，台車の運動が生成されるため，目標 ZMP と得られる ZMP の間には遅れが生じてしまう．つまり目標 ZMP に対する ZMP 応答に遅れのない理想的な歩行パターンでは，図 3.3.12 に示すように目標 ZMP が変化する前に台車が加減速を行わなければならない．

このような問題を解決する手法が予見制御系である[10]．これは，車や自転車を運転する時に，直ぐ近くの道路を見るのではなく，これから進む前方を見ることにより，滑らかな運転ができるのと同じ原理を用いている．図 3.3.1 のテーブル・台車モデルの状態方程式（運動方程式を行列表現で表したもの．詳しくは文献[9]を参照のこと）は，次式のように書き表せる．

$$\frac{d}{dt}\begin{bmatrix}x\\\dot{x}\\\ddot{x}\end{bmatrix}=\begin{bmatrix}0&1&0\\0&0&1\\0&0&0\end{bmatrix}\begin{bmatrix}x\\\dot{x}\\\ddot{x}\end{bmatrix}+\begin{bmatrix}0\\0\\1\end{bmatrix}u \tag{3.3.8}$$

$$p=\begin{bmatrix}1&0&-\dfrac{z_c}{g}\end{bmatrix}\begin{bmatrix}x\\\dot{x}\\\ddot{x}\end{bmatrix} \tag{3.3.9}$$

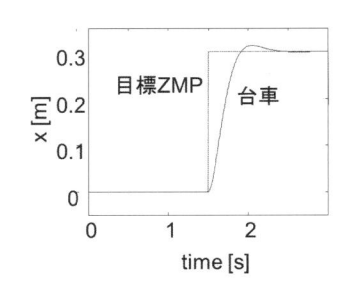

図 3.3.11 追従サーボ系により目標 ZMP に対して生成される台車の運動[7]

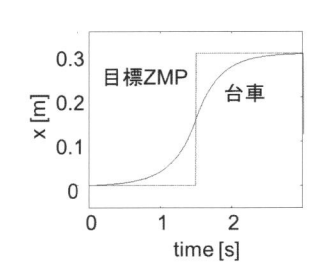

図 3.3.12 理想的な目標 ZMP に対する台車の運動[7]

このシステムに対して，n ステップ先までの目標 ZMP（p_i^{ref}）を用いて，次式のような制御則を構成し，k ステップ目の入力を求める．

$$u_k=-K_I\sum_{i=0}^{k}\left(p_k-p_k^{ref}\right)-K_k x_k-\begin{bmatrix}K_{p1}&K_{p2}&\cdots&K_{pn}\end{bmatrix}\begin{bmatrix}p_{k+1}^{ref}\\\vdots\\p_{k+n}^{ref}\end{bmatrix} \tag{3.3.10}$$

ここで，右辺第一項はサーボ制御系（K_I はサーボゲイン），第二項は状態フィードバック（K_k 状態フィードバックゲイン），第三項が予見制御ゲイン

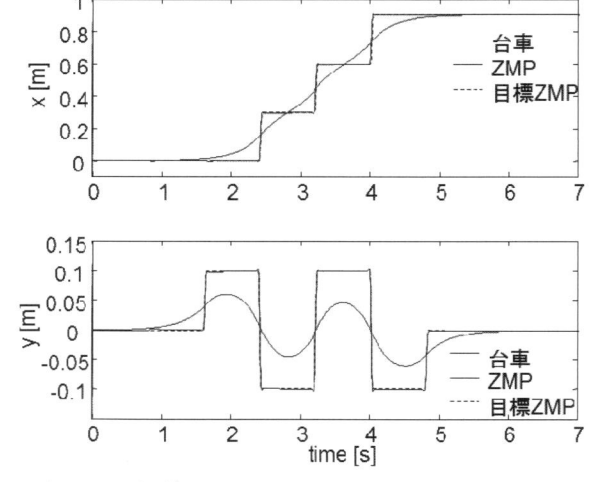

図 3.3.13 目標 ZMP 軌道に対して，予見制御系を用いて生成した重心軌道とそれによって生成される ZMP 軌道[7]

K_{pi} に n ステップ先までの目標 ZMP を掛け合わせたものなる．詳しい説明は省略するが，予見制御ゲインは時間とともに減少するため，実際に必要になる未来の目標 ZMP は 2 歩先程度まででよい．車の運転でも 1km 先を見通す必要はないことと同じである．ただし，n はサンプリング時間（制御周期）に相当するステップ数であり歩数ではない．0.005 秒のサンプリング時間で，一歩 0.8 秒の歩行をする場合，2 歩先までといえば n=3200 となることに注意されたい．

この予見制御系によって生成された台車の運動（重心運動）とそれによって生成される ZMP を図 3.3.13 に示す．このように目標 ZMP に遅れなく追従できていることがわかる．

受動歩行（Passive dynamic walking）

緩やかな坂を重力だけを利用してトコトコ降りて行く 2 足歩行玩具を見かけたことがあるかと思う．McGeer はそれを動力学的に分析し，膝が曲がる 2 足機構をある条件の下に構成することで，一切の駆動装置や制御装置なしで，重力だけを利用して人間の歩行に類似した周期的な歩行「受動歩行」を実現できることを示した[11]．受動歩行ができる 2 足歩行機構に，小さなアクチュエータを取り付けて仮想的な重力場を作り出すことで，エネルギー効率の高い平面歩行を実現させようとする試みが多くの研究者によって行われている．ただ，この機構で，例えばしゃがむ，座る，蹴飛ばすといった，歩行以外の動作を実現することは困難である．

3・4 多足歩行の制御（Control of multi-legged locomotion）

多足歩行について，静歩行と動歩行の制御について解説し，さらに不整地対応の制御法を紹介する．

3・4・1 静歩行 −周期的パターンの歩行（Static walk -cyclic gait pattern-）

まず，ここでは脚を上げ下げするタイミングだけに着目して，途中の振り出し方などを気にせずに歩き方を分類する．脚をどのような順番で上げるか，上げた脚はどのくらいの時間の後に着地するかなどを見る．4 足歩行では，左前→右後→右前→左後の順で上げるものが代表的である（これをクロール歩容(crawl gait)と呼ぶ．次ページ参照）．上げた脚は 4 分の 1 周期後に着地する．すると即時に次の脚を上げることになる．動物では，かめの歩き方はこのようになっている．一方，6 足歩行では図 3.4.1 のようなトライポッド歩容と呼ばれる，3 角形配置を交互に交換する歩容が多く用いられる．上げる脚の組み合わせで表現すれば （左前＋右中＋左後）→（右前＋左中＋右後）である．昆虫の歩き方は，ほぼこのようになっている．後述するように，クロール歩容とトライポッド歩容はどちらもウェーブ歩容(wave gait)というカテゴリーで表現できる．そのような表現と整理のために，解析的ないくつかの定義を導入する．

・位相

周期的な歩容の時間軸を 1 周期時間で規格化したもの．時間とともに位

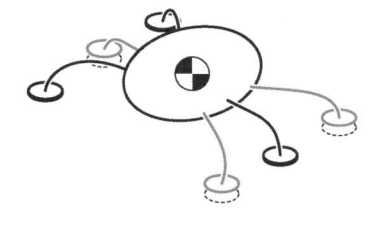

図 3.4.1　トライポッド歩容

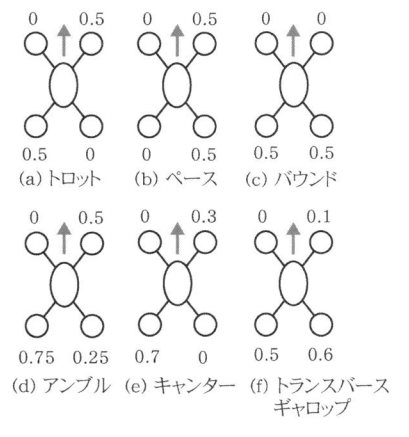

図 3.4.2　4 足歩容の着地タイミング（脚位相）

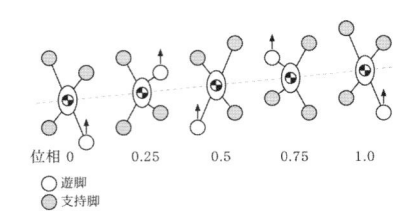

図 3.4.3 クロール歩容の重心と脚の運動

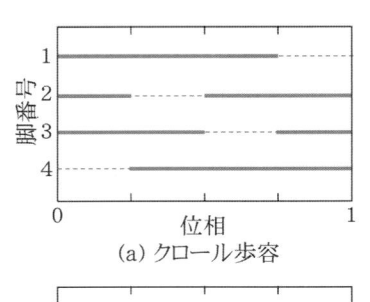

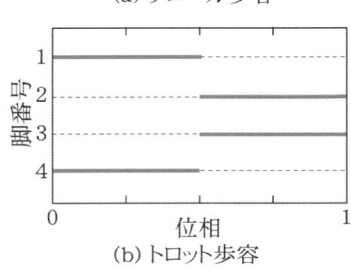

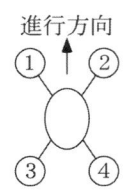

図 3.4.4 支持脚期間を示す歩容線図

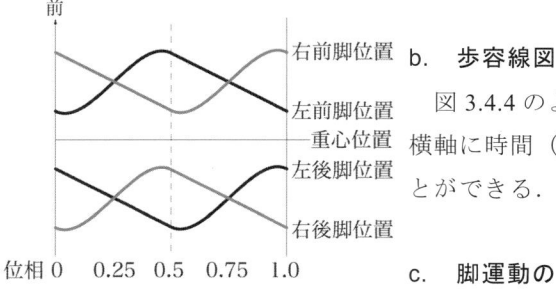

図 3.4.5 脚運動ダイヤグラムの例（トロット歩容）

相が等速度で進み，1周期の時間で位相が1進む．

・脚位相

1周期の中でその足がいつ着地するか0から1の位相で表す．三角関数のように0degから360degで表すことも可能．左前足の着地をゼロとする．

・デューティ比

1周期中の各脚が接地している時間の割合．0から1の値になる．

・レギュラー歩容

すべての脚のデューティ比が等しい歩き方．このとき，平均支持脚本数＝デューティ比×総脚数となる．

・対称歩容

左右の対になる脚の位相が0.5(180deg)ずれている歩き方．右脚の半周期後に左脚が動作する．4足動物は低速では対称歩容でも高速では対称歩容でないことが多い．たとえば一周期に一度だけ大きくはねるような歩き方は対称歩容ではない．前足2本，あるいは後足2本だけを見て，自然な2足歩行のように見えるのが対称歩容である．

次にこれらの定義を使いながら多足歩行の運動と静的安定性について解説する．

a. 脚順序のバリエーション

実際に4足の動物やロボットが歩くときの歩容を上記の脚位相で分類してみると，図3.4.2のようなものが代表的である．この中で，アンブルのデューティ比が0.75のものをクロールと呼ぶ．その歩き方を位相の進行とともに示したのが図3.4.3である．静歩行はデューティ比が0.75以上でないと実現できないが，ちょうど0.75で静的安定性が保てるのは，このクロール歩容だけである．ただし，その条件として重心が左右の中心線上を一定速度で前に進んでいくとしている．左右に揺れたり，前後に小刻みに進んだりする場合は別である．

図3.4.2の中で，トロット，ペース，バウンドの3つは，2つの脚をペアにして同時に上げ下げする．デューティ比が0.5のときにちょうど上げ下げのタイミングが重なり，2脚支持の連続で歩行する形となり，歩行と走行（すべての脚が上がっている瞬間がある）の境目である．ロボットにおけるこれらの歩行の制御法については3・4・3項で説明する．

b. 歩容線図

図3.4.4のように各脚の接地期間を表す図を歩容線図(phase diagram)と呼ぶ．横軸に時間（位相）をとる．歩容線図は脚位相とデューティ比だけで作ることができる．(a)はクロール歩容，(b)はトロット歩容(trot gait)である．

c. 脚運動のダイヤグラム

脚の上げ下げだけでなく前後方向の動きも表すには図3.4.5のようなダイヤグラムが便利である．これは胴体（原点は重心）に固定した座標系（胴体座標系）から見た脚の前後位置を縦軸に，時間（位相）を横軸にとって表し

3・4 多足歩行の制御　　47

たものである．胴体から見た位置であるから前後に往復運動をする．支持脚の部分は胴体が地面に対して前進する速度だけ後ろ向きの速度をもつ．最も後ろになったときに地面を離れ，最も前になったところで着地すると考えがちだが，蹴るような動作では地面を離れたあとも後ろに進むし，着地時につまずかないようにするには，最前点ではなく後ろ向きの速度があるタイミングで着地したほうがよい．つまり，スムーズな歩行のためには，脚速度が地面速度（胴体から見るので地面は後ろに進む）に等しくなったときに上げ下げすると良い．図 3.4.5 では位相 0 と 0.5 のときに脚が地面を離れたり着地したりする．直線の部分が支持脚期間であり，胴体は地面に対して等速で前進している．

簡易な計画では図 3.4.6 のように等速運動（ダイヤグラムが直線）と考えてもよい．図の右上がりの急傾斜部分が遊脚の期間である．これでは速度，すなわち線の傾きが不連続であるから加速度が無限大であり，実際にはこのとおりにはいかないが，この図を見るとデューティ比が 0.75 のクロール歩容では，遊脚期間と支持脚期間の時間の比は 1 対 3 であり，遊脚中に前に出した距離を支持脚中に後に戻すのであるから，遊脚中の前方への運動速度は支持脚の後方への運動速度の 3 倍になることがわかる（e.歩行速度と脚駆動速度では，これを数式により示す）．

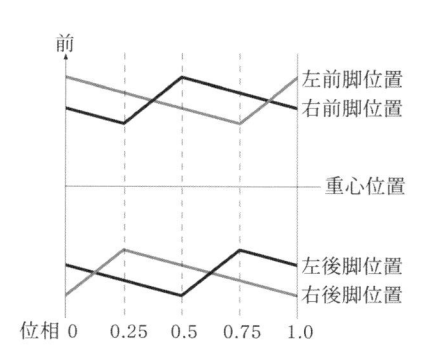

図 3.4.6　直線の脚運動ダイヤグラム（クロール歩容）

d. 地面上の歩幅と胴体上の脚スイング長

地面上の歩幅とは，地面に付く足跡の間隔と考えればよい．一方，胴体上の脚スイング長は胴体に対して足先がどれだけ前後に運動するかであり，地面上の歩幅よりも小さい．地面上の歩幅＝胴体上の脚スイング長＋遊脚中に胴体が進む距離である．

e. 歩行速度と脚駆動速度

ロボット全体の歩行速度 V は，地面上の歩幅を 1 周期中に進むから，

$$V = \frac{\lambda}{T} \tag{3.4.1}$$

である．ただし，V は次の条件を満たす必要がある．

$$V \leq \min\left\{U_{\max}, \frac{U_{\max}(1-\beta)}{\beta}\right\} \tag{3.4.2}$$

λ：地面上の歩幅，T：歩行周期，β：デューティ比

$U_{\max}$：実現可能な最大の脚スイング速度（胴体に対して．前向きも後ろ向きも同じとする）

前半は支持脚速度の制限，後半は遊脚速度の制限である．

また，胴体に対する遊脚スイング速度 U が一定であるとき，遊脚時間は $(1-\beta)T$ であるから，胴体座標上の脚スイング長は，

$$L_R = U(1-\beta)T, \quad \text{ただし，} L_R：胴体座標上の脚スイング長 \tag{3.4.3}$$

となる．地面上の歩幅は，

$$\lambda = L_R + V(1-\beta)T = U(1-\beta)T + V(1-\beta)T = (1-\beta)T(U+V) \tag{3.4.4}$$

となる．これより歩行速度は，

$$V = (1-\beta)(U+V) \tag{3.4.5}$$

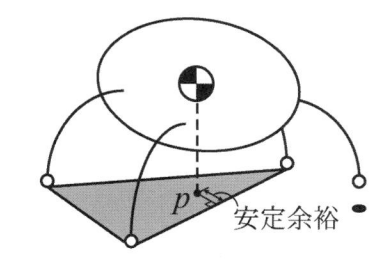

図 3.4.7　支持領域と重心投影点

$$V = \frac{1-\beta}{\beta}U \tag{3.4.6}$$

となる．これより式(3.4.2)の後半の制限が導かれる．デューティ比 0.5 ではスイング速度と歩行速度が等しく，デューティ比 0.75 ではスイング速度は歩行速度の 3 倍となり，上記の図 3.4.6 のダイヤグラムで見たものと一致する結果である．この式により，脚スイング速度の最大値が一定とすると，歩行速度の最大値はデューティ比によって図 3.4.10 および図 3.4.11 のように変化する．デューティ比を小さくすることによって，同一のメカニズムでも歩行速度を上げられることを示している．

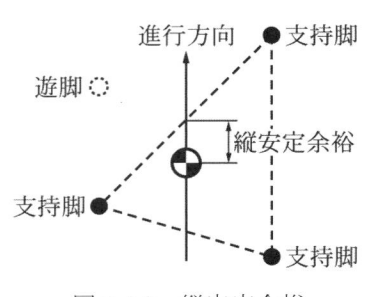

図 3.4.8 縦安定余裕

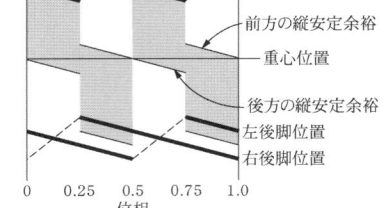

図 3.4.9 クロール歩容の脚位置と支持領域

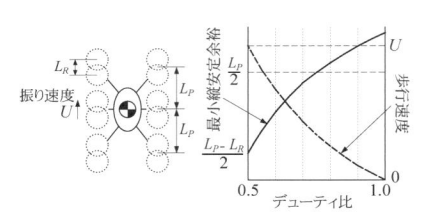

図 3.4.10 6 足ウェーブ歩容の歩行速度と縦安定余裕

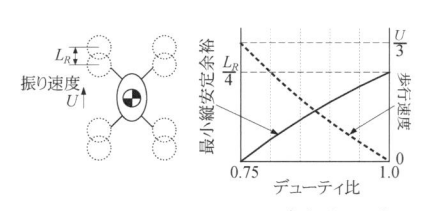

図 3.4.11 4 足ウェーブ歩容の歩行速度と縦安定余裕

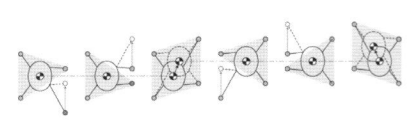

図 3.4.12 間欠クロール歩容

f. 安定余裕

静歩行においては，重心位置を地面へ投影した点 p が，支持脚接地点を囲んでつくられる支持領域の外周から内側にどれほど入った位置にあるかを安定性の指標とする．p と支持領域外周との最短距離である．各脚を点接地と考え，支持領域を図 3.4.7 のように多角形（支持多角形）とすると，重心の地面への投影点から支持多角形の各辺への垂線のうち最短なものの長さを静的安定余裕 (stability margin) と呼ぶ．また，これより解析的に扱いやすい指標として図 3.4.8 のように前後方向の最短距離（前後どちらか短い方）を表す縦安定余裕を用いることも多い．縦安定余裕は脚運動のダイヤグラム中で見ることができる．図 3.4.8 のように重心が直進し，その進行軌跡を中心に左右の脚が同じだけ開いている場合，進行軌跡上で支持領域の範囲を見ると，前側の境界は一番前の接地点と 2 番目の接地点の中点までであり，後側の境界は一番後の接地点と 2 番目の接地点の中点までになる．脚の質量を無視すれば，浮いている脚の位置は関係しない．この支持脚領域をダイヤグラム上に示すと図 3.4.9 のようになる．これを見ると，クロール歩容において縦安定余裕が最も小さくなるのは前脚を着地して後脚を上げる瞬間であり，余裕がゼロになることがわかる．

g. 縦安定余裕と歩行速度の関係

4 足歩行では，重心を一定速度で直進させる場合，安定余裕が最も小さくなるのは次の 2 つの瞬間である．1 つは後脚を上げた直後である．後脚を上げると支持領域が前の方だけになるが，その後，重心は前方に移動していくので，後脚を上げた瞬間に重心が最も後にあり，安定余裕が極小となる．同様に前脚を着く直前も極小になる．脚の前後振り運動を重心に対して前後対称に行うときは，この 2 つの極小値は等しく，それが最小値である．図 3.4.9 のクロール歩容では，その 2 つが同時になっている．デューティ比を 0.75 より大きくするときは，この 2 つの瞬間の時間差をできるだけ長く取ることで，安定余裕を大きくすることができる．そのような歩容は図 3.4.12 のようなものとなる．後脚を着いた瞬間にその前の脚を上げるものであり，脚の運動が右側と左側でそれぞれ後から前に伝わる形なので，前方ウェーブ歩容と呼ぶ．左右の脚の位相差は 0.5 の対称歩容である．

6 足歩行においても同様に一定重心速度で対称な歩容では，前方ウェーブ歩容が最も安定余裕が大きい．縦安定余裕が最小になるのは，たとえば右後

脚を上げた瞬間で，左後脚と右中脚の中点から重心までの距離になる．その値は，

$$SL_{\min} = \frac{L_P}{2} + \left(1 - \frac{3}{4\beta}\right)L_R \quad \text{（4 足の場合は } L_P=0 \text{ とする）} \quad (3.4.7)$$

となる［12］．これをグラフに表すと図 3.4.10 および図 3.4.11 になる．デューティ比を大きくすると歩行速度が小さくなる見返りに安定余裕は大きくできることがわかる．

h. 間欠クロール歩容

4 足歩行ロボットが着地点の制約が多い地形でクロール歩行をする場合には，支持領域が標準の場合よりずれたり形が変形したりするため，胴体を一定速度で前進させると重心投影点が支持領域を出る可能性がある．そこで，遊脚を前に出している間，つまり 3 脚支持の期間は胴体を（地面に対して）動かさず，遊脚が着地して 4 脚支持になったら，胴体を移動させ，それから次の遊脚を上げる，という方法がよい．脚の移動と胴体の移動を交互に間欠的に行うため，間欠クロール歩容と呼ぶ．この歩容では，図 3.4.12 のように 3 脚支持の間は支持領域も重心投影点も動かないので，安定性が変わることはない．また，胴体を移動させるときは必ず 4 脚支持で広い支持領域になるため，安定余裕を十分確保できる．3 脚支持中の安定余裕を大きくするため，図 3.4.12 のように胴体を左右にずらしながらジグザグ軌道で前進させるとよい．また，標準のクロール歩容では図 3.4.9 のように位相 0.25 と 0.75 のとき，すなわち遊脚が後脚から前脚に移行するときは安定余裕が比較的大きく，位相 0 と 0.5 のとき，すなわち前脚を着地して後脚を上げる瞬間に安定余裕がほぼゼロになる．そこで，この位相 0 と 0.5 のところに 4 脚支持期間を設けて，その間に胴体を移動させることとし，位相 0.25 と 0.75 のところでは 4 脚支持期間を作らず，胴体を移動しないという方法がとられる．その様子は，右側の 2 脚を前進させたら，4 脚支持となって胴体を斜め右に前進させ，胴体を止めてから左側 2 脚を前進させる，というパターンになる．4 脚支持期間があるのでデューティ比は 0.75 より大きくなる．また，標準のクロール歩容にくらべて歩行速度は遅くなる．さらに，遊脚中に胴体（＝脚の根元）が前進しないため，胴体上の脚可動範囲制限に起因する地面上の脚ストロークの最大値は小さくなる．

3・4・2 フレキシブルな静歩行（Flexible static walking）

脚位相やデューティ比を一定値とせず，状況に応じて変えると，安定性を重視するか歩行速度を重視するかを選択できる．このようなフレキシブルな歩容として，周期や規則性の特にない全くの自由歩容も研究されている．センシング情報をもとにした条件判断などによって，どの脚を上げるか，その脚をどれだけの時間でどれだけの距離動かすかをその都度決定する．たとえば，現在の状態から胴体を前進させると一番初めに可動範囲の後端に達する脚を次の遊脚とするなどのアルゴリズムがある．着地できない範囲が点在するような地形に柔軟に対応できるが，何歩か先のことまで予想して計画を立てないと行き詰まりを起こす可能性がある．また，6 足歩行では，図 3.4.13

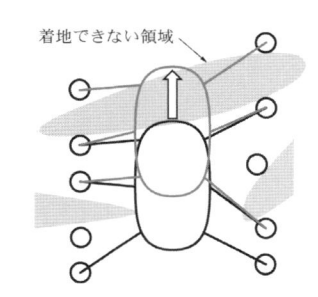

図 3.4.13 前脚の足跡を後続脚がたどる Follow the leader 歩容

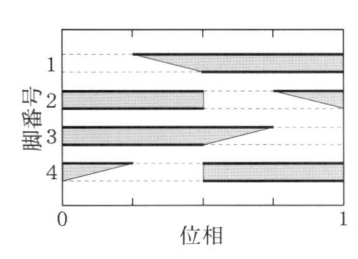

図 3.4.14 2 つの歩容の線形補完
上段:クロール歩容，
下段:トロット歩容

のように前2脚の着地点を中脚と後脚がたどる，つまり前脚の足跡にその後の脚を着地させる方法がある．こうすることによって，前2脚の着地点だけを慎重に選べば良くなり，地形の探索が簡略化できる．

2つの歩容線図の線形補完

ここでは，全くの自由な歩容ではなく，前節の規則的な歩容をベースにして，それを時々刻々アレンジしていく歩容を解説する．レギュラーで周期的な歩容のパラメータは周期とデューティ比と各脚の脚位相である．周期のみを変化させると，ちょうどビデオの再生速度を変えたように全体が遅くなったり速くなったりする．このときの安定性の度合い（安定余裕の大きさ）は，静的歩行である限り変わらない．一方，デューティ比を変えると平均的な支持脚の本数が変化して安定性が増減する．このとき，前節で最も安定性が高いとした前方ウェーブ歩容になるように各脚の脚位相も連動して変化させることが望ましい．

クロール歩容とトロット歩容はともに前方ウェーブ歩容である．図3.4.4のクロール歩容とトロット歩容の歩容線図を並べて，その位相の差が小さくなるように時間軸方向にシフトすると，図3.4.14のように表せる．この2つの歩容の線を直線（縦または斜め）で線形補完すると中間のデューティ比の歩容を作ることができる．この線形補完の線をクロール歩容よりもデューティ比が大きい場合に延長しデューティ比を0.5から1までへの拡張することができる．これらの補完の線は，時間の経過とともに図中を左から右に移動するときに脚が地面を離れたり着地したりする瞬間を表し，支持脚と遊脚の境界の線である．図3.4.14では脚ごとに上下にずらして描いているが，これをすべて重ねると，図3.4.15のようになる．斜めの線がいずれかの脚の支持脚／遊脚が切り換わるタイミングである．つまりこの斜め線で囲まれた三角形の領域内は支持脚の組み合わせが一定である．図中にはその組み合わせ脚番号（配置は図3.4.4と同じ）を示している．このチャートではデューティ比を決めたら，その高さで時間とともに横に移動していけばよい．さらに，デューティ比を歩行中に連続的に変えることもでき，その場合はこのチャート内を斜めに進めばよい．

6足の前方ウェーブ歩容についても同じように中間のデューティ比の歩容を作ることができる．図3.4.16は0〜1までのデューティ比についての支持脚組合せを示している．デューティ比が0.5未満では2脚支持の期間があり静歩行はできないが，このように統一的に表すことの例として示している．ウエーブ歩容の脚位相は左前足を基準にすれば図3.4.17(a)であるが，歩行中にデューティ比を変化させたときに上げ下げタイミングの変化が小さくなるようにしたものが図3.4.15のチャートであり，脚位相で表すと図3.4.17(b)となる．

なお，静歩行で進行方向を変えたり，旋回したりする場合について，詳細は，4足については文献[13][14]，6足については文献[12]に記述されている．概略として，4足では若干むずかしく，6足では比較的容易である．4足の静歩行では，図3.4.7のように，支持脚領域が重心に対して真下よりもかなり

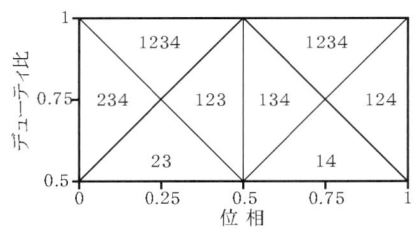

図3.4.15　4足ウエーブ歩容の支持脚チャート

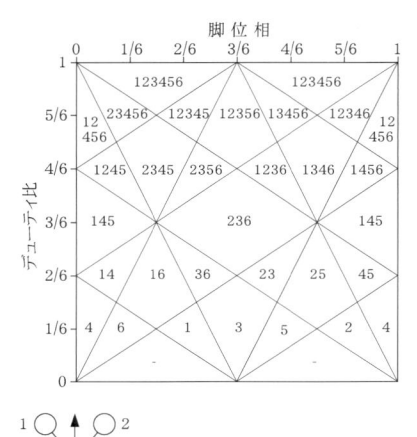

図3.4.16　6足ウェーブ歩容の支持脚チャート

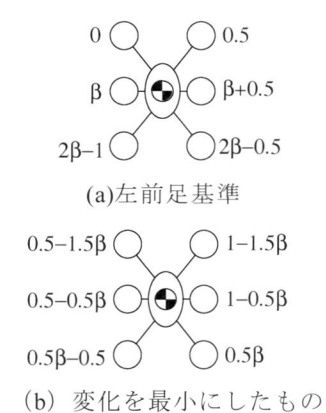

(a)左前足基準

(b) 変化を最小にしたもの

図3.4.17　6足前方ウェーブ歩容の脚位相

片寄った位置にあり，安定余裕が小さい．その片寄り方向は支持脚切り換えによって大きく変わるため，脚を上げる順序と胴体の進行方向との制約がきびしく，歩幅が小さくなってしまったり，4 脚とも着地させたまま重心を少し移動する必要があったりする．一方，6 足では，たとえば図 3.4.1 のトライポッド歩容のように，支持脚を切り換えても支持領域は重心の真下付近にあり，安定余裕が大きい．通常，トライポッド歩容では，静的安定性を全く気にしないで，胴体を望みの方向に移動させ，遊脚を同じ方向にその 2 倍の距離移動させる方法で問題がない．より安定余裕の大きいデューティ比が 0.5 から 1 のウェーブ歩容では，その安定余裕の大きさを保ちながら進行方向を変える手法がある．文献[12]では，正六角形配置の脚の場合について，前方へ歩行するパターンと，前方と同じ脚配置になる斜め 60deg に歩行するパターンを作成し，その重み付き合成で中間の任意の方向に進む歩容をつくるという手法を説明している．

3・4・3 動歩行（Dynamic walk）

多足歩行において歩行速度を速くするには，デューティ比を小さく，できれば 0.5 にしたい．このとき，4 足と 6 足では大きな違いがある．6 足ロボットは図 3.4.1 のトライポッド歩容でデューティ比が 0.5 の静歩行ができる．しかし，4 足ロボットはデューティ比 0.5 では平均して 2 脚で支持しなければならない．一般的な小さな足裏のロボットでは支持脚領域が線分のように細くなるので静的安定性は保てず，動的にバランスをとることが必須となる．

ここでは，2 足歩行の制御（3・3 節）で学んだゼロモーメントポイント(ZMP)の概念を用いて，4 足の動歩行計画を考えてみよう．ZMP は重心の地面への投影点にくらべて，加減速が大きいほど離れた位置になる．また加減速する質量が高い位置にあるほど，離れた位置になる（式 3.3.1 参照）．4 足歩行ロボットの制御では，質量は胴体中央に集中していて脚の質量を無視することが多い．つまりロボット全体が 1 つの質点と考える．図 3.4.18 のようにトロット，ペース，バウンド歩容の重心投影点と ZMP を乗せるべき支持脚領域（図の灰色部分）との位置関係を見ると，トロットが一番近く，ペースが中間でバウンドは遠いことがわかる．すると，ZMP を支持領域に乗せるために，トロットは小さな加減速でよく，バウンドは大きな加減速が必要になる．ロボットで実現できる程度の歩行速度では，トロット歩容が最もバランスが取りやすいと考えられる．特に馬のような重心が高い形状ではなくクモが 4 本足になったような重心が低い形状のロボットでは，ZMP を重心投影点から遠くに離すことが難しいため，トロット歩容が最適である．動物では，トカゲやワニの仲間がトロット歩容で歩いている．いずれも重心が低い体型である．

ここからは数式を用いて動歩行の運動を計画する方法を紹介する．ここではまず，目標の軌道としては直線的に前進する場合について説明する．トロット歩容で ZMP を支持脚領域に入れるため，胴体（重心）を左右に加減速させ，前後方向には加減速を行なわない方法を考える．支持脚を切り換えていくと左右の加減速の方向が変わり，図 3.4.19 のように目標軌道の周辺で揺動するものとなる．この加減速をともなう重心の軌道は微分方程式を解くこ

トロット　ペース　バウンド

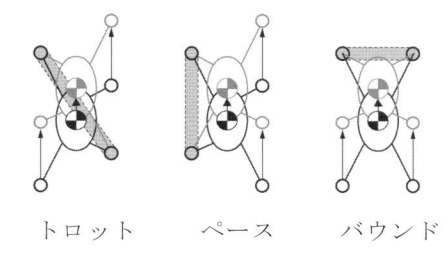

図 3.4.18　4 足動歩行の代表的な 3 種

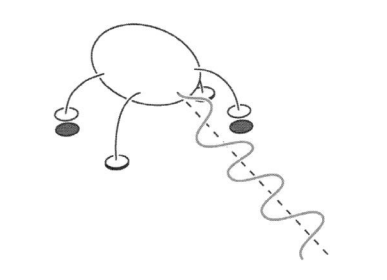

図 3.4.19　左右揺動によってバランスをとるトロット歩容

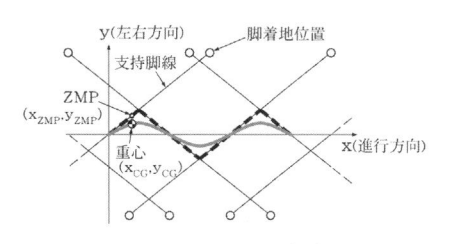

図 3.4.20　トロット歩容の ZMP と重心の軌跡

とで求められる．図 3.4.20 のように進行方向に x 軸，左向きに y 軸をとる．x 軸方向には等速運動で y 軸方向に加減速を行なう．y 軸方向の重心の位置 $y_{CG}(t)$ を求めよう．トロット歩行の 2 つの支持脚着地点を結んだ直線を支持脚線と呼び，表示を簡単にするためここでは原点を通る支持脚線を，

$$y = Bx \tag{3.4.8}$$

とし，時間ゼロから 4 分の 1 周期，すなわち図 3.4.20 の ZMP 軌道の原点から最初の頂点までの部分を計算する．重心は進行方向には一定速度 v で進行させる．すると ZMP の x 座標と重心の x 座標は等しく vt となり，ZMP が支持脚線に乗る条件は

$$y_{ZMP} = Bvt \tag{3.4.9}$$

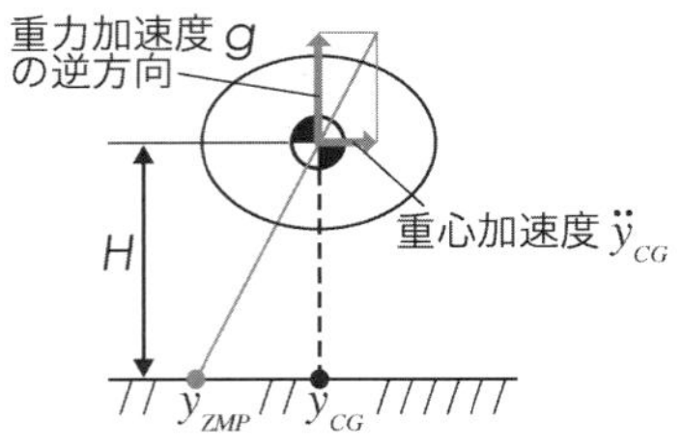

図 3.4.21　重心の加速度と ZMP 位置の関係

と表せる．ZMP の位置は図 3.4.21 のように重心投影点から重心加速度ベクトルと重力加速度の逆向きベクトルを合成した方向の線が地面と交わる点である（式 3.3.1 参照）から，

$$y_{ZMP} = y_{CG} - \frac{H}{g}\ddot{y}_{CG} \quad \text{ただし，} g \text{ は重力加速度，} H \text{ は重心高さ} \tag{3.4.10}$$

と求められる．これに式(3.4.7)を代入して整理すると重心軌道をもとめる微分方程式は，

$$\ddot{y}_{CG} - \frac{g}{H}y_{CG} = -\frac{g}{H}Bvt \tag{3.4.11}$$

となる．この 2 階微分方程式の一般解は，

$$y_{CG}(t) = C_1 \exp\left(\sqrt{\frac{g}{H}}t\right) + C_2 \exp\left(-\sqrt{\frac{g}{H}}t\right) + Bvt \tag{3.4.12}$$

である．ただし C_1, C_2 は定数である．また，これを微分した速度は

$$\dot{y}_{CG}(t) = C_1\sqrt{\frac{g}{H}} \exp\left(\sqrt{\frac{g}{H}}t\right) - C_2\sqrt{\frac{g}{H}} \exp\left(-\sqrt{\frac{g}{H}}t\right) + Bv \tag{3.4.13}$$

となる．これに境界条件として図 3.4.20 を見ればわかるように，$t=0$ で原点に位置すること，すなわち，

$$y_{CG}(0) = 0 \tag{3.4.14}$$

および，4 分の 1 周期後に次の軌道となめらかにつながるように横方向の速度をゼロにする．すなわち，

$$\dot{y}_{CG}\left(\tfrac{T}{4}\right) = 0 \quad \text{ただし，} T \text{ は歩行周期} \tag{3.4.15}$$

とする．これより定数は，

$$-C_1 = C_2 = \frac{\sqrt{\frac{H}{g}}}{\exp\left(\sqrt{\frac{g}{H}}\frac{T}{4}\right) + \exp\left(-\sqrt{\frac{g}{H}}\frac{T}{4}\right)} Bv \tag{3.4.16}$$

と求められ，これを式(3.4.11)に入れたものが重心軌道となる．

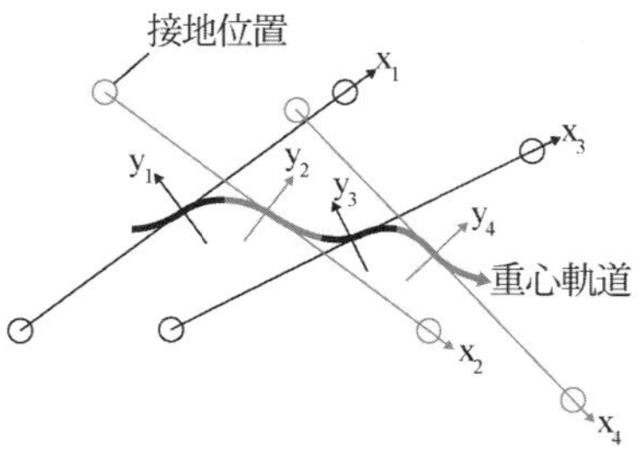

全方向移動への拡張

上記の左右揺動軌道は進行方向が一定で，それに垂直な方向に揺動を計画したが，カーブした軌道に沿った歩行や旋回運動を行うためには，揺動の方向を支持脚線に垂直な方向にするとよい．ここではくわしい計算は省略するが，その概略を説明する．図 3.4.22 のようにステップごとに支持脚線の方向に x 軸，それと垂直な方向に y 軸をとって上記と同じように微分方程式の一般解を求める．前後のステップと位置や速度が連続するように境界条件を定める際には，前ステップ座標系での最終位置と最終速度ベクトルを現ステッ

図 3.4.22　全方向トロットの軌道計画

プの座標系に変換する．こうすることによって，進行方向を変えたり，胴体を旋回させたりする動作においても ZMP を支持脚線上に位置させる動作をつくることができる．図 3.4.23 は計算した重心軌道による実験である．右から左にカーブしながら胴体の向きを 90deg 変えている．胴体上部にランプを付けて長時間露光により軌跡が写るようにしている．

3・4・4　不整地移動（Locomotion on uneven terrain）

多足歩行ロボットは地面に多少の凹凸があっても遊脚が引っかからずに前に出せれば，着地が若干早めか遅めになるだけで不具合を生じにくい．この特徴をよく発揮させるため，遊脚の運動は図 3.4.24 のようなかまぼこ型にして，鉛直上昇と鉛直下降の部分をつくるとよい．地面の高さに変化がある場合にも着地位置がずれることがない．

しかし，このようにしても 4 脚以上の支持脚がある場合には接地状態が確実ではない．机や椅子が少し歪んだ床面上では 4 点で接地せずに 1 つが浮いてガタガタするのと同様である．各脚の力の配分（ここでは鉛直方向のみを考える）が一意に決まらないという不静定性のためである．一つの脚が浮くこともあり得るし，4 脚とも接していたとしても，ある脚は極端に接地力が小さいこともある．これを無くすには，自動車のようにサスペンション機能があるとよい．凹凸が微小なほぼ平坦な地形ではあえてサスペンションを付けなくても脚や胴体のたわみによって脚力配分が比較的適切になることもあるが，大きな凹凸の不整地ではストロークのある脚上下をおこなうサスペンション機能が必要である．このサスペンションは，自動車のようなばねとダンパによるものでは，遊脚になったときに伸びてしまって具合が悪い．もともと脚の上下運動は歩行のために必要で，そのためのアクチュエータが付いているから，それを利用して，アクティブなサスペンション制御をすることが望ましい．

また，脚の上げ下げは連続した力配分の時間変化が望ましい．荷重のかかった脚を急に持ち上げたり，着地直後に大きな荷重になったりするのはさけた方が良い．ここでは，前述のサスペンション機能にこれらの要求も考慮し，接地センサや傾斜センサを用いたアクティブサスペンション制御を紹介する．

なお，歩行ロボットでは，地面を介して複数の脚の間で押し合い引き合いをする内部力をうまくかわすことが重要である．単純な高ゲインの位置制御（7・2・2 項参照）では内部力が大きくなって無駄な電流消費と発熱を生じてしまうこともある．遊脚着地の際にロボット全体が傾いていたり支持脚がたわんでいたりすると，着地点が予定と少しずれてしまう．そのような場合，着地後に無理に位置を修正しようとするとスリップを起こすか，残留内部力がある状態となる．この内部力は，平地に近い地形ではほぼ水平方向となる．内部力の力制御をきちんと行うのが望ましいが，簡易に，脚関節駆動に適度なバックラッシュを持たせたり，水平方向の脚関節角度制御ゲインを低めにしたりするなどで対応していることもある．

ここではまず，各脚の鉛直方向の力配分について，接地位置と重心位置から，目標とするべき値を計算する．フィードフォワード的なサスペンション

図 3.4.23　左右揺動で動的バランスを取りながらカーブ歩行した軌跡（長時間露光）

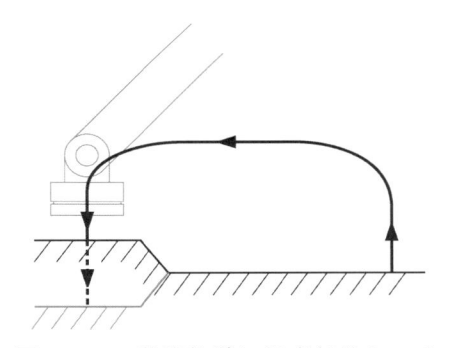

図 3.4.24　遊脚軌道に鉛直部分をつくって地面高さ変化に対応

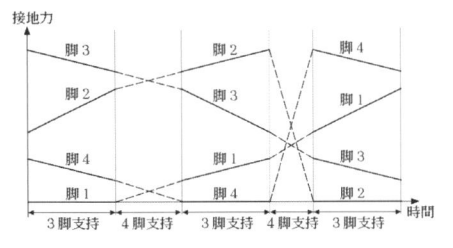

図 3.4.25　鉛直方向の力を連続変化させる計画

力の値と考えればよい．3 脚支持期間は，位置関係から力配分が一意に求められる．各脚の接地位置の座標は(x_i,y_i) $i=1\sim4$，重心の xy 座標は(x_{CG},y_{CG})でいずれも既知の値，各支持脚の鉛直方向の力は未知数で F_a, F_b, F_c（a,b,c は $1\sim4$ のいずれか）とすると，ロール軸とピッチ軸のモーメントの釣り合い式は，

$$(x_a - x_{CG})F_a + (x_b - x_{CG})F_b + (x_c - x_{CG})F_c = 0 \quad (3.4.17)$$
$$(y_a - y_{CG})F_a + (y_b - y_{CG})F_b + (y_c - y_{CG})F_c = 0 \quad (3.4.18)$$

となる．また，鉛直方向の並進力の釣り合い式は，

$$F_a + F_b + F_c - mg = 0 \quad (3.4.19)$$

となる．この 3 式から

$$F_a = \frac{y_b x_{CG} - y_c x_b + y_{CG}(x_b - x_c) + x_{CG}(y_c - y_b)}{x_a(y_c - y_b) + x_b(y_a - y_c) + x_c(y_b - y_a)} mg \quad (3.4.20)$$

と求められる．b, c の脚も同様で，a,b,c の記号を循環させた形になる．これを 3 脚支持期間中の力の目標値とする．一方，4 脚支持期間は，このように一意には決まらない．そこで図 3.4.25 のように，4 脚支持期間の直前の 3 脚支持状態と直後の 3 脚支持状態における力の値を線形補完した値を求め，これを力制御の目標値とする．こうすることによって，図 3.4.25 のように，これから遊脚になる脚は力を徐々に減らしていき，ゼロになったところで持ち上げるようになる．同様に着地した脚の力はゼロから徐々に増やしていく．これがスムーズな支持脚の切り換え動作を実現する．

次に，胴体の傾きや地面上の高さを補正するための脚の力，つまりフィードバック的なサスペンション力を計算する．ここでは仮想的に図 3.4.26 のように胴体が絶対座標系からばね（ばね定数 K_x, K_y, K_z）とダンパ（粘性係数 D_x, D_y, D_z）で支持されていると考え，その力を算出する．胴体に働く z 方向の修正力 ΔF_z と x, y 軸回りの修正モーメント ΔM_x, ΔM_y は，

$$\Delta M_x = -D_x \dot\theta_x - K_x \theta_x$$
$$\Delta M_y = -D_y \dot\theta_y - K_y \theta_y$$
$$\Delta F_z = -D_z \Delta \dot z - K_z \Delta z \quad (3.4.21)$$

となる．この仮想的な力とモーメントを実際の脚の力で実現する．3 脚支持期間については，先の式(3.4.17)(3.4.18)の右辺をゼロでなく ΔM_y, ΔM_y とし，式(3.4.17)の右辺を ΔF_z とした方程式を解くと，

$$\Delta F_a = \frac{\Delta M_x(x_b - x_c) + \Delta M_y(y_b - y_c) + \{y_b x_c - y_c x_b + y_{CG}(x_b - x_c) + x_{CG}(y_c - y_b)\}\Delta F_x}{x_a(y_c - y_b) + x_b(y_a - y_c) + x_c(y_b - y_a)}$$
$$(3.4.22)$$

となる．ここでも a,b,c を循環させて 3 脚分を求めればよい．そして，一意に求められない 4 脚支持期間については先ほどと同様に，直前と直後の値を線形補完して求める．

最後に，各脚について，フィードフォワード的な力とフィードバック的な力を足し合わせて，それを力制御の目標値にする．このようにして，接地点高さの変化を吸収しつつ胴体の姿勢を保つ制御を行なっている様子を図 3.4.27 と図 3.4.28 に示す．図 3.4.27 ではシーソーの上で胴体姿勢を保ち，図 3.4.28 では，段差に着地しても胴体の傾斜が保たれていることがわかる．

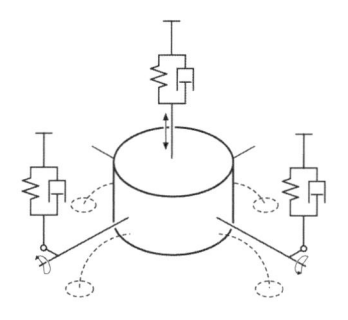

図 3.4.26 スカイフックサスペンションのインピーダンス設定

図 3.4.27 胴体姿勢を保つ実験

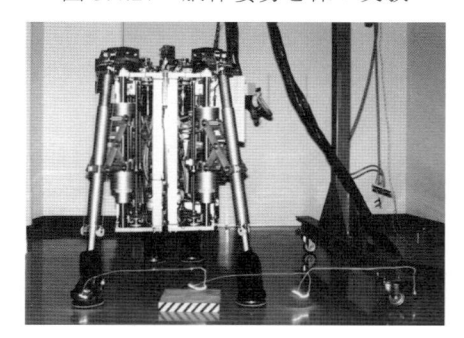

図 3.4.28 サスペンション制御中の胴体と脚の軌跡（長時間露光）．脚のランプは連続点灯, 胴体の縦長の LED は点滅させている

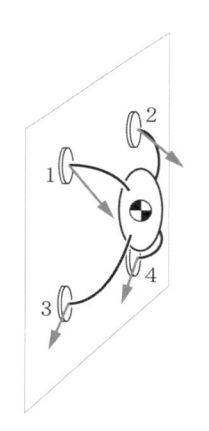

図 3.4.29 脚が壁面におよぼす力は前脚が引っ張りで後脚が押し付け

3・4・5 壁面移動 (Locomotion on the wall)

壁面歩行ロボットの多くは,足先の吸盤の空気を吸い出して吸着しながら移動する.このとき,地上のロボットと違うのは,脚を着地させた後に吸引して圧力が下がるまでの時間がかかるため,すぐには支持脚として使えない場合があるということである.吸着が不十分な間は,脚を壁面に押し付けるような力を支えることはできるが,引きはがそうとする力に抗することはできない.壁面歩行ロボットは低速なものが多いが,歩行の速度を増すためには,この不完全支持脚状態をできるだけ短くするのがよい.吸引に要する時間は各脚みな同じとすると,着地直後に引きはがし力がかかる脚を減らす脚順序とするのが良い.すなわち,着地した脚の吸引が完了するまで他の脚の振り出しを待つのをできるだけ避けた方が良い.実際に吸引に要する時間は数秒であるが,1つの脚を進める時間も同程度であり,時間節約の効果は大きい.

壁面上のロボットは,その重心が壁面からある程度離れているから,概略として図3.4.29のように上2脚は引きはがし力,下2脚は押しつけ力がかかる.概略と言っているのは,図3.4.29のような4脚支持状態ではアクチュエータの力によって押し引きの力を増減できる,いわゆる不静定状態だからである.つぎに3脚支持について考えよう.図3.4.30(a)(b) (図は左側の脚を上げているが右側を上げるときも同様)のように,上側の脚には大きな押す力をかけることはできない.また,下の脚でも着地直後にその直上の脚を遊脚にすると押しつけ力を十分にかけられない.つまり図3.4.30(a)の脚4および,これと対称な状態の脚3が吸着待ち時間をなくせる可能性がある.このことより,下の脚を着地したら次は左右逆側の脚を上げると良い.つまり遊脚の順序は,右下に続くのは左上または左下,そして左下に続くのは右上または右下がよい.左右対称な歩容にするためには,右下→左下の順とすると次は左下→右下の順になって,下の脚だけで一巡してしまうので,下の脚の次は逆側の上の脚でなければならない.この条件を満たす脚順序は左上→左下→右上→右下となり,脚位相は図3.4.31のようになる.これは地上で最適だったクロール歩容とは異なる順序で,ウォール歩容と呼んでいる.

なお,図3.4.32のように2脚付いた側の下の脚が外に出た配置(4脚を考えるとハの字)の場合には,その2脚を結ぶ線を軸として回転する状態(足首がボールジョイントであると考えると良い)で重力の作用がどちら向きに回そうとするかを考えれば良い.ハの字配置では重力は内側に回転するモーメントを生み,1脚の側の脚に小さい押しつけ力が働く.図3.4.32では脚1を着地すると押し付け力をかけることができる.これを利用すればさらに吸着待ち時間の少ない歩行も可能である.さらに,短い時間だけ,片側2脚を上げてしまうペース歩容も試みられている.壁面を若干蹴るようにして浮き上がった2脚が重力の作用によってゆっくりと壁面にもどっていく.

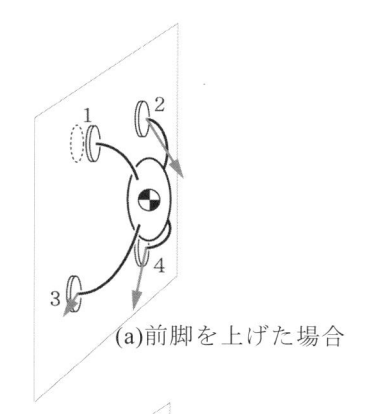

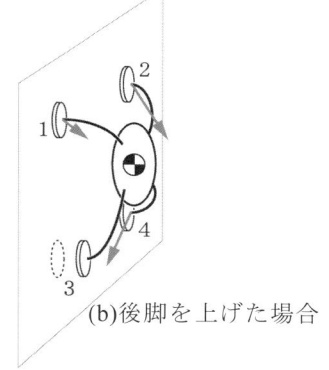

図3.4.30 遊脚の上下の支持脚は力が小さい

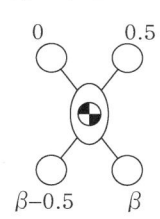

図3.4.31 吸着時間が節約できるウォール歩容

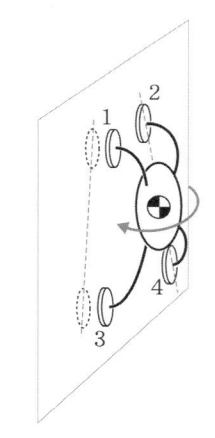

図3.4.32 ペース歩容を実現する「ハ」の字脚配置

===== **練習問題** =====================

【3・1】車輪間距離 $W=0.5$[m] の対向2輪型の移動ロボットが,回転半径 $R=5$[m],速度 $v=1$[m/s] で時計回りに走行するために必要な左右車

図 3.5.1 練習 3・3

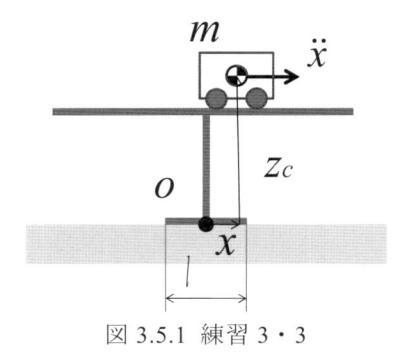

輪の速度を，式(3.2.9)を用いて導出してみよう．

【3・2】式(3.2.10)は連続時間の式であるが，離散時間の式を図 3.2.8(b)の台形近似を用いて導出してみよう．

【3・3】図 3.5.1 のようなテーブル・台車モデルにおいて，台車の位置がテーブルの足幅を超えた位置に停止している場合，このテーブル・台車モデルは転倒することを示せ．ただし，テーブルの脚の中心軸と床面との交点に座標系の原点を取り，テーブルの足の幅をl，台車の重心までの床面からの高さをz_c，台車の質量をm，台車の位置をxで，それぞれ表すものとする．また，テーブルは無質量とする（以下の問題も同じ）．

【3・4】図 3.5.1 のようなテーブル・台車モデルにおいて，$l=0.2\,[\mathrm{m}], z_c=1\,[\mathrm{m}], m=1\,[\mathrm{kg}], x=0.1\,[\mathrm{m}]$，台車の加速度$\ddot{x}=1\,[\mathrm{m/s^2}]$の時に，ZMP の位置を求めよ．

【3・5】図 3.5.1 のようなテーブル・台車モデルにおいて，$l=0.2\,[\mathrm{m}]$，$z_c=1\,[\mathrm{m}]$，$m=1\,[\mathrm{kg}]$，$x=0.1\,[\mathrm{m}]$，$\ddot{x}=-1\,[\mathrm{m/s^2}]$の時に，ZMP の位置を求めよ．

【3・6】図 3.5.1 のようなテーブル・台車モデルにおいて，$l=0.2\,[\mathrm{m}]$，$z_c=1\,[\mathrm{m}]$，$m=1\,[\mathrm{kg}]$，$x=0.15\,[\mathrm{m}]$の時に，ZMP が 0m とテーブルの足の中心に来るための台車の加速度$\ddot{x}$を求めよ．

【3・7】デューティ比 0.8 の 4 足ウェーブ歩容の歩容線図を描き，4 脚支持の期間を示せ．

【3・8】脚取付けピッチL_P，脚スイング長L_R（$L_R<L_P$）の昆虫型 6 足歩行ロボットのデューティ比 2/3 の 6 足ウェーブ歩容について，胴体座標上の脚位置の時間変化を示すダイヤグラムを描け．この中で縦安定余裕が最も小さくなる時刻を示しなさい．ただし地面座標から見た脚運動と胴体運動はともに等速運動とし，質量は胴体のみにあるとする．

【3・9】胴体に対して同じ脚スイング長をもつトロット歩容（デューティ比 0.5）とクロール歩容（デューティ比 0.75）を比較し，地面上の歩幅（足跡の間隔）の比を求めよ．

【3・10】デューティ比 0.8 の 6 足ウェーブ歩容の支持脚の時間変化のようすを脚番号の組で示せ．

【3・11】ストローク中央の脚配置が 1 辺 1m の正方形で，重心高さが 0.5m の 4 足歩行ロボットが 1 周期 0.5 秒で速度 1m/s でトロット歩行をする場合に必要な左右揺動の振幅(peak-peak)を計算せよ．重力加速度を$9.8\mathrm{m/s^2}$とする．

【3・12】クロール歩容（デューティ比 0.75）における脚荷重（胴体のみが質量 M をもつとする）の最大値を求めよ．（重力加速度を g とする）

【3・13】デューティ比が 0.9 の 4 足ウォール歩容の脚運動のダイヤグラムを作れ．

第3章の文献

[1] 米田完，坪内孝司，大隅久，はじめてのロボット創造設計，講談社．(2001)

[2] Sebastian Thrun, Wolfram Burgard, Dieter Fox，(上田隆一 訳)，確率ロボティクス，毎日コミュニケーションズ．(2007)

[3] 有本卓，(高橋秀俊 編)，カルマン・フィルター，産業図書．(1977)

[4] Ohno, K., Tsubouchi, T., Shigematsu, B., and Yuta, S., *International Journal of Advanced Robotics*, **18**-6, 611. (2004)

[5] 小森谷清，大山英明，谷和男，日本ロボット学会誌，**11**-4, 53. (1993)

[6] 牛見宣博，山本元司，毛利彰，日本ロボット学会誌，**21**-8, 909. (2003)

[7] 梶田秀司編著，ヒューマノイドロボット，オーム社．(2005)

[8] Vukobratović, M. and Stepanenko, J., *Mathematical Biosciences*, **15**, 1. (1972)

[9] 吉川恒夫，井村順一，現代制御論，昭晃堂．(1994)

[10] 土谷武士，江上正，デジタル予見制御，産業図書．(1992)

[11] McGeer, T., *The International Journal of Robotics Research*, **9**-2, 62. (1990)

[12] 中野栄二・ほか3名，大学院情報理工学 高知能移動ロボティクス，講談社．(2004)

[13] 広瀬茂男，菊池秀和，梅谷陽二，日本ロボット学会誌，**2**-6, 545. (1984)

[14] 広瀬茂男，国枝紀，計測自動制御学会論文集，**25**-4, 455. (1989)

[15] 下山勲，日本機械学会論文集，C編，**48**-433, 1455. (1982)

第4章

作業する
Manipulation

　作業することはロボットの基本的な機能の一つである．第2章で紹介したように，作業することを目的としたさまざまなマニピュレータがこれまでに開発されてきた．マニピュレータが作業を遂行するためには，その手先の位置姿勢を制御したり，手先で発生する力を制御したり，あるいはそれらを同時に制御する必要がある．例えば図1.4，図1.5で示した作業を実行するには，マニピュレータの手先の位置姿勢と力加減を同時に制御しなければならない．しかし実際は，マニピュレータの各関節を駆動した結果として手先の位置姿勢が変化する．計測に関しても手先の位置姿勢を直接計測できることは稀であり，通常は各関節の角度を計測し，計測した各関節角度から手先の位置姿勢を算出する．また，通常は各関節で発生する力またはトルクを制御することにより手先力を制御することになる．そのため，マニピュレータの手先の位置姿勢と各関節角度との関係を示す運動学や，マニピュレータの手先の動きや手先力と各関節トルクとの関係を示す静力学・動力学の知識が重要となる．本章ではまず種類を復習するとともに用途を学び，つぎに4・2節では平面マニピュレータの解析，4・3節では空間マニピュレータの解析を学ぶ．最後に4・4節では制御について学ぶ．

4・1 作業するロボット（Robots for manipulation）

4・1・1 種類（Classification）
　第2章ではシリアルリンクマニピュレータ(serial link manipulator)とパラレルリンクマニピュレータ(parallel link manipulator)の2種類があることを学んだ．ここでは復習するとともに，それらの利点と欠点を考えてみよう．

a．シリアルリンクマニピュレータ
　人間の腕に相当する形態であり，リンクを関節により直列に結合したリンク機構により構成されたマニピュレータである．平面での位置姿勢の自由度は，位置の2自由度と姿勢の1自由度の合計3自由度である（4・2節で学ぶ）．図2.1.1および図2.2.2のスカラロボットは平面内の位置姿勢の3自由度に加えて垂直方向に1自由度を有し，合計4自由度を有している．空間での自由度は位置の3自由度と姿勢の3自由度の合計6自由度であるので（4・3節で学ぶ），6関節を有するマニピュレータが最も一般的である．7関節以上のマニピュレータは冗長マニピュレータ(redundant manipulator)と呼ばれ，先端の位置姿勢に対して途中のリンクの姿勢に選択の余地がある．図4.1.1にその例を示す．

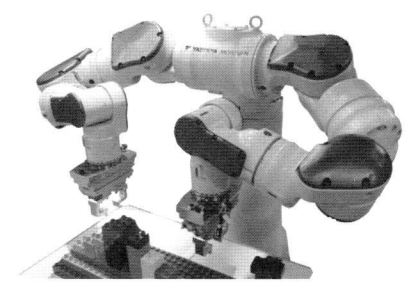

図4.1.1　双腕7自由度シリアルリンクマニピュレータ
（提供：（株）安川電機）

　利点：リンクが直列につながっているため，先端の可動範囲が広い．
　欠点：各関節を駆動するアクチュエータを直列に配置するため，根元側の関節のアクチュエータほど先端側の荷重を支えなければならず，出力の大きなアクチュエータが必要である．また，設計に注意しないと剛性が低くなり先端の位置精度が低下する．

図 4.1.2 パラレルリンクマニピュレータ HEXA
（提供：東北大学内山・近野研究室）

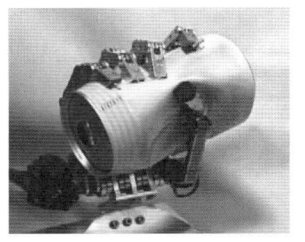

図 4.1.3 平行グリッパ（上）
多指ハンド（下）
（提供：東京工業大学 小俣研究室）

図 4.1.4 手術ロボット da Vinci
（Intuitive Surgical 社）

b．パラレルリンクマニピュレータ

複数のリンク機構により先端側の出力リンクを駆動する形態である（図 2.2.2 参照）．アクチュエータは根元部の関節に配置することが基本であるが，途中のリンク間に配置することもある．利点，欠点はシリアルリンクマニピュレータのそれらとほぼ反対になる．

利点：アクチュエータを並列に配置するため，他のアクチュエータを支えることはない．また，アクチュエータを根元側に配置することから，出力リンクを軽量化できる．そのため一般に出力リンクを高速で駆動することが可能である．

欠点：複数のリンク機構が出力リンクに結合しているので，出力リンクの可動範囲は狭い．またパラレルメカニズム特有の特異姿勢が存在し，それに注意する必要がある．

パラレルリンクマニピュレータに関しては文献[1]が詳しい．

このようなマニピュレータの先端には手先効果器（エンドエフェクタ）が装着される．2・1・1項で紹介した塗装ロボットや溶接ロボットには，そのような作業に特化した手先効果器が装着される．一方，把持機能を持つ手先効果器として，平行グリッパ(gripper)（図 4.1.3（上）および図 4.1.1 のマニピュレータ先端）は開閉する二つの爪(jaw)により物体を挟み把持する．単純な動作であるが，そのゆえ産業用ロボットに多く用いられている．一方，人の手のように多くの関節と指を持つ多指ハンド（図 4.1.3（下））には，人の手のような器用な把持・操作が期待されている．このような多指ハンドはこれまでに多数開発され，その制御方式，物体把持のプラニング，視覚，触覚認識による把持・操作が活発に研究されている．

4・1・2 用途（Purpose）

2・1・1項では産業用ロボットを紹介したが，実用化されているマニピュレータの大部分は産業用途に使われている．同じ作業を繰り返すことは人間にとっては退屈であるが，ロボットは得意である．実行可能な作業であれば，それを正確に早く実行するという点ではロボットの方が人間より優れている．これが大量生産の自動化にマニピュレータが用いられる理由である．この場合，あらかじめプログラムされた通りの作業を自動的に繰り返すことになる．

つぎにロボットが必要とされる作業は，人の手が届かない所での作業，危険な場所での作業，人が直接作業することが望ましくない作業である．これらの場合，主としてあらかじめプログラムされた通りの作業を自動的に繰り返すのではないため，次に説明するマスタースレーブ方式(master-slave type)により人がロボットを操縦することになる．本節では，特別な用途である手術ロボットと宇宙ロボットをとりあげ，その力学的な課題と制御の課題を紹介する．

a．手術ロボット（surgery robot）

近年，大きな切開を施さないで手術を行う内視鏡下手術が普及してきた．術者は棒状の器具を小さな切開孔から挿入して手術を行うが，手動での操作

は難易度が高く熟練を要する．これをロボットに置き換えれば操作が容易になる．ただし，ロボットが手術を自動的に行うのではなく，マスタースレーブ方式により操作して手術を行う．すなわち，術者がマスター装置を操作し，その指示に従いスレーブロボットが動くのである．図 4.1.4 にマスタースレーブ方式手術ロボットの例を示す．

マスタースレーブ方式の手術ロボットにより操作が容易になる理由はつぎのとおりである．
・手動で直接器具を持ち操作する場合，切開孔から内側と外側では，動きが逆転する．例えば内側の先端を右に動かす場合，外側の手元では左に動かさなければならない．マスタースレーブ方式の手術ロボットでは，制御によりスレーブロボットの動きを逆転させることができる．
・様々な向きから術部にアクセス可能にするためには，先端側に関節自由度を追加すればよいが，マスタースレーブ方式であればその操作方法を人間の直感にあった方式にすることができる．
・マスターの操作を縮小してスレーブロボットを動かすことができるため，微細な作業が可能になる．
・操作する手のふるえを除去することができる．

b．宇宙ロボット（space robot）

宇宙は，他惑星への資源探査を始めとして，今後ますます開拓が進む対象であり，現在では国際宇宙ステーションの開発が完成している（図 4.1.5 参照）．宇宙は，真空，無重力など地上とは異なる環境であり，人が宇宙空間で作業を行うことにはリスクを伴うため，人に代わって作業を行う自律ロボットあるいは操縦ロボットが導入されている．しかし，宇宙はロボットにとっても特殊な環境であり，本章で説明するマニピュレータの力学と制御においても，下記の条件を考えなければなない．

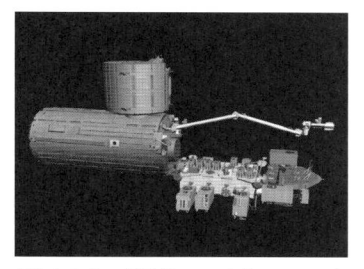

図 4.1.5　宇宙マニピュレータ
（提供：JAXA）

・無重力であるため，ロボットの自重あるいはハンドリングする構造物の質量を考慮する必要がない．一方で，宇宙ステーションなどでは大きな構造物すなわち大質量の物体を扱うことが多いため，大きな慣性力の発生に対応しなければならない．また，打ち上げコストを下げるために軽量化を図った場合は，大型マニピュレータは低剛性となるため振動を抑制した位置制御を導入しなければならなくなる．これは，フレキシブルマニピュレータの制御である．現在の技術では，これらに対応できる制御の実現が難しく，加速度を大きくせず，速度を抑制して対応している．
・宇宙には反力の支点となりうる場所が存在しない．すなわち，地上で回転椅子の上で任意に回転することが難しいのと同様に，任意の方向に力を発生しても，目標とするロボットの軌道を実現できない．そのため，運動方向を調整するか，宇宙船本体のスラスター噴射による姿勢制御を組み合わせる必要がある．これは上述の慣性力の大きさとも関連し，宇宙ロボットの制御を難しくしている要因である．
・真空であるため，熱伝達，潤滑など，機械のメカニズム設計方法が地上のロボットとは根本的に異なる．

以上の他に，危険な場所での作業や人が直接作業することが望ましくない

作業の例として，原子力発電所の点検ロボット，細胞培養等の実験支援ロボットなどがある．細胞培養は，人手で行うと人自身が汚染源になり，間違いを犯すリスクもあるので，自動化が望まれている．バイオ分野でのクリーンロボットとして細胞培養ロボットが開発されている[2]．

今後，ロボットの活躍範囲を拡大するために，人間の行っている種々雑多な作業が実行できるロボットの開発が必要である．図 4.1.6 のサービスロボットはそのような用途を目指したロボットである．生産現場でも，最近では少品種大量生産から多品種少量生産に移行している．従来のように比較的単純な作業を繰り返すだけのロボットでは対応できなくなってきている．やはり種々雑多な作業が実行できるロボットが必要とされている．

しかし，人間が行う作業の自動化に人の腕や手を模した機構が有利であるとは限らない．とくに，作業内容があらかじめ決まっている場合，それに特化した機構がコスト，性能の面で優れていることが多い．このことも同時に認識しておいてもらいたい．

図 4.1.6　サービスロボット
（提供：早稲田大学
菅野研究室）

4・1・3　駆動方式（Actuation method）

これらのロボットの関節を駆動するアクチュエータは，電動と流体に大別される．制御性がよく取り扱いが容易なことから電動モータが主である．電動駆動に関しては第 6 章で詳しく説明する．電動モータの出力は一般に高速であるが低トルクであるため，ギヤなどによる減速機により回転速度を減速させるとともに出力トルクを増大させる必要がある．減速機を用いないダイレクトドライブモータ(direct drive motor)は，ギヤによるバックラッシュ(backlash)の影響がないため，力センサやトルクセンサを用いずに高精度なトルク出力が可能である．しかし発生できるトルクに限界があるため普及していない．油圧駆動は主に大型機に用いられ，水圧，空気圧は特殊用途に用いられている．ただし産業用の平行グリッパには空気圧駆動が多く用いられている．

図 4.1.4 の手術ロボットでは滅菌上の理由からアクチュエータは腹腔内には入れられず，関節から遠ざける必要がある．多指ハンドでも軽量化のために，アクチュエータを腕部などに配置することが多い．このような場合には，ワイヤやリンクを介して関節を駆動する．

4・2　平面マニピュレータ（2D manipulator）

本節では，2 次元平面内での 3 自由度マニピュレータを例に，その運動学，静力学，動力学を説明する．運動学は，手先にかかる力や各関節のモーメントに関係なく，手先の運動と各関節の運動すなわちマニピュレータの時間的な位置と角度の変化のみを論じる．静力学は力の釣り合い，動力学は力と運動の関係を論じる．

まず本節で 2 次元の表現を理解した上で，4・3 節の 3 次元空間における運動を理解してもらいたい．

4・2・1　運動学（Kinematics）

運動学は，基本的に幾何の応用で計算することができる．

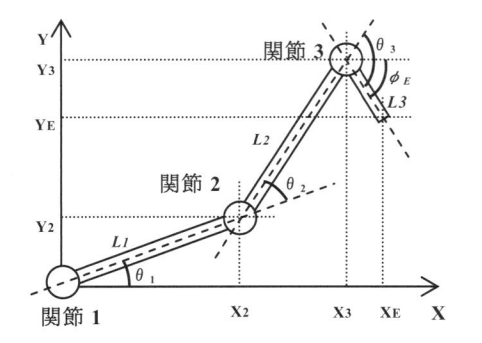

図 4.2.1　2 次元 3 自由度マニピュレータ

図 4.2.1 は XY 平面上の 3 自由度マニピュレータである．原点上に回転軸 1，リンク 1 の先に回転軸 2，リンク 2 の先に回転軸 3 がある．手先はリンク 3 の先端になる．2 次元平面は，X 位置，Y 位置，XY 平面上の回転角度の 3 成分を有しており，3 自由度のマニピュレータを用いれば，3 つの関節角度を決めることにより，この 3 成分を自由に設定できる．したがって，2 次元平面で 3 自由度マニピュレータを用いれば，手先の位置と姿勢を自由に設定することが可能となる．

マニピュレータの運動学には，各関節の角度から手先の位置を求める運動学と手先の位置から各関節の角度を求める逆運動学とがある．

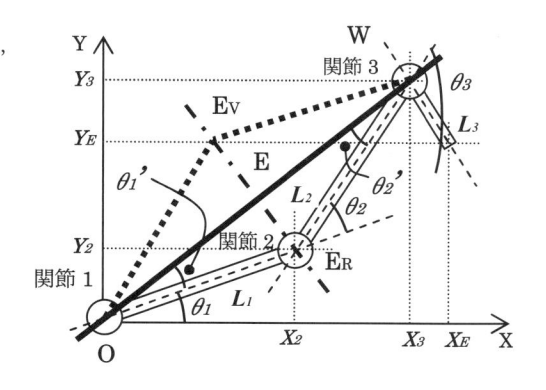

図 4.2.2 逆運動学における姿勢問題

a．順運動学の幾何学的理解

マニピュレータの各関節の角度が決まったときに，手先の位置や方向を計算する方法を順運動学(forward kinematics)と呼ぶ．

図 4.2.1 で，関節 2 の XY 座標(X_2, Y_2)，関節 3 の座標(X_3, Y_3)，マニピュレータ先端の座標(X_E, Y_E)は以下のように表される．

$$\begin{aligned}
X_2 &= L_1 \cos\theta_1 \\
Y_2 &= L_1 \sin\theta_1 \\
X_3 &= X_2 + L_2 \cos(\theta_1 + \theta_2) \\
Y_3 &= Y_2 + L_2 \sin(\theta_1 + \theta_2) \\
X_E &= X_3 + L_3 \cos(\theta_1 + \theta_2 + \theta_3) \\
Y_E &= Y_3 + L_3 \sin(\theta_1 + \theta_2 + \theta_3)
\end{aligned} \quad (4.2.1)$$

また，リンク 3 の手先の方向は，角度あるいはベクトルで表記できる．リンク 3 の手先方向の X 軸に対する角度をϕ_Eとすると，

$$\phi_E = \theta_1 + \theta_2 + \theta_3$$

となる．

この幾何学的記述は理解しやすい反面，自由度の増加，3 次元空間への拡張を考えると複雑になりすぎて現実的ではない．そこで一般的には，座標変換行列を用いた表記をする．これについては 4・3 節を参照されたい．

b．逆運動学

逆運動学(inverse kinematics)は，順運動学の逆の計算であり，手先の位置と姿勢から，各関節の角度を求める方法である．マニピュレータは作業をすることが目的である．その際に作業対象物を把持あるいは操作するなど，その対象に近づかなければならない．作業対象物の位置の情報，把持するならばどの方向に手先を向ければよいかといった情報が与えられたとき，自動的にマニピュレータの関節角度を算出する必要がある．すなわち，マニピュレータの手先を目標の軌道（x, y 座標の時間変化）に沿わせて運動させるためには，逆運動学により各関節角度の時間変化を求める．

なお，順運動学は，外部から力が加わりマニピュレータの姿勢が変化した際に，手先の位置・姿勢の変化量を求める場合，逆運動学に基づきマニピュレータを軌道制御している際に，目標軌道と実際のマニピュレータの手先位置・姿勢との誤差を求める場合などに用いる．

それでは，図 4.2.1 のマニピュレータで手先の位置の X 座標と Y 座標がそれぞれ X_E, Y_E，手先方向角度が ϕ_P で与えられたときの各関節角度 $\theta_{1\sim3}$ を求めてみよう．3 自由度程度の平面マニピュレータの場合は，基本的な幾何学と逆三角関数を用いることで比較的簡単に解くことができる．

このとき注意しなければならないことは，図 4.2.1 ではマニピュレータがある一つの姿勢でしか描かれていないが，もし先端の関節 3 以降だけを考えると，与えられた目標位置と姿勢を実現できるマニピュレータの姿勢には，図 4.2.2 に描かれている下側の姿勢（図 4.2.1 と同じ姿勢）と上側の破線の姿勢との 2 種類が存在することである．したがって，手先の位置と姿勢が与えられただけでは逆運動学は解くことができず，もう一つの拘束条件，例えば関節 2 が X 座標に近いなどの条件が必要になる．

拘束条件は，他にもいろいろ考えられる．この姿勢から後にマニピュレータの動く方向（関節 3 の位置の変化）が Y 軸に近づく場合と X 軸に近づく場合では，前者は図 4.2.1 の姿勢，後者は図 4.2.2 の破線の姿勢の方がマニピュレータの動きやすさ（可操作性，文献[3]），特定の方向への力の制御性などの点から優れている．

実際の計算では，まず関節 3 の位置 X_3 と Y_3 を計算する．

$$X_3 = X_E - L_3\cos\phi_P$$
$$Y_3 = Y_E - L_3\sin\phi_P$$

したがって，X_3 と Y_3 を元に θ_1 と θ_2 が計算できれば，θ_3 も求めることができる．

基本となるのは，図 4.2.3 に示した三角形の辺の長さと角度の関係である．

図において，頂点 E_R から底辺 L に下ろした垂線の長さを S とすると，下記の関係がある．

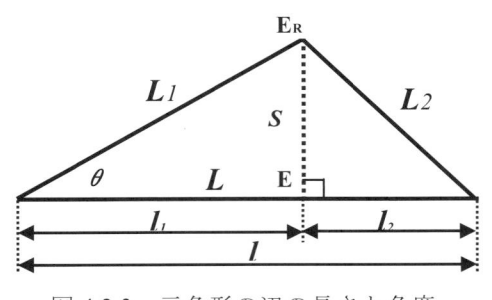

図 4.2.3 三角形の辺の長さと角度

$$l = l_1 + l_2$$
$$S^2 = L_1^2 - l_1^2 = L_2^2 - l_2^2 = L_2^2 - (l-l_1)^2$$

よって，

$$L_1^2 - l_1^2 = L_2^2 - l^2 + 2l \cdot l_1 - l_1^2$$
$$\therefore l_1 = \frac{L_1^2 - L_2^2 + l^2}{2l}$$

この式に，図 4.2.1 のパラメータをあてはめる．すなわち，

$$l = \sqrt{X_3^2 + Y_3^2}$$

図 4.2.3 の関係を図 4.2.2 に適用して，$OE=l_1$ なので，

$$\theta_1 = \angle WOX - \theta_1'$$
$$= \tan^{-1}\left(\frac{Y_3}{X_3}\right) - \theta_1'$$

$$= \tan^{-1}\left(\frac{Y_3}{X_3}\right) - \cos^{-1}\left(\frac{OE}{L_1}\right)$$

$$= \tan^{-1}\left(\frac{Y_3}{X_3}\right) - \cos^{-1}\left(\frac{L_1^2 - L_2^2 + l^2}{L_1 \cdot 2l}\right)$$

$$= \tan^{-1}\left(\frac{Y_3}{X_3}\right) - \cos^{-1}\left(\frac{L_1^2 - L_2^2 + \left(X_3^2 + Y_3^2\right)}{2L_1 \cdot \sqrt{X_3^2 + Y_3^2}}\right) \tag{4.2.2}$$

と求めることができる.

$\cos^-$ の左側のマイナスは，上述した2つ目の解では + となる.

同様に図 4.2.2 から，θ_2 は以下のように計算できる.

$$\theta_2 = \theta_1' + \theta_2'$$

$$= \cos^{-1}\left(\frac{L_1^2 - L_2^2 + \left(X_3^2 + Y_3^2\right)}{2L_1 \cdot \sqrt{X_3^2 + Y_3^2}}\right) + \cos^{-1}\left(\frac{L_2^2 - L_1^2 + \left(X_3^2 + Y_3^2\right)}{2L_2 \cdot \sqrt{X_3^2 + Y_3^2}}\right) \tag{4.2.3}$$

また，

$$\theta_3 = \phi_P - \theta_1 - \theta_2 \tag{4.2.4}$$

が得られる．マニピュレータが図 4.2.2 の破線の姿勢をとる場合には，この式全体に −（マイナス）がかかる.

なお，余弦定理を用いても同様に求められる.

c．ヤコビ行列

各関節の運動と手先の運動，そしてそれら運動と制御とを結びつける記述方法にヤコビ行列(Jacobian matrix)がある．これは，各関節の微小な運動と，手先の微小な位置変化との対応をとった表現方法である.

まず，各関節の角度 θ と手先位置 r の関係を一般的に記述すると，手先位置は関節角度の関数であるため，以下のように書ける.

$$\boldsymbol{r} = \boldsymbol{f}(\boldsymbol{\theta}) \tag{4.2.5}$$

これを時間 t で微分すると，

$$\dot{\boldsymbol{r}} = \boldsymbol{f}'(\boldsymbol{\theta}) = \boldsymbol{J}\dot{\boldsymbol{\theta}} \tag{4.2.6}$$

と書くことができる．図 4.2.1 のマニピュレータで関節 2 までの 2 自由度を考えると，式(4.2.1)より，r は X_3, Y_3, L_1, L_2, θ_1, θ_2 を使って以下のように表せる.

$$\boldsymbol{r} = \begin{bmatrix} X_3 \\ Y_3 \end{bmatrix} = f(\boldsymbol{\theta}) = \begin{bmatrix} L_1 \cos\theta_1 + L_2 \cos(\theta_1 + \theta_2) \\ L_1 \sin\theta_1 + L_2 \sin(\theta_1 + \theta_2) \end{bmatrix} \tag{4.2.7}$$

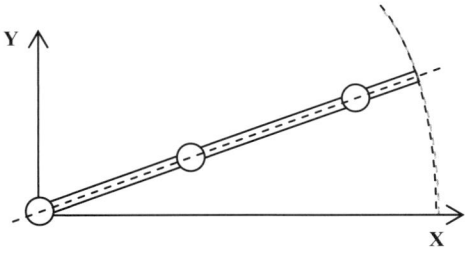

図 4.2.4　特異姿勢（2次元）

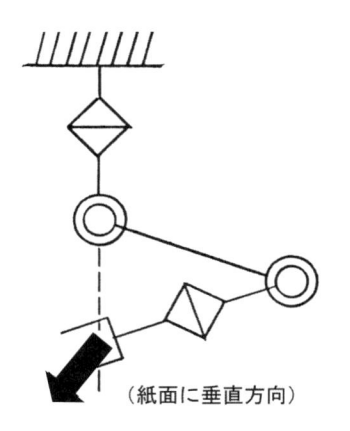

図 4.2.5　特異姿勢（3次元）

これを微分するためには，x成分，y成分をそれぞれθ_1，θ_2で偏微分することになる．よって，

$$\dot{r} = J\dot{\theta} = \begin{bmatrix} -L_1 \sin\theta_1 + L_2 \sin(\theta_1 + \theta_2) & -L_2 \sin(\theta_1 + \theta_2) \\ L_1 \cos\theta_1 + L_2 \cos(\theta_1 + \theta_2) & L_2 \cos(\theta_1 + \theta_2) \end{bmatrix}\dot{\theta} \quad (4.2.8)$$

が得られる．このJをヤコビ行列と呼ぶ．式（4.2.8）は直感的に，各関節の速度変化によって引き起こされる手先の速度変化を表していることが分かる．2自由度平面マニピュレータならばヤコビ行列は2×2であり，6自由度ならば6×6で記述できる．ヤコビ行列が正則ならば逆行列が存在し，以下の式が得られる（詳しくは線形代数の参考書を見ること）．

$$\dot{\theta} = J^{-1}\dot{r} \quad (4.2.9)$$

この式に従って各関節の角速度を制御すれば，手先目標軌道の速度を実現することができる．これを分解速度制御(resolved motion rate control)と呼ぶ（参考文献[4]）ヤコビ行列は，運動制御と結び付くだけでなく，ヤコビ行列の転置に手先にかかる力を掛けると，各関節で発生すべきモーメントを求めることもできる（静力学との関係，4・2・2節も参照のこと）．

また，ヤコビ行列の各成分に注目したとき，それらは各関節の動きが手先の運動にどれほど寄与するかを示すことから，マニピュレータの手先の動きやすさを示す指標に応用することができる．これは可操作楕円体(manipulability ellipsoid)，可操作度と呼ばれる．また，手先の柔らかさを表すコンプライアンス楕円体(compliance ellipsoid)も，ヤコビ行列の応用で導くことができる．

ヤコビ行列については，後述する空間マニピュレータおよび制御の節を参照されたい．

d．3次元空間への応用と姿勢決定の条件

ここで例として取り上げた平面3自由度マニピュレータは，非常に単純な構造であるために，幾何学的にも考えやすかった．しかし，3次元空間になり，マニピュレータの自由度が増えると，計算は非常に複雑となる．3次元空間では運動学のパラメータが6つ（XYZ各軸とそれぞれの軸周りの回転）になり，空間内の任意の点，さらに任意の方向にマニピュレータの手先位置・姿勢を決めるためには，マニピュレータには最低6自由度が必要となる．この計算はマニピュレータの自由度配置に大きく影響する．

人間の腕の構造を模したマニピュレータの場合は，3軸が直交した肩の関節，1軸の肘の関節，3軸が直交した手首の関節の合計7自由度になるが，幾何学的には比較的単純に記述することが可能である．ただし，逆運動学の場合は，空間が有する6つのパラメータに対して，マニピュレータが7つの自由度をもつため，方程式7つに未知数6つとなり，何らかの拘束条件が必要となる．この動作空間のパラメータよりもマニピュレータの自由度数が多いとき，冗長性がある，あるいは冗長自由度を有する，と表現する．平面マニピュレータでも，図4.2.1でとりあげた3自由度ではなく，4自由度以上の場合には，冗長自由度となり，逆運動学を解くためには拘束条件が必要となる．

4・2 平面マニピュレータ

ところで，図 4.2.1 で示した 3 自由度マニピュレータが図 4.2.4 のような姿勢をとったときを考えてみよう．この姿勢はマニピュレータが伸びきった姿勢であるため，マニピュレータは外側の円よりも遠い場所には届かない．しかし，3 自由度を有しているため，円の内側であるならば，あらゆる方向に動いて円内の地点に届き，かつ手先の姿勢を任意の方向に向けることができるはずである．しかし，図の姿勢では手先を円の半径内側方向に直接動かすことができないことが分かる．この状態を特異姿勢(singular configuration)(特異点) と呼ぶ．ただし，2 次元の場合は，マニピュレータの可動範囲の限界となるため，マニピュレータを動かす際に大きな問題となることはない．特異姿勢が問題となるのは 3 次元のマニピュレータである．

図 4.2.5 に示した 3 次元 4 自由度のマニピュレータがその典型である．4 自由度なので 3 次元の 6 つのパラメータに対応できる構成ではないが，少なくとも位置の 3 パラメータには対応できるはずである．しかし，この姿勢の場合，誌面と垂直方向に動くことができない．

特異姿勢（特異点）を回避するためには，マニピュレータの運動軌道を適切に計画することも必要であるが，冗長自由度を導入することで，同じ手先位置・姿勢であっても，マニピュレータアームの姿勢を複数選択可能な構造とすることも有効な手段である．

マニピュレータの運動学・逆運動学は，マニピュレータを動かす基本であるが，その構造，自由度配置などによってはきわめて複雑となる．その場合には，次節で説明する座標回転行列を用いた姿勢表現，ヤコビ行列の逆行列を用いた運動制御の導入などで対応する．

4・2・2 静力学（Statics）

静力学は，運動していない剛体に力が作用したときに，この剛体と環境との力の入出力，複数の力が作用したときの合力などを求めることである．静力学はロボットに限らずあらゆる力学の基本となるが，ロボットの場合，手先に作用した力が各関節に及ぼす力，ロボットの土台に及ぼす力などを求めることになるため，ロボット設計の基礎となる．力学の分野では，着力点の移動と呼ばれる．

ここでは，再び図 4.2.1 の平面マニピュレータを例にして，手先に力 f が作用したときに，マニピュレータの土台である原点 O に作用する力を求めてみよう．力の移動にはベクトルを用いる．図 4.2.6 で関節 1〜3 はロックされており，回転しない状態とする．

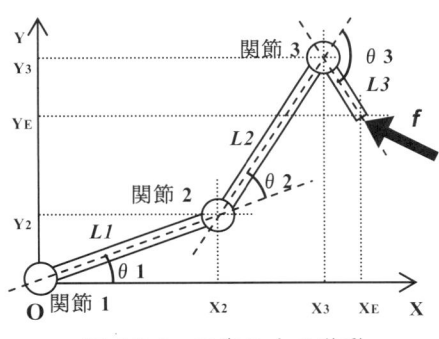

図 4.2.6 手先の力の移動

力には並進力と回転力（モーメントあるいはトルク）があるが，力 f は並進力である．しかし，原点に等価な力として移動すると，並進力と回転力とが生じる（以降は，ただ力と表記したときには並進力とし，回転力についてはモーメント(moment)と表記する）．この力の移動を図 4.2.7 で説明する．

図 4.2.7 では，リンクの A 点に力 f が作用している．r は B 点からの位置ベクトルである．このとき B 点に f と $-f$ を作用させる．この 2 力は同じ大きさで逆向きの力であるため，この 2 力を剛体に作用させても，静力学的には等価である．このとき A 点の f と B 点の $-f$ は偶力(couples)をなす．偶力は剛体に対して並進力を及ぼさず，モーメント n に置き換えることができる．した

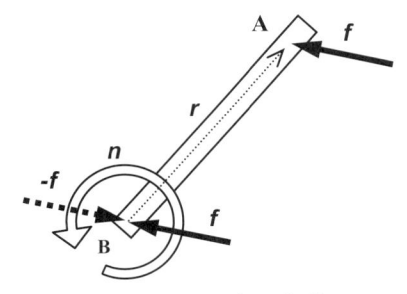

図 4.2.7 力の移動

がって，A点に力 f が作用していることと，B点に力 f とB点周りにモーメント n が作用しているのと等価である．

3次元のモーメントおよび外積は4・3節で詳しく学ぶが，このとき，

$$n = r \times f$$

となる．ただし×は外積であり，

$$f = (f_{AX}\ f_{AY}\ 0)$$
$$r = (r_X\ r_Y\ 0)$$

である．この力の移動を図 4.2.6 に適用する．具体的な計算とするために，各ベクトルを以下のように定める．モーメント n は紙面に垂直なベクトル，すなわち3次元ベクトルとなるが，z成分のみとなるため，この値をスカラー量である n で表す．

したがって，

$$n = r_X f_{AY} - r_Y f_{AX}$$

となる．

以上のように，マニピュレータにある外力が作用するとき，この力をマニピュレータ上の任意の点に移動することで，結果として各関節あるいはリンク，土台に作用する等価な力に変換できる．

力の移動は単純なベクトル演算であり，容易に3次元に拡張することもできる．

4・2・3 動力学（Dynamics）

動力学は，力やモーメントが剛体に作用したときに，その剛体の運動を論じることである．動力学の基本は，質量 m，慣性モーメント I の剛体に力 f が加わると加速度 a が生じ，モーメント n が加わると角加速度 β が生じることである．下式では，平面上の表現とするために，f と a はベクトル，n と β はスカラとする．

$$\begin{aligned} f &= ma \\ n &= I\beta = I\ddot{\theta} \end{aligned} \tag{4.2.10}$$

マニピュレータでは，関節で発生するモーメント，各リンクの接続を通して伝わる力を総合的に解析し，結果として各関節に発生するモーメントから手先の運動を求める順動力学と，目標とする手先の運動を実現するために各関節で発生するモーメントを求める逆動力学を考えることになる．

本節では，まず図 4.2.1 の2次元マニピュレータの関節2と3を省略したきわめて単純な1リンク1自由度で逆動力学の計算を行ってみる（図 4.2.8）．ただし，モーメントベクトルを考慮するため，3次元の表記を使う．

手順は，リンクの位置，速度，加速度の記述，その運動を生み出すための力とモーメントの記述，関節のモーメントの記述で進める．なお，重心位置は原点から r の位置とし，質量を m とする．また，I をリンクの重心位置回

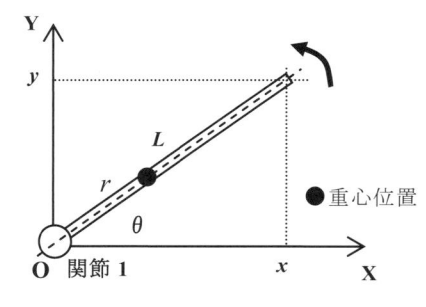

図 4.2.8　2次元1自由度マニピュレータ

4・2 平面マニピュレータ

りの慣性モーメントとする．なお，以降は角速度を $\dot{\theta}$，角加速度を $\ddot{\theta}$ と表す．

目標となる軌道（この場合は θ の角度，角速度，角加速度）が与えられたとき，リンクの重心位置の速度は，

$$\dot{\boldsymbol{P}} = \begin{bmatrix} \dot{P}_x \\ \dot{P}_y \\ \dot{P}_z \end{bmatrix} = \begin{bmatrix} -r\cdot\sin\theta \\ r\cdot\cos\theta \\ 0 \end{bmatrix} \dot{\theta}$$

となる．さらに加速度は，

$$\ddot{\boldsymbol{P}} = \begin{bmatrix} \ddot{P}_x \\ \ddot{P}_y \\ \ddot{P}_z \end{bmatrix} = \begin{bmatrix} -r\cdot\sin\theta \\ r\cdot\cos\theta \\ 0 \end{bmatrix} \ddot{\theta} + \begin{bmatrix} -r\cdot\cos\theta \\ -r\cdot\sin\theta \\ 0 \end{bmatrix} \dot{\theta}^2$$

この右側第 2 項は求心加速度を表している．

この運動を行うために重心へ加えるべき力 $\boldsymbol{f}$ とモーメント $\boldsymbol{n}$ は動力学の基本式を用いることで以下のようになる．

$$\boldsymbol{f} = \begin{bmatrix} f_x \\ f_y \\ f_z \end{bmatrix} = \begin{bmatrix} -mr\cdot\sin\theta\cdot\ddot{\theta} - mr\cdot\cos\theta\cdot\dot{\theta}^2 \\ mr\cdot\cos\theta\cdot\ddot{\theta} - mr\cdot\sin\theta\cdot\dot{\theta}^2 \\ 0 \end{bmatrix}$$

$$\boldsymbol{n} = \begin{bmatrix} 0 \\ 0 \\ n_Z \end{bmatrix} = \begin{bmatrix} 0 \\ 0 \\ I\ddot{\theta} \end{bmatrix}$$

この力とモーメントはマニピュレータのベース部分から伝えられることから，その力 $\boldsymbol{f'}$ と $\boldsymbol{n'}$ は，$\boldsymbol{P}_G$ を重心の位置とすると，

$$\boldsymbol{f'} = \boldsymbol{f} = \begin{bmatrix} f_x \\ f_y \\ f_z \end{bmatrix} = \begin{bmatrix} -mr\cdot\sin\theta\cdot\ddot{\theta} - mr\cdot\cos\theta\cdot\dot{\theta}^2 \\ mr\cdot\cos\theta\cdot\ddot{\theta} - mr\cdot\sin\theta\cdot\dot{\theta}^2 \\ 0 \end{bmatrix} \tag{4.2.11}$$

$$\boldsymbol{n'} = \boldsymbol{n} + \boldsymbol{P}_G \times \boldsymbol{f} = \begin{bmatrix} 0 \\ 0 \\ I\ddot{\theta} \end{bmatrix} + \begin{bmatrix} r\cdot\cos\theta \\ r\cdot\sin\theta \\ 0 \end{bmatrix} \times \begin{bmatrix} -mr\cdot\sin\theta\cdot\ddot{\theta} - mr\cdot\cos\theta\cdot\dot{\theta}^2 \\ mr\cdot\cos\theta\cdot\ddot{\theta} - mr\cdot\sin\theta\cdot\dot{\theta}^2 \\ 0 \end{bmatrix}$$

$$= \begin{bmatrix} 0 \\ 0 \\ (I + mr^2)\ddot{\theta} \end{bmatrix} \tag{4.2.12}$$

となる．

図 4.2.8 のマニピュレータは，紙面に垂直方向，すなわち上式の z 成分のモーメントを発生する機構である．したがって，関節 1 のモーメントは，

$$n = (I + mr^2)\ddot{\theta} \tag{4.2.13}$$

第4章　作業する

となる．これは，力学の基礎としてでてくる代表的な式であり，剛体の棒の重心位置が与えられたときに，端点での回転運動とモーメントの式である．並進力はマニピュレータと土台との間で働く力であり，関節が発生している力ではない．

この方法は，ニュートン・オイラー法(Newton-Euler method)と呼ばれる．自由度が少ない場合には，基本的な力学の式を適用することで解きやすいが，多自由度系では式が非常に複雑になる．

では次に，図4.2.9に示す2次元2自由度マニピュレータの動力学計算をしてみよう．手順は1自由度のときとほぼ同じで，まず重心位置の速度と加速度，角速度と角加速度を求める．

各リンクの長さと質量をそれぞれL_1, L_2, m_1, m_2, 関節1からリンク1の重心位置までの長さをr_1, 関節2からリンク2の重心位置までの長さをr_2, 各リンクの慣性モーメントをI_1, I_2, 各リンクの重心位置をP_1, P_2とする．また，土台から関節1へ及ぼす力をf_{10}, リンク1から関節2へ及ぼす力をf_{21}, 各リンクの重心位置に働く力とモーメントをそれぞれf_1, f_2, n_1, n_2とする．動力学計算で求めたい各関節の出力モーメントをτ_1, τ_2とする．

まず，各リンクの重心位置を求め，微分して速度を，さらに微分して加速度を求める．リンク1については1自由度マニピュレータと同じである．

$$\boldsymbol{P}_1 = \begin{bmatrix} \cos\theta_1 \\ \sin\theta_1 \\ 0 \end{bmatrix} r_1$$

$$\dot{\boldsymbol{P}}_1 = \begin{bmatrix} -r \cdot \sin\theta_1 \\ r_1 \cdot \cos\theta_1 \\ 0 \end{bmatrix} \dot{\theta}_1$$

$$\ddot{\boldsymbol{P}}_1 = \begin{bmatrix} -r \cdot \sin\theta_1 \\ r_1 \cdot \cos\theta_1 \\ 0 \end{bmatrix} \ddot{\theta}_1 + \begin{bmatrix} -r \cdot \cos\theta_1 \\ -r \cdot \sin\theta_1 \\ 0 \end{bmatrix} \dot{\theta}_1^2$$

リンク2の重心位置については，関節2から相対距離をリンク1の先端の位置に加えることで表すことができる．

$$\boldsymbol{P}_2 = \begin{bmatrix} \cos\theta_1 \\ \sin\theta_1 \\ 0 \end{bmatrix} L_1 + \begin{bmatrix} \cos(\theta_1 + \theta_2) \\ \sin(\theta_1 + \theta_2) \\ 0 \end{bmatrix} r_2$$

$$\dot{\boldsymbol{P}}_2 = \begin{bmatrix} -L_1 \cdot \sin\theta_1 \\ L_1 \cdot \cos\theta_1 \\ 0 \end{bmatrix} \dot{\theta}_1 + \begin{bmatrix} -r_2 \cdot \sin(\theta_1 + \theta_2) \\ r_2 \cdot \cos(\theta_1 + \theta_2) \\ 0 \end{bmatrix} (\dot{\theta}_1 + \dot{\theta}_2)$$

$$\ddot{\boldsymbol{P}}_2 = \begin{bmatrix} -L_1 \cdot \sin\theta_1 \\ L_1 \cdot \cos\theta_1 \\ 0 \end{bmatrix} \ddot{\theta}_1 + \begin{bmatrix} -L_1 \cdot \cos\theta_1 \\ -L_1 \cdot \sin\theta_1 \\ 0 \end{bmatrix} \dot{\theta}_1^2$$

$$+ \begin{bmatrix} -r_2 \cdot \sin(\theta_1 + \theta_2) \\ r_2 \cdot \cos(\theta_1 + \theta_2) \\ 0 \end{bmatrix} (\ddot{\theta}_1 + \ddot{\theta}_2) + \begin{bmatrix} -r_2 \cdot \cos(\theta_1 + \theta_2) \\ -r_2 \cdot \sin(\theta_1 + \theta_2) \\ 0 \end{bmatrix} (\dot{\theta}_1 + \dot{\theta}_2)^2$$

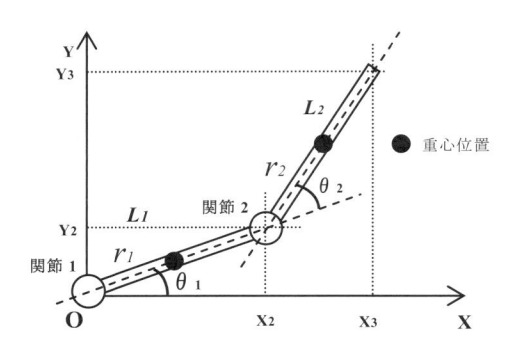

図4.2.9　2次元2自由度マニピュレータ

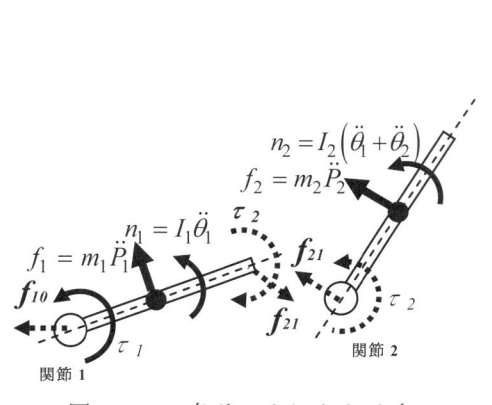

図4.2.10　各リンクにかかる力

図4.2.10のように，各リンクにおける力のつり合いを考える．

4・2 平面マニピュレータ

まずリンク1とリンク2の重心位置での力とモーメントは，

$$\boldsymbol{f_1} = m_1 \ddot{\boldsymbol{P}}_1$$

$$\boldsymbol{n_1} = \begin{bmatrix} 0 \\ 0 \\ I_1 \ddot{\theta}_1 \end{bmatrix}$$

$$\boldsymbol{f_2} = m_2 \ddot{\boldsymbol{P}}_2$$

$$\boldsymbol{n_2} = \begin{bmatrix} 0 \\ 0 \\ I_2(\ddot{\theta}_1 + \ddot{\theta}_2) \end{bmatrix}$$

となる．このとき関節2に発生すべきモーメントは，

$$\boldsymbol{r_2} = \begin{bmatrix} \cos(\theta_1 + \theta_2) \\ \sin(\theta_1 + \theta_2) \\ 0 \end{bmatrix} r_2$$

とすると，

$$\begin{aligned}
\tau_2 &= n_{2z} + (\boldsymbol{r_2} \times \boldsymbol{f_2})_z \\
&= I_2(\ddot{\theta}_1 + \ddot{\theta}_2) + m_2 \cdot (\boldsymbol{r_2} \times \ddot{\boldsymbol{P}}_2)_z \\
&= I_2(\ddot{\theta}_1 + \ddot{\theta}_2) + m_2 r_2 \left\{ L_1 \cdot \cos\theta_2 \cdot \ddot{\theta}_1 + L_1 \cdot \sin\theta_2 \cdot \dot{\theta}_1^2 + r_2(\ddot{\theta}_1 + \ddot{\theta}_2) \right\}
\end{aligned} \tag{4.2.14}$$

となる．なお，$(\ )_z$ はベクトルの z 成分を表す．

リンク1とリンク2の間の力は，

$$\boldsymbol{f_2} = m_2 \cdot \ddot{\boldsymbol{P}}_2 = \boldsymbol{f_{21}}$$

となるので，

$$\boldsymbol{L_1} = \begin{bmatrix} \cos\theta_1 \\ \sin\theta_1 \\ 0 \end{bmatrix} L_1$$

とすると，図4.2.10のリンク1における力のつり合いより，関節1に発生すべきモーメントは以下のように表せる．

$$\tau_1 = n_1 + (\boldsymbol{P_1} \times \boldsymbol{f})_z + \tau_2 + (\boldsymbol{L_1} \times \boldsymbol{f_{21}})_z \tag{4.2.15}$$

このとき，式(4.2.13), (4.2.15)を参考にすると各項は以下の通り．

$$n_1 + (\boldsymbol{P_1} \times \boldsymbol{f_1})_z = I_1 \ddot{\theta}_1 + (\boldsymbol{P_1} \times m_1 \ddot{\boldsymbol{P}}_1)_z$$

$$= I_1 \ddot{\theta}_1 + \left(\begin{bmatrix} r_1 \cdot \cos\theta_1 \\ r_1 \cdot \sin\theta_1 \\ 0 \end{bmatrix} \times \begin{bmatrix} -m_1 r_1 \cdot \sin\theta_1 \cdot \ddot{\theta}_1 - m_1 r_1 \cdot \cos\theta_1 \cdot \dot{\theta}_1^2 \\ m_1 r_1 \cdot \cos\theta_1 \cdot \ddot{\theta}_1 - m_1 r_1 \cdot \sin\theta_1 \cdot \dot{\theta}_1^2 \\ 0 \end{bmatrix} \right)_z$$

$$= \left(I_1 + m_1 r_1^2 \right) \ddot{\theta}_1$$

$$(\boldsymbol{L}_1 \times \boldsymbol{f}_{21})_z = (\boldsymbol{L}_1 \times m_2 \cdot \ddot{\boldsymbol{P}}_2)_z$$

$$= \left(\begin{bmatrix} \cos\theta_1 \\ \sin\theta_1 \\ 0 \end{bmatrix} L_1 \times m_2 \left\{ \begin{bmatrix} -L_1 \cdot \sin\theta_1 \\ L_1 \cdot \cos\theta_1 \\ 0 \end{bmatrix} \ddot{\theta}_1 + \begin{bmatrix} -L_1 \cdot \cos\theta_1 \\ -L_1 \cdot \sin\theta_1 \\ 0 \end{bmatrix} \dot{\theta}_1^2 \right. \right.$$

$$\left. \left. + \begin{bmatrix} -r_2 \cdot \sin(\theta_1 + \theta_2) \\ r_2 \cdot \cos(\theta_1 + \theta_2) \\ 0 \end{bmatrix} (\ddot{\theta}_1 + \ddot{\theta}_2) + \begin{bmatrix} -r_2 \cdot \cos(\theta_1 + \theta_2) \\ -r_2 \cdot \sin(\theta_1 + \theta_2) \\ 0 \end{bmatrix} (\dot{\theta}_1 + \dot{\theta}_2)^2 \right\} \right)_z$$

$$= m_2 L_1 \left\{ L_1 \ddot{\theta}_1 + r_2 \cdot \cos\theta_2 \cdot (\ddot{\theta}_1 + \ddot{\theta}_2) - r_2 \cdot \sin\theta_2 \cdot (\dot{\theta}_1 + \dot{\theta}_2)^2 \right\}$$

これらを式(4.2.10)に代入すると,

$$\begin{aligned} \tau_1 &= \left(I_1 + m_1 r_1^2 \right) \ddot{\theta}_1 \\ &+ I_2 (\ddot{\theta}_1 + \ddot{\theta}_2) + m_2 r_2 \left\{ L_1 \cdot \cos\theta_2 \cdot \ddot{\theta}_1 + L_1 \cdot \sin\theta_2 \cdot \dot{\theta}_1^2 + r_2 (\ddot{\theta}_1 + \ddot{\theta}_2) \right\} \\ &+ m_2 L_1 \left\{ L_1 \ddot{\theta}_1 + r_2 \cdot \cos\theta_2 \cdot (\ddot{\theta}_1 + \ddot{\theta}_2) - r_2 \cdot \sin\theta_2 \cdot (\dot{\theta}_1 + \dot{\theta}_2)^2 \right\} \end{aligned} \quad (4.2.16)$$

となる.

なお, f_{10} は関節1と土台との間に作用する力であるが, 関節1が回転関節であるので, 並進力である f_{10} は, 単に力が伝達されるだけであり, ロボットの出力とは関係ない. ただし, ロボットと土台との固定装置に働く力であるため, 構造設計の際に必要となる.

式(4.2.9), (4.2.11)を $\ddot{\theta}, \dot{\theta}$ により整理すると,

$$\begin{aligned} \tau_1 &= \left\{ I_1 + m_1 r_1^2 + I_2 + m_2 \left(r_2^2 + L_1^2 + 2 r_2 L_1 \cdot \cos\theta_2 \right) \right\} \ddot{\theta}_1 \\ &+ \left\{ I_2 + m_2 \left(r_2^2 + r_2 L_1 \cdot \cos\theta_2 \right) \right\} \ddot{\theta}_2 \\ &- m_2 r_2 L_1 \cdot \sin\theta_2 \cdot \left(\dot{\theta}_2^2 + 2 \dot{\theta}_1 \dot{\theta}_2 \right) \end{aligned} \quad (4.2.17)$$

$$\begin{aligned} \tau_2 &= \left\{ I_2 + m_2 \left(r_2^2 + r_2 L_1 \cdot \cos\theta_2 \right) \right\} \ddot{\theta}_1 \\ &+ \left(I_2 + m_2 r_2^2 \right) \ddot{\theta}_2 + m_2 r_2 L_1 \cdot \sin\theta_2 \cdot \dot{\theta}_1^2 \end{aligned} \quad (4.2.18)$$

上式から分かるように, ニュートン・オイラーの式は結果として $\ddot{\boldsymbol{\theta}}, \dot{\boldsymbol{\theta}}$ を含む式にまとめられ, 一般形として,

$$\boldsymbol{\tau} = \boldsymbol{M}(\boldsymbol{\theta}) \ddot{\boldsymbol{\theta}} + \boldsymbol{H}(\boldsymbol{\theta}, \dot{\boldsymbol{\theta}}) \quad (4.2.19)$$

と書ける．このとき，各項は以下の通りとなる．

$$\boldsymbol{\tau} = \begin{bmatrix} \tau_1 \\ \tau_2 \end{bmatrix}, \boldsymbol{M} = \begin{bmatrix} M_{11} & M_{12} \\ M_{21} & M_{22} \end{bmatrix}, \boldsymbol{\theta} = \begin{bmatrix} \theta_1 \\ \theta_2 \end{bmatrix}, \boldsymbol{H} = \begin{bmatrix} H_1 \\ H_2 \end{bmatrix}$$

$$M_{11} = I_1 + m_1 r_1^2 + I_2 + m_2 \left(r_2^2 + L_1^2 + 2 r_2 L_1 \cdot \cos\theta_2 \right)$$

$$M_{12} = M_{21} = I_2 + m_2 \left(r_2^2 + r_2 L_1 \cdot \cos\theta_2 \right)$$

$$M_{22} = I_2 + m_2 r_2^2$$

$$H_1 = -m_2 r_2 L_1 \cdot \sin\theta_2 \cdot \left(\dot{\theta}_2^2 + 2\dot{\theta}_1 \dot{\theta}_2 \right)$$

$$H_2 = m_2 r_2 L_1 \cdot \sin\theta_2 \cdot \dot{\theta}_1^2$$

詳しくは4・4節を参照されたい．

このニュートン・オイラー法とは別に，エネルギの視点から解くラグランジュ法(Lagrangian method)もある．

4・3 3次元マニピュレータ（Spatial manipulator）

4・2節では平面マニピュレータを対象として，順運動学，逆運動学，ヤコビ行列などの運動学の基礎的な概念を学んだが，本節では，より複雑な3次元マニピュレータに対応できる系統的な解析方法を学ぶ．4・3・1項～4・3・3項では座標変換の手法を用いて，手先の位置姿勢を計算する方法を示し，4・3・4項と4・3・5項では，角速度の概念を用いたヤコビ行列の導出を示す．4・3・6項では手先に加わる力と関節トルクの関係を示す．3次元の運動学を完全に理解することは決して容易ではない．補足的な事項や発展的な事項は4・3・7項以降にまとめた．初学者は読み飛ばして差し支えないが，深い理解のために適宜参照されたい．

4・3・1 座標系（Coordinate system）

ロボットや物体の位置姿勢を表すために座標系を設定する．通常，図4.3.1のような直交座標系を用いる．直交座標系はx軸，y軸，z軸を表す3つの直交する3次元単位ベクトル$\boldsymbol{x}$，$\boldsymbol{y}$，$\boldsymbol{z}$と原点を表す3次元ベクトル$\boldsymbol{p}$の計4つの3次元ベクトルから構成される．図4.3.2は物体に座標系Bを設定した場合を示す．座標系Bの原点ベクトルにより物体の位置を，軸ベクトルの方向により物体の姿勢を表わすことができる．これらのベクトルは基準となる別の座標系で定義されている．図4.3.2では，座標系Aが基準となる座標系である．座標系Bの原点ベクトルを$^A\boldsymbol{p}_B$，軸ベクトルを$^A\boldsymbol{x}_B$，$^A\boldsymbol{y}_B$，$^A\boldsymbol{z}_B$のように，左肩の添字で基準となる座標系を表す．明らかな場合はこの添字は省略される．おおもとの基準となる座標系は絶対座標系と呼ばれる．3つの軸ベクトルを列ベクトルに持つ3×3行列

$$^A R_B = \begin{bmatrix} ^A\boldsymbol{x}_B & ^A\boldsymbol{y}_B & ^A\boldsymbol{z}_B \end{bmatrix} \tag{4.3.1}$$

は座標回転行列(coordinate rotation matrix)と呼ばれる．

例えば座標系Bが座標系A上に図4.3.3のように設定されているとき，

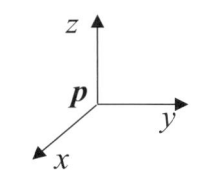

図 4.3.1 座標系

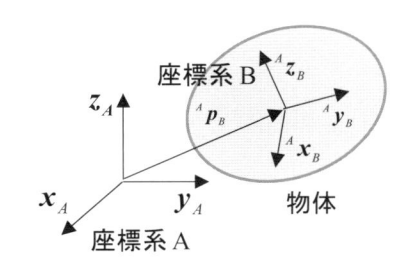

図 4.3.2 物体に設定した座標系B

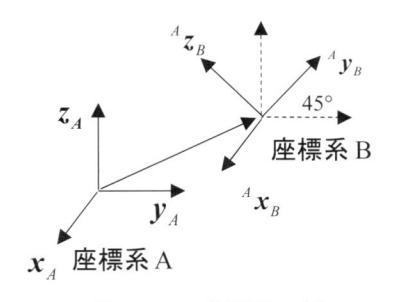

図 4.3.3 座標系の例

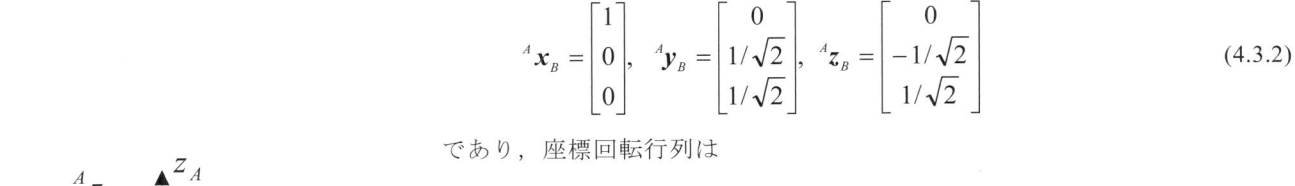

$$
{}^A\bm{x}_B = \begin{bmatrix} 1 \\ 0 \\ 0 \end{bmatrix}, \quad {}^A\bm{y}_B = \begin{bmatrix} 0 \\ 1/\sqrt{2} \\ 1/\sqrt{2} \end{bmatrix}, \quad {}^A\bm{z}_B = \begin{bmatrix} 0 \\ -1/\sqrt{2} \\ 1/\sqrt{2} \end{bmatrix} \tag{4.3.2}
$$

であり，座標回転行列は

$$
{}^A\bm{R}_B = \begin{bmatrix} 1 & 0 & 0 \\ 0 & 1/\sqrt{2} & -1/\sqrt{2} \\ 0 & 1/\sqrt{2} & 1/\sqrt{2} \end{bmatrix} \tag{4.3.3}
$$

である．各軸ベクトルはお互いに直交し，

$$
{}^A\bm{x}_B^{T\,A}\bm{y}_B = 0, \quad {}^A\bm{y}_B^{T\,A}\bm{z}_B = 0, \quad {}^A\bm{z}_B^{T\,A}\bm{x}_B = 0 \tag{4.3.4}
$$

であり，また長さは1である．

$$
{}^A\bm{x}_B^{T\,A}\bm{x}_B = 1, \quad {}^A\bm{y}_B^{T\,A}\bm{y}_B = 1, \quad {}^A\bm{z}_B^{T\,A}\bm{z}_B = 1 \tag{4.3.5}
$$

これより，

$$
{}^A\bm{R}_B^{-1} = {}^A\bm{R}_B^{T} \tag{4.3.6}
$$

である．このように逆行列が転置行列である行列を直交行列という．

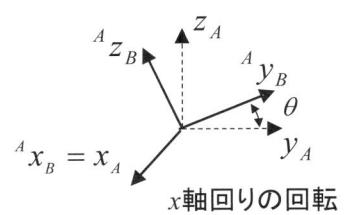

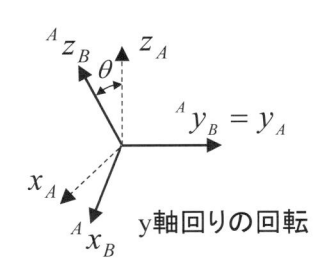

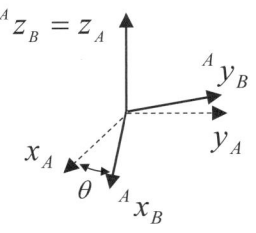

座標系Aのx軸回りに角度θ回転した座標系B（図4.3.4参照）の各軸ベクトルは，$s_\theta = \sin\theta$，$c_\theta = \cos\theta$と略記すると，

$$
{}^A\bm{x}_B = \begin{bmatrix} 1 \\ 0 \\ 0 \end{bmatrix}, \quad {}^A\bm{y}_B = \begin{bmatrix} 0 \\ c_\theta \\ s_\theta \end{bmatrix}, \quad {}^A\bm{z}_B = \begin{bmatrix} 0 \\ -s_\theta \\ c_\theta \end{bmatrix} \tag{4.3.7}
$$

であるから，その座標回転行列は

$$
\bm{R}(x,\theta) = \begin{bmatrix} 1 & 0 & 0 \\ 0 & c_\theta & -s_\theta \\ 0 & s_\theta & c_\theta \end{bmatrix} \tag{4.3.8}
$$

である．同様に，y軸，z軸回りに角度θ回転した座標系の座標回転行列は，それぞれ

$$
\bm{R}(y,\theta) = \begin{bmatrix} c_\theta & 0 & s_\theta \\ 0 & 1 & 0 \\ -s_\theta & 0 & c_\theta \end{bmatrix} \tag{4.3.9}
$$

$$
\bm{R}(z,\theta) = \begin{bmatrix} c_\theta & -s_\theta & 0 \\ s_\theta & c_\theta & 0 \\ 0 & 0 & 1 \end{bmatrix} \tag{4.3.10}
$$

である．

図4.3.4 各軸回りに回転した座標系

4・3・2 座標変換(Coordinate transformation)

座標変換の手法を用いるとマニピュレータの手先位置，姿勢を系統的に計算することができる．まず，座標系 B で $^B\boldsymbol{r} = [r_x\ r_y\ r_z]^T$ であるベクトルを座標系 A に変換することを考える．軸ベクトル $^A\boldsymbol{x}_B$，$^A\boldsymbol{y}_B$，$^A\boldsymbol{z}_B$ の方向に成分 r_x，r_y，r_z を持ち，原点が $^A\boldsymbol{p}_B$ ずれるから，

$$^A\boldsymbol{r} = r_x{}^A\boldsymbol{x}_B + r_y{}^A\boldsymbol{y}_B + r_z{}^A\boldsymbol{z}_B + {}^A\boldsymbol{p}_B$$
$$= [^A\boldsymbol{x}_B\ ^A\boldsymbol{y}_B\ ^A\boldsymbol{z}_B]^B\boldsymbol{r} + {}^A\boldsymbol{p}_B = {}^A\boldsymbol{R}_B{}^B\boldsymbol{r} + {}^A\boldsymbol{p}_B \qquad (4.3.11)$$

である．図 4.3.5 の例で $^A\boldsymbol{r}$ を計算すると

$$^A\boldsymbol{r} = {}^A\boldsymbol{R}_B{}^B\boldsymbol{r} + {}^A\boldsymbol{p}_B$$
$$= \begin{bmatrix} 1 & 0 & 0 \\ 0 & 1/\sqrt{2} & -1/\sqrt{2} \\ 0 & 1/\sqrt{2} & 1/\sqrt{2} \end{bmatrix} \begin{bmatrix} 0 \\ 2 \\ 1 \end{bmatrix} + \begin{bmatrix} 1 \\ 2 \\ 1 \end{bmatrix} = \begin{bmatrix} 1 \\ 2 + 1/\sqrt{2} \\ 1 + 3/\sqrt{2} \end{bmatrix} \qquad (4.3.12)$$

となる．

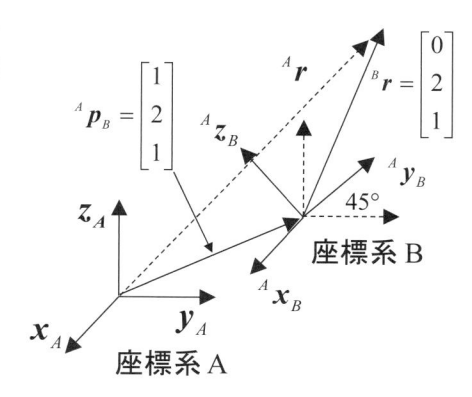

図 4.3.5 座標変換の例

さて，図 4.3.6 のように，座標系 C で $^C\boldsymbol{r}$ であるベクトルを座標系 B に変換し，さらにそれを座標系 A に変換することを考える．

$$^B\boldsymbol{r} = {}^B\boldsymbol{R}_C{}^C\boldsymbol{r} + {}^B\boldsymbol{p}_C, \qquad {}^A\boldsymbol{r} = {}^A\boldsymbol{R}_B{}^B\boldsymbol{r} + {}^A\boldsymbol{p}_B \qquad (4.3.13)$$

であるから，

$$^A\boldsymbol{r} = {}^A\boldsymbol{R}_B{}^B\boldsymbol{R}_C{}^C\boldsymbol{r} + {}^A\boldsymbol{R}_B{}^B\boldsymbol{p}_C + {}^A\boldsymbol{p}_B \qquad (4.3.14)$$

となる．式(4.3.14)から，座標系 C の座標軸，原点を座標系 A からみると，

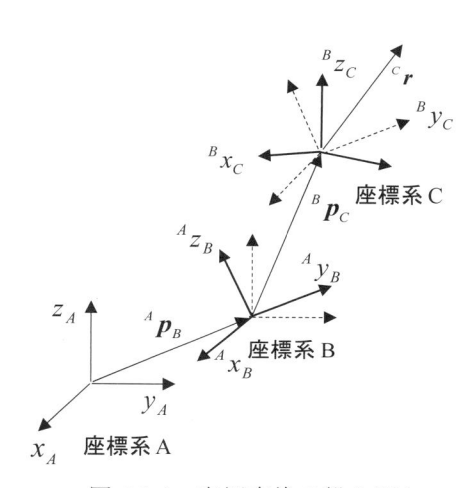

$$^A\boldsymbol{R}_C = {}^A\boldsymbol{R}_B{}^B\boldsymbol{R}_C, \quad {}^A\boldsymbol{p}_C = {}^A\boldsymbol{R}_B{}^B\boldsymbol{p}_C + {}^A\boldsymbol{p}_B \qquad (4.3.15)$$

図 4.3.6 座標変換の繰り返し

となり，

$$^A\boldsymbol{r} = {}^A\boldsymbol{R}_C{}^C\boldsymbol{r} + {}^A\boldsymbol{p}_C \qquad (4.3.16)$$

となることがわかる．

【例題 4・3・1】 ＊＊＊＊＊＊＊＊＊＊＊＊＊＊＊＊＊＊＊

$^C\boldsymbol{r} = [1\ 0\ 0]^T$，$^A\boldsymbol{R}_B = \boldsymbol{R}(z,\pi/4)$，$^B\boldsymbol{R}_C = \boldsymbol{R}(x,\pi/4)$ $^B\boldsymbol{p}_C = [1\ 0\ 1]^T$ $^A\boldsymbol{p}_B = [0\ 0\ 1]^T$ であるとき，$^A\boldsymbol{R}_C$，$^A\boldsymbol{p}_C$，$^A\boldsymbol{r}$ を求めよ．

【解答】 $r = 1/\sqrt{2} = 0.7071$ とおくと，

$$^A\boldsymbol{R}_B = \boldsymbol{R}(z,\pi/4) = \begin{bmatrix} r & -r & 0 \\ r & r & 0 \\ 0 & 0 & 1 \end{bmatrix}, \quad {}^B\boldsymbol{R}_C = \boldsymbol{R}(x,\pi/4) = \begin{bmatrix} 1 & 0 & 0 \\ 0 & r & -r \\ 0 & r & r \end{bmatrix}$$

であるから

$$
{}^A\boldsymbol{R}_C = {}^A\boldsymbol{R}_B {}^B\boldsymbol{R}_C = \begin{bmatrix} r & -0.5 & 0.5 \\ r & 0.5 & -0.5 \\ 0 & r & r \end{bmatrix}
$$

$$
{}^A\boldsymbol{p}_C = {}^A\boldsymbol{R}_B {}^B\boldsymbol{p}_C + {}^A\boldsymbol{p}_B = \begin{bmatrix} r \\ r \\ 2 \end{bmatrix}, \quad {}^A\boldsymbol{r} = {}^A\boldsymbol{R}_C {}^C\boldsymbol{r} + {}^A\boldsymbol{p}_C = \begin{bmatrix} \sqrt{2} \\ \sqrt{2} \\ 2 \end{bmatrix}
$$

である.

このようにして座標変換を繰り返すことが可能であるが，座標変換を重ねるごとに式(4.3.14)は複雑になる．そこで，式(4.3.13)を次のように記述すれば式の複雑化を避けることができる．

$$
\begin{bmatrix} {}^B\boldsymbol{r} \\ 1 \end{bmatrix} = \begin{bmatrix} {}^B\boldsymbol{R}_C & {}^B\boldsymbol{p}_C \\ 0\ 0\ 0 & 1 \end{bmatrix} \begin{bmatrix} {}^C\boldsymbol{r} \\ 1 \end{bmatrix}, \quad \begin{bmatrix} {}^A\boldsymbol{r} \\ 1 \end{bmatrix} = \begin{bmatrix} {}^A\boldsymbol{R}_B & {}^A\boldsymbol{p}_B \\ 0\ 0\ 0 & 1 \end{bmatrix} \begin{bmatrix} {}^B\boldsymbol{r} \\ 1 \end{bmatrix} \quad (4.3.17)
$$

ここで

$$
{}^A\boldsymbol{A}_B = \begin{bmatrix} {}^A\boldsymbol{R}_B & {}^A\boldsymbol{p}_B \\ 0\ 0\ 0 & 1 \end{bmatrix}, \quad {}^B\boldsymbol{A}_C = \begin{bmatrix} {}^B\boldsymbol{R}_C & {}^B\boldsymbol{p}_C \\ 0\ 0\ 0 & 1 \end{bmatrix} \quad (4.3.18)
$$

とおくと

$$
\begin{bmatrix} {}^A\boldsymbol{r} \\ 1 \end{bmatrix} = {}^A\boldsymbol{A}_B \begin{bmatrix} {}^B\boldsymbol{r} \\ 1 \end{bmatrix} = {}^A\boldsymbol{A}_B {}^B\boldsymbol{A}_C \begin{bmatrix} {}^C\boldsymbol{r} \\ 1 \end{bmatrix} \quad (4.3.19)
$$

と簡潔に書ける．この変換を同次変換(homogeneous transformation)と呼ぶ．

同次変換を用いると多自由度マニピュレータの先端位置姿勢を関節変位により容易に記述することができる．まず，n 個の関節に座標系 1～n を設定し，先端にも座標系を設定する（座標系 H とする）．つぎに，各座標系間の同時変換行列を求め，座標変換

$$
{}^0\boldsymbol{A}_H = {}^0\boldsymbol{A}_1 {}^1\boldsymbol{A}_2 \cdots {}^{n-1}\boldsymbol{A}_n {}^n\boldsymbol{A}_H \quad (4.3.20)
$$

により，絶対座標系から見た先端の位置姿勢が計算することができる．同様に，関節 i に設定した座標系 i を絶対座標系からみた位置姿勢は，

$$
{}^0\boldsymbol{A}_i = {}^0\boldsymbol{A}_1 {}^1\boldsymbol{A}_2 \cdots {}^{i-1}\boldsymbol{A}_i \quad (4.3.21)
$$

より計算することができる．

【例題 4・3・2】　＊＊＊＊＊＊＊＊＊＊＊＊＊＊＊＊＊＊＊＊＊＊

図 4.3.7 の 3 自由度マニピュレータを考える．関節 1, 2, 3 にそれぞれ座標系 1, 2, 3 を設定し，関節 1 の回転軸を座標系 1 の z 軸，関節 2 の回転軸を座標系 2 の x 軸, 関節 3 の回転軸を座標系 3 の x 軸に一致させる．関節 1, 2, 3 の関節角をそれぞれ θ_1, θ_2, θ_3 とする．${}^0\boldsymbol{A}_1$, ${}^1\boldsymbol{A}_2$, ${}^2\boldsymbol{A}_3$, ${}^3\boldsymbol{A}_H$, ${}^0\boldsymbol{A}_H$ を求めよ．

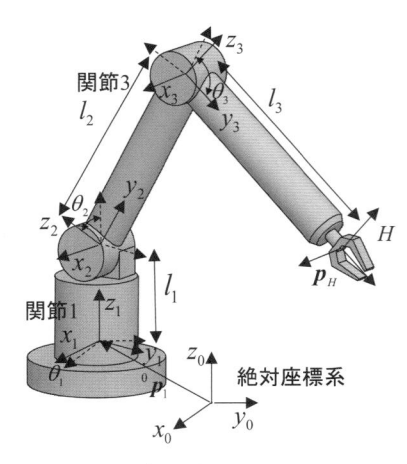

図 4.3.7　3 自由度マニピュレータ

$$
{}^0A_1 = \begin{bmatrix} R(z,\theta_1) & {}^0p_1 \\ 0 & 0 & 0 & 1 \end{bmatrix}, \quad {}^1A_2 = \begin{bmatrix} & & & 0 \\ R(x,\theta_2) & & 0 \\ & & & l_1 \\ 0 & 0 & 0 & 1 \end{bmatrix}
$$

$$
{}^2A_3 = \begin{bmatrix} & & & 0 \\ R(x,\theta_3) & & l_2 \\ & & & 0 \\ 0 & 0 & 0 & 1 \end{bmatrix}, \quad {}^3A_H = \begin{bmatrix} & & & 0 \\ E_3 & & l_3 \\ & & & 0 \\ 0 & 0 & 0 & 1 \end{bmatrix}
$$

$$
{}^0A_H = {}^0A_1\,{}^1A_2\,{}^2A_3\,{}^3A_H
$$

である．

【例題 4・3・3】 ＊＊＊＊＊＊＊＊＊＊＊＊＊＊＊＊＊＊＊＊

例題 4・3・2 において，$l_1 = l_2 = l_3 = 0.5$，${}^0p_1 = (0\ 0\ 0)^T$，$\theta_1 = \pi/4$，$\theta_2 = \pi/4$，$\theta_3 = -\pi/4$ とするとき，${}^0x_2$，${}^0x_3$，${}^0p_2$，${}^0p_3$，${}^0p_H$ を計算せよ．

【解答】

$$
{}^0A_2 = {}^0A_1\,{}^1A_2 = \begin{bmatrix} r & -0.5 & 0.5 & 0 \\ r & 0.5 & -0.5 & 0 \\ 0 & r & r & 0.5 \\ 0 & 0 & 0 & 1 \end{bmatrix}, \quad {}^0A_3 = {}^0A_2\,{}^2A_3 = \begin{bmatrix} r & -r & 0 & -0.250 \\ r & r & 0 & 0.250 \\ 0 & 0 & 1 & 0.854 \\ 0 & 0 & 0 & 1 \end{bmatrix}
$$

$$
{}^0A_H = {}^0A_3\,{}^3A_H = \begin{bmatrix} r & -r & 0 & -0.604 \\ r & r & 0 & 0.604 \\ 0 & 0 & 1 & 0.854 \\ 0 & 0 & 0 & 1 \end{bmatrix}
$$

より

$$
{}^0x_2 = \begin{bmatrix} r \\ r \\ 0 \end{bmatrix}, \quad {}^0x_3 = \begin{bmatrix} r \\ r \\ 0 \end{bmatrix}, \quad {}^0p_2 = \begin{bmatrix} 0 \\ 0 \\ 0.5 \end{bmatrix}, \quad {}^0p_3 = \begin{bmatrix} -0.250 \\ 0.250 \\ 0.854 \end{bmatrix}, \quad {}^0p_H = \begin{bmatrix} -0.604 \\ 0.604 \\ 0.854 \end{bmatrix}
$$

である．

＊＊＊＊＊＊＊＊＊＊＊＊＊＊＊＊＊＊＊＊

4・3・3 姿勢表現（Pose representation）

座標回転行列には 9 個の変数を含まれるが，それらは独立ではない．式 (4.3.4), (4.3.5)のように 6 個の拘束条件があるから，独立な変数の数は 3 である．これは姿勢の自由度が 3 であることに対応する．座標回転行列は 3 個のパラメータの組で表すことができる．つぎにそのようなパラメータの組を紹介する．

a．ロール・ピッチ・ヨー角（roll-pitch-yaw angle）

$$R = R(z,\alpha)R(y,\beta)R(x,\gamma) \tag{4.3.22}$$

となる角度 α, β, γ の組である．図 4.3.8 のようなマニピュレータの手首部 3

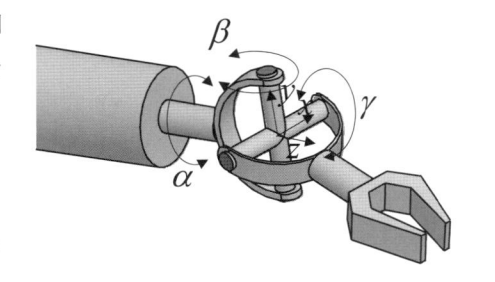

図 4.3.8 ロール・ピッチ・ヨー角

姿勢とは

3次元空間の位置は3次元ベクトルで表されるが，姿勢は3次元ベクトルでは表わすことができない．例えば式(4.3.22)で表わされるロール・ピッチ・ヨー角と式(4.3.24)で表わされるオイラー角とは明らかに異なる．回転の順番が異なるからである．したがって，角度を並べて，$[\alpha\ \beta\ \gamma]^T$ と書いてもベクトルにはならず，和

$$\begin{bmatrix}\alpha_1\\\beta_1\\\gamma_1\end{bmatrix}+\begin{bmatrix}\alpha_2\\\beta_2\\\gamma_2\end{bmatrix}$$

も定義できない．姿勢とは座標回転行列で表され，それを表す別の方法がロール・ピッチ・ヨー角やオイラー角であると理解しておくとよい．

関節がその例である．このように機構と直接対応する場合に，ロール・ピッチ・ヨー角を用いることが便利である．座標回転行列 R が与えられたとき，逆にロール・ピッチ・ヨー角 α, β, γ を計算することができる（4・3・7項参照）．

b．オイラー角（Euler angle）

$$R = R(z,\alpha)R(y,\beta)R(z,\gamma) \tag{4.3.23}$$

となる角度 α, β, γ の組である．

なお，式(4.3.22), (4.3.23)のような3つの角度の組を総称してオイラー角と呼ぶこともある．例えば，

$$R = R(x,\gamma)R(y,\beta)R(z,\alpha) \tag{4.3.24}$$

である角度の組み合わせもオイラー角の一種である．

4・3・4 外積と角速度（Cross product and angular velocity）

外積と角速度は空間マニピュレータの解析には欠かせない基礎知識である．ヤコビ行列の導出の前にこれらを復習するので，マスターして頂きたい．

a．外積

二つの3次元ベクトル a と b の外積を $a\times b$ で表す．

定義：外積 $a\times b$ とは a と b に直交し，大きさが $|a\|b\|\sin\theta|$，方向が a から b に右ねじを回す方向である3次元ベクトルである．ここで，θ を a と b のなす角度とする．外積の結果は3次元ベクトルである．

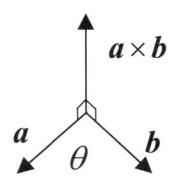

図 4.3.9 ベクトル a と b とその外積 $a\times b$

外積をベクトル $a=[a_x\ a_y\ a_z]^T$ と $b=[b_x\ b_y\ b_z]^T$ の成分を用いて表すと

$$a\times b = \begin{bmatrix} a_y b_z - a_z b_y \\ -a_x b_z + a_z b_x \\ a_x b_y - a_y b_x \end{bmatrix} \tag{4.3.25}$$

ベクトルの内積と直交

内積についても簡単に復習しておこう．二つの3次元ベクトル a と b の内積 $a\cdot b$ は，

$$a\cdot b = |a\|b|\cos\theta = a_x b_x + a_y b_y + a_z b_z$$

である．内積の結果はスカラーである．a と b のなす角は

$$\cos\theta = \frac{a_x b_x + a_y b_y + a_z b_z}{|a\|b|}$$

より計算される．よって，a と b が直交する $\Leftrightarrow a\cdot b = 0$ である．また $a\cdot b$ と $a^T b$ とは同じである．

となる．形式的には

$$a\times b = \begin{vmatrix} i & j & k \\ a_x & a_y & a_z \\ b_x & b_y & b_z \end{vmatrix} \tag{4.3.26}$$

と覚えると便利である．式(4.3.25)を確認しよう．まず，式(4.3.25)の $a\times b$ が a に直交することは

$$a\cdot(a\times b) = a_x(a_y b_z - a_z b_y) + a_y(-a_x b_z + a_z b_x) + a_z(a_x b_y - a_y b_x) = 0 \tag{4.3.27}$$

より確認できる．$b\cdot(a\times b) = 0$ も同様である（各自確認せよ）．$a\times b$ の大きさが $|a\|b\|\sin\theta|$ であることは練習問題とする．外積にはつぎの性質がある．

性質1) $a\times b = -b\times a$

性質2) $\boldsymbol{a} \times \boldsymbol{a} = \boldsymbol{0}$

性質3) $\boldsymbol{a}^T(\boldsymbol{b} \times \boldsymbol{c}) = \boldsymbol{b}^T(\boldsymbol{c} \times \boldsymbol{a}) = \boldsymbol{c}^T(\boldsymbol{a} \times \boldsymbol{b})$

性質1)と性質2)は外積の定義からただちに導かれる．また式(4.3.25)を用いて示すこともできる．性質3)はスカラー3重積と呼ばれ，

$$\boldsymbol{a}^T(\boldsymbol{b} \times \boldsymbol{c}) = \begin{vmatrix} a_x & a_y & a_z \\ b_x & b_y & b_z \\ c_x & c_y & c_z \end{vmatrix} \tag{4.3.28}$$

であることを用いて示すことができる（ここまで各自確認せよ）．その他の外積の性質を4・3・8項に示す．

b． 角速度

角速度を，方向が回転軸の方向を表し，大きさが回転速度を表す3次元ベクトルと定義する．角速度がベクトルであることに注意してほしい．この角速度という概念を用いると，マニピュレータの手先速度やヤコビ行列の計算を系統的に行うことができる．ある剛体物体が角速度 $\boldsymbol{\omega}$ を持ち，原点での並進速度は零とすると，位置ベクトル $\boldsymbol{p}$ の位置での並進速度は

$$\boldsymbol{v} = \boldsymbol{\omega} \times \boldsymbol{p} \tag{4.3.29}$$

である．なぜならば，位置ベクトル $\boldsymbol{p}$ の位置は半径 $|\boldsymbol{p}||\sin\theta|$ の円周上を移動する．その速さは $|\boldsymbol{\omega}||\boldsymbol{p}||\sin\theta|$ であり，その方向は角速度 $\boldsymbol{\omega}$ と位置ベクトル $\boldsymbol{p}$ に直交し，$\boldsymbol{\omega}$ から $\boldsymbol{p}$ に右ねじを回す方向である．これは外積を用いると式(4.3.29)になる．例えば物体が角速度 $\boldsymbol{\omega} = \begin{bmatrix} 0 & 0 & 1 \end{bmatrix}^T$ を持つとき，$\boldsymbol{p} = \begin{bmatrix} 1 & 2 & 1 \end{bmatrix}^T$ の位置での速度は $\boldsymbol{v} = \boldsymbol{\omega} \times \boldsymbol{p} = \begin{bmatrix} -2 & 1 & 0 \end{bmatrix}^T$ である．

角速度の性質を4・3・8項に示す．

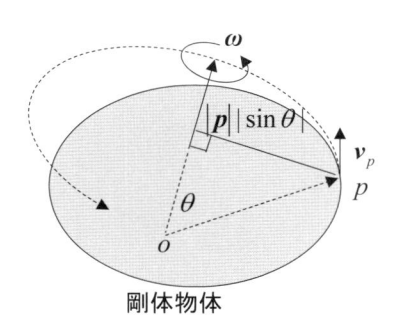

図 4.3.10 角速度

4・3・5 ヤコビ行列の導出（Derivation of Jacobian matrix）

4・2・1項でヤコビ行列について説明したが，角速度の概念を用いると，複雑な3次元マニピュレータでも意外と簡単にヤコビ行列が導出できることを示す．

例1：3自由度マニピュレータ

例として例題4・3・2のマニピュレータを再び考える（図 4.3.11）．関節軸ベクトルを ${}^0\boldsymbol{a}_i$ とおく．この例では，${}^0\boldsymbol{a}_1 = {}^0\boldsymbol{z}_1$，${}^0\boldsymbol{a}_2 = {}^0\boldsymbol{x}_2$，${}^0\boldsymbol{a}_3 = {}^0\boldsymbol{x}_3$ である．以下ベクトルは絶対座標系で表わされているとし，左上添字0は省略する．まず関節 i が回転しその他の関節は静止しているとする．このとき先端の位置 $\boldsymbol{p}_H$ には $\boldsymbol{a}_i \dot{\theta}_i \times (\boldsymbol{p}_H - \boldsymbol{p}_i)$ の並進速度が生じる．関節1，関節2，関節3が回転すると，各回転により生じる並進速度が足し合わされた並進速度が生じる．したがって

$$\boldsymbol{v}_H = \boldsymbol{a}_1 \dot{\theta}_1 \times (\boldsymbol{p}_H - \boldsymbol{p}_1) + \boldsymbol{a}_2 \dot{\theta}_2 \times (\boldsymbol{p}_H - \boldsymbol{p}_2) + \boldsymbol{a}_3 \dot{\theta}_3 \times (\boldsymbol{p}_H - \boldsymbol{p}_3) \tag{4.3.30}$$

これより

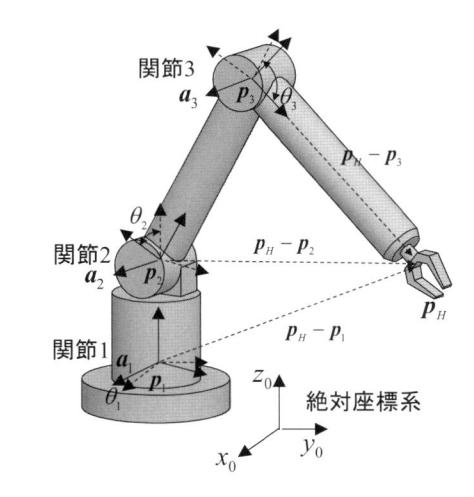

図 4.3.11 3自由度マニピュレータ（図 4.3.7の再掲，ただし記号が異なる）

$$v_H = J\dot{\boldsymbol{\theta}} \tag{4.3.31}$$

ここで

$$J = \begin{bmatrix} \boldsymbol{a}_1 \times (\boldsymbol{p}_H - \boldsymbol{p}_1) & \boldsymbol{a}_2 \times (\boldsymbol{p}_H - \boldsymbol{p}_2) & \boldsymbol{a}_3 \times (\boldsymbol{p}_H - \boldsymbol{p}_3) \end{bmatrix}, \quad \dot{\boldsymbol{\theta}} = \begin{bmatrix} \dot{\theta}_1 \\ \dot{\theta}_2 \\ \dot{\theta}_3 \end{bmatrix} \tag{4.3.32}$$

【例題4・3・4】 ＊＊＊＊＊＊＊＊＊＊＊＊＊＊＊＊＊＊＊＊
例題4・3・3のマニピュレータのヤコビ行列を求めよ．

【解答】
例題4・3・3で計算したベクトルを用い，

$$\boldsymbol{a}_1 \times (\boldsymbol{p}_H - \boldsymbol{p}_1) = \begin{bmatrix} 0 \\ 0 \\ 1 \end{bmatrix} \times \begin{bmatrix} -0.604 \\ 0.604 \\ 0.854 \end{bmatrix} = \begin{bmatrix} -0.604 \\ -0.604 \\ 0 \end{bmatrix}$$

$$\boldsymbol{a}_2 \times (\boldsymbol{p}_H - \boldsymbol{p}_2) = \begin{bmatrix} r \\ r \\ 0 \end{bmatrix} \times \begin{bmatrix} -0.604 \\ 0.604 \\ 0.354 \end{bmatrix} = \begin{bmatrix} 0.250 \\ -0.250 \\ 0.854 \end{bmatrix}$$

$$\boldsymbol{a}_3 \times (\boldsymbol{p}_H - \boldsymbol{p}_3) = \begin{bmatrix} r \\ r \\ 0 \end{bmatrix} \times \begin{bmatrix} -0.354 \\ 0.354 \\ 0 \end{bmatrix} = \begin{bmatrix} 0 \\ 0 \\ 0.5 \end{bmatrix}$$

であるから

$$J = \begin{bmatrix} -0.604 & 0.250 & 0 \\ -0.604 & -0.250 & 0 \\ 0 & 0.854 & 0.5 \end{bmatrix}$$

である．

＊＊＊＊＊＊＊＊＊＊＊＊＊＊＊＊＊＊＊＊

例2：6自由度マニピュレータ

上記の3自由度マニピュレータでは先端の並進速度にしか着目していなかったが，図4.3.12に示すような6自由度を持つマニピュレータでは，先端の角速度を独立に動かすことができる．

$$\boldsymbol{v}_H = \boldsymbol{a}_1\dot{\theta}_1 \times (\boldsymbol{p}_H - \boldsymbol{p}_1) + \cdots + \boldsymbol{a}_6\dot{\theta}_6 \times (\boldsymbol{p}_H - \boldsymbol{p}_6) \tag{4.3.33}$$

$$\boldsymbol{\omega} = \boldsymbol{a}_1\dot{\theta}_1 + \cdots + \boldsymbol{a}_6\dot{\theta}_6 \tag{4.3.34}$$

よって，

$$V = J\dot{\boldsymbol{\theta}} \tag{4.3.35}$$

ここで

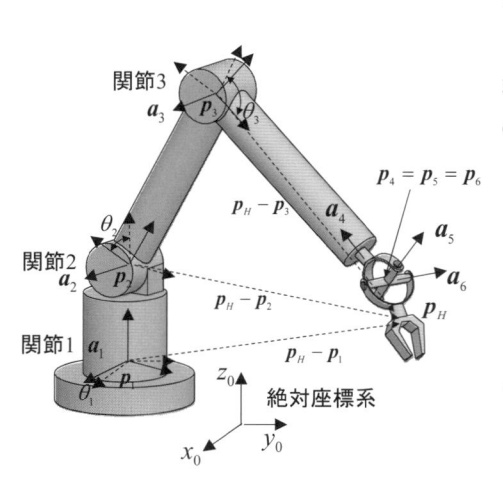

図4.3.12 6自由度マニピュレータ

$$V = \begin{bmatrix} v_H \\ \omega \end{bmatrix}, \quad J = \begin{bmatrix} a_1 \times (p_H - p_1) & \cdots & a_6 \times (p_H - p_6) \\ a_1 & \cdots & a_6 \end{bmatrix}, \quad \dot{\theta} = \begin{bmatrix} \dot{\theta}_1 \\ \vdots \\ \dot{\theta}_6 \end{bmatrix} \quad (4.3.36)$$

となる．角速度が式(4.3.34)のように和になることは4・3・9項で説明する．第i関節が直動関節の場合には，ヤコビ行列は

$$J = \begin{bmatrix} a_1 \times (p_H - p_1) & \cdots & a_i & \cdots & a_6 \times (p_H - p_6) \\ a_1 & \cdots & 0 & \cdots & a_6 \end{bmatrix} \quad (4.3.37)$$

となる．

4・3・6 静力学的関係（Statics）

4・2・2項で説明したモーメントを3次元に拡張する．図4.3.13のように，力$f = [f_x \ f_y \ f_z]^T$が位置$p = [p_x \ p_y \ p_z]^T$に作用しているとする．このx方向成分$[f_x \ 0 \ 0]^T$によるモーメントは$[0 \ p_z f_x \ -p_y f_x]^T$であり，$y$方向成分$[0 \ f_y \ 0]^T$によるモーメントは$[-p_z f_y \ 0 \ p_x f_y]^T$である．$z$方向成分$[0 \ 0 \ f_z]^T$によるモーメントは$[p_y f_z \ -p_x f_z \ 0]^T$である．よって，力$f = [f_x \ f_y \ f_z]^T$によるモーメントはその和となり，

$$n = \begin{bmatrix} 0 \\ p_z f_x \\ -p_y f_x \end{bmatrix} + \begin{bmatrix} -p_z f_y \\ 0 \\ p_x f_y \end{bmatrix} + \begin{bmatrix} p_y f_z \\ -p_x f_z \\ 0 \end{bmatrix} = p \times f \quad (4.3.38)$$

となる．すなわち，モーメントは位置と力の外積で与えられる．

再び3自由度マニピュレータを考える．図4.3.14のように外部に力fを作用させているとき，マニピュレータにはその反作用力$-f$が働く．これにより関節1が受けるモーメントは$(p_H - p_1) \times (-f)$であり，その関節軸方向a_1の成分は$a_1^T((p_H - p_1) \times (-f))$である．これが関節1のアクチュエータが出力するトルクτ_1とつりあうためには，

$$a_1^T((p_H - p_1) \times (-f)) + \tau_1 = 0 \quad (4.3.39)$$

である．これより

$$\begin{aligned} \tau_1 &= a_1^T((p_H - p_1) \times f) \\ &= f^T(a_1 \times (p_H - p_1)) = (a_1 \times (p_H - p_1))^T f \end{aligned} \quad (4.3.40)$$

関節2，3について同様であり，まとめると

$$\begin{bmatrix} (a_1 \times (p_H - p_1))^T \\ (a_2 \times (p_H - p_2))^T \\ (a_3 \times (p_H - p_3))^T \end{bmatrix} f = \begin{bmatrix} \tau_1 \\ \tau_2 \\ \tau_3 \end{bmatrix} \quad (4.3.41)$$

よって

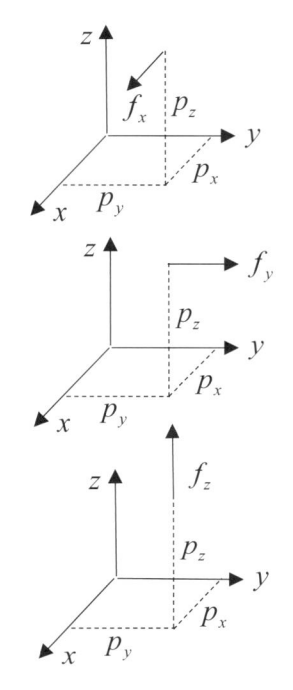

$$J^T f = \tau \quad (4.3.42)$$

図4.3.13　力成分によるモーメント

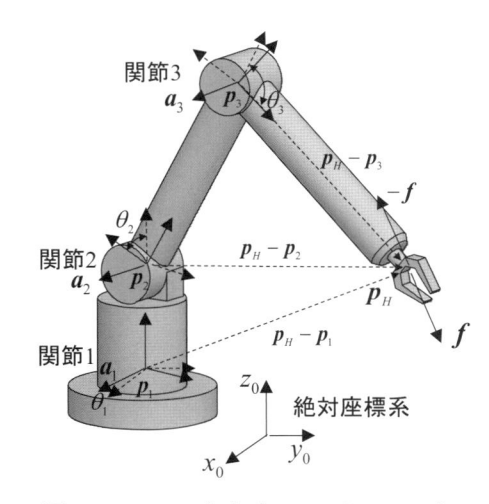

図4.3.14　3自由度マニピュレータ（力を作用する場合）

である.

　式(4.3.31)の運動学の関係式で現れたヤコビ行列 J が静力学関係を表す式(4.3.42)にも現れたが，これは偶然ではない．外力 $-f$ がマニピュレータ先端に作用し，関節トルク τ でつりあい状態にあるとき，関節が仮想的に微小変位 $\Delta\theta$ したとする．それにともない先端も微小変位 Δx する．関節でアクチュエータがする仕事と先端で外力がする仕事は等しい．よって，

$$-f^T \Delta x + \tau^T \Delta\theta = 0 \tag{4.3.43}$$

が成り立つ．一般にこの原理は仮想仕事の原理と呼ばれている．両辺を微小時間 Δt で割り，その極限を考えると，

$$-f^T v_H + \tau^T \dot{\theta} = 0 \tag{4.3.44}$$

を得る．式(4.3.31)と式(4.3.44)から式(4.3.42)が導出できることを示そう．式(4.3.44)に式(4.3.31)を代入すると

$$-f^T J\dot{\theta} + \tau^T \dot{\theta} = 0 \tag{4.3.45}$$

を得る．この式は任意の $\dot{\theta}$ に対して成り立つから

$$-f^T J + \tau^T = 0 \tag{4.3.46}$$

が成り立つ．これより式(4.3.42)を得る.

4・3・7　座標系に関する補足（Supplementary explanations of coordinate system）＊

a．Denavit-Hartenberg method（DH 法）

　マニピュレータの関節に座標系を設定する際に，どちらの方向を x 軸とするかなど座標系の設定には任意性がある．そこで統一的な座標系設定方法として DH 法[5]がよく使われる．DH 法を使わなければならないというルールはないが，少なくとも文献を読む際には基礎知識として必要である．ここではその概略を紹介する.

　図 4.3.15 のようにリンク i-1 とリンク i が回転または直動の関節軸 i で繋がれているとする．この関節軸 i を含む直線を S_i とする．DH 法では，リンク i-1 に固定する座標系 Σ_{i-1} をこの直線 S_i 上に設定する．リンクの終端側の関節に座標系を設定することに注意する必要がある．座標系 Σ_{i-1} の z_{i-1} 軸を S_i の方向に一致させる．S_{i-1} と S_i の共通法線を N_{i-1} とし，N_{i-1} と S_i の交点を原点 O_{i-1} とする．N_{i-1} の方向を x_{i-1} 軸として，y_{i-1} 軸は右手系が構成される向きとする．同様にしてリンク i に固定する座標系 Σ_i を S_{i+1} 上に設定する.

　共通法線 N_i の長さを a_i，x_{i-1} 軸と x_i 軸のなす角を θ_i，z_{i-1} 軸と z_i 軸のなす角を α_i，原点 O_{i-1} から共通法線 N_i と S_i との交点までの距離を d_i とする．同次変換行列はこれら 4 つのパラメータにより

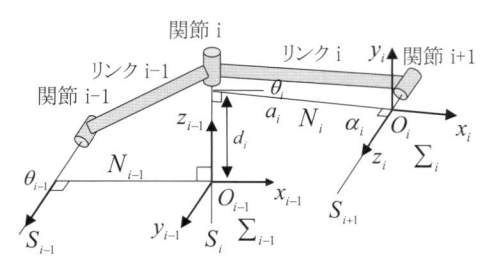

図 4.3.15　Denavit-Hartenberg 法

$$^{i-1}A_i = \begin{bmatrix} & & & 0 \\ R(z,\theta_i) & & & 0 \\ & & & 0 \\ 0 & 0 & 0 & 1 \end{bmatrix} \begin{bmatrix} & & & a_1 \\ E_3 & & & 0 \\ & & & d_1 \\ 0 & 0 & 0 & 1 \end{bmatrix} \begin{bmatrix} & & & 0 \\ R(x,\alpha_i) & & & 0 \\ & & & 0 \\ 0 & 0 & 0 & 1 \end{bmatrix} \quad (4.3.47)$$

となる．関節 i が回転関節の場合は θ_i が変数になり，直動関節の場合は d_i が変数になる．

b．座標変換と回転変換

座標変換と回転変換(rotation transformation)の違いについて説明する．式(4.3.8)〜(4.3.10)の $R(x,\theta)$，$R(y,\theta)$，$R(z,\theta)$ はベクトルを回転させる回転変換行列でもある．

例えば図 4.3.16(a)のように，ベクトル $^A p = [1\ 0\ 1]^T$ を座標系 A の z 軸回りに 90 度回転すると

$$R(z,\pi/2)\begin{bmatrix}1\\0\\1\end{bmatrix} = \begin{bmatrix}0 & -1 & 0\\1 & 0 & 0\\0 & 0 & 1\end{bmatrix}\begin{bmatrix}1\\0\\1\end{bmatrix} = \begin{bmatrix}0\\1\\1\end{bmatrix} \quad (4.3.48)$$

に移る．一方，同図(b)のように座標系の方も z 軸回りに 90 度回転させ，この座標系を B とすると，この座標系からみて $^B p = [1\ 0\ 1]^T$ であるベクトルは座標系 A から見ると $^A p = [0\ 1\ 1]^T$ に見える．式(4.3.48)はこのように解釈することもできる．

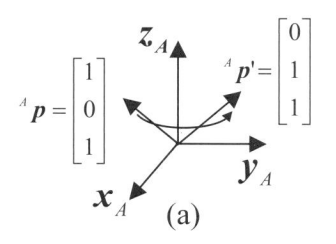

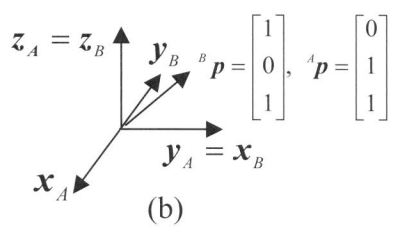

図 4.3.16 ベクトルの回転と座標変換

座標回転行列が回転された座標系の座標軸方向の単位ベクトルを 3 つ並べた行列であるのに対し，回転変換行列は回転移動を表す行列である．また，変換した後のベクトル $^A p'^T$ はやはり座標系 A で定義されたベクトルであるのに対し，座標回転行列で変換したベクトルは異なる座標系で定義されたベクトルとなる．このことが相違である．

c．ロール・ピッチ・ヨー角の計算

座標回転行列 R が与えられたとき，ロール・ピッチ・ヨー角 α, β, γ はつぎのようにして計算することができる．式(4.3.22)より

$$RR(x,\gamma)^T = R(z,\alpha)R(y,\beta) \quad (4.3.49)$$

であり，要素に展開すると，

$$\begin{bmatrix}r_{11} & r_{12} & r_{13}\\r_{21} & r_{22} & r_{23}\\r_{31} & r_{32} & r_{33}\end{bmatrix}\begin{bmatrix}1 & 0 & 0\\0 & c_\gamma & s_\gamma\\0 & -s_\gamma & c_\gamma\end{bmatrix} = \begin{bmatrix}c_\alpha & -s_\alpha & 0\\s_\alpha & c_\alpha & 0\\0 & 0 & 1\end{bmatrix}\begin{bmatrix}c_\beta & 0 & s_\beta\\0 & 1 & 0\\-s_\beta & 0 & c_\beta\end{bmatrix}$$

$$\begin{bmatrix}r_{11} & c_\gamma r_{12} - s_\gamma r_{13} & s_\gamma r_{12} + c_\gamma r_{13}\\r_{21} & c_\gamma r_{22} - s_\gamma r_{23} & s_\gamma r_{22} + c_\gamma r_{23}\\r_{31} & c_\gamma r_{32} - s_\gamma r_{33} & s_\gamma r_{32} + c_\gamma r_{33}\end{bmatrix} = \begin{bmatrix}c_\alpha c_\beta & -s_\alpha & c_\alpha s_\beta\\s_\alpha c_\beta & c_\alpha & s_\alpha s_\beta\\-s_\beta & 0 & c_\beta\end{bmatrix} \quad (4.3.50)$$

左右の 3 行 2 列目を等しいとすると $c_\gamma r_{32} - s_\gamma r_{33} = 0$ であり，これを解くと

$$\gamma = \tan^{-1}(r_{32}/r_{33}) \quad \text{または} \quad \gamma = \tan^{-1}(r_{32}/r_{33}) + \pi \tag{4.3.51}$$

を得る．角度 γ の選択は一意ではない．一方，$s_\alpha = -c_\gamma r_{12} + s_\gamma r_{13}$，$c_\alpha = c_\gamma r_{22} - s_\gamma r_{23}$ より

$$\alpha = \mathrm{atan2}(-c_\gamma r_{12} + s_\gamma r_{13}, c_\gamma r_{22} - s_\gamma r_{23}) \tag{4.3.52}$$

$s_\beta = -r_{31}$，$c_\beta = s_\gamma r_{32} + c_\gamma r_{33}$ より

$$\beta = \mathrm{atan2}(-r_{31}, s_\gamma r_{32} + c_\gamma r_{33}) \tag{4.3.53}$$

である．

式(4.3.23)のオイラー角についても，ロール・ピッチ・ヨー角の場合と同様にして次を示すことができる（練習問題）．

$$\gamma = -\tan^{-1}(r_{32}/r_{31}) \text{ または } \gamma = -\tan^{-1}(r_{32}/r_{31}) + \pi \tag{4.3.54}$$

$$\beta = \mathrm{atan2}(-r_{31}c_\gamma + r_{32}s_\gamma, r_{33}) \tag{4.3.55}$$

$$\alpha = \mathrm{atan2}(-r_{11}s_\gamma - r_{12}c_\gamma, r_{21}s_\gamma + r_{22}c_\gamma) \tag{4.3.56}$$

---

atan2 関数

例えば，$x=1$，$y=1$ のとき逆正接は $\tan^{-1}(y/x) = \tan^{-1}(1) = \pi/4$ であるが，$x=-1$，$y=-1$ のときも $\tan^{-1}(y/x) = \tan^{-1}(1) = \pi/4$ となってしまう．本来ならば，$-3\pi/4$ である．この不都合をなくすために，atan2 関数（$-\pi \le \mathrm{atan2}(y,x) \le \pi$）は x と y の符号を考慮し，
$\mathrm{atan2}(y,x) = \mathrm{atan2}(-1,-1) = -3\pi/4$
と正しい答を返す．逆正接を計算するときに，x と y の符号がわかっているときはそれを使うことが重要である．

4・3・8 外積と角速度の性質（Properties of cross product and angular velocity）＊

a．外積の性質

外積に関する性質の挙げておく．

性質4）$\boldsymbol{a} \times \boldsymbol{b} = \boldsymbol{S}(\boldsymbol{a})\boldsymbol{b}$　ここで

$$\boldsymbol{S}(\boldsymbol{a}) = \begin{bmatrix} 0 & -a_z & a_y \\ a_z & 0 & -a_x \\ -a_y & a_x & 0 \end{bmatrix} \tag{4.3.57}$$

であり，$\boldsymbol{S}(\boldsymbol{a})$ は $\boldsymbol{S}(\boldsymbol{a})^T = -\boldsymbol{S}(\boldsymbol{a})$ の性質があり，このような行列は歪対称行列と呼ばれる．これは外積を行列を用いて表したにすぎない．

性質5）$\boldsymbol{S}(\boldsymbol{a} \times \boldsymbol{b}) = \boldsymbol{b}\boldsymbol{a}^T - \boldsymbol{a}\boldsymbol{b}^T$ (4.3.58)

両辺を成分に展開し比較することにより示すことができる．

性質6）$\boldsymbol{a} \times (\boldsymbol{b} \times \boldsymbol{c}) = (\boldsymbol{a}^T \boldsymbol{c})\boldsymbol{b} - (\boldsymbol{a}^T \boldsymbol{b})\boldsymbol{c}$ (4.3.59)

これはベクトル3重積と呼ばれ，性質5を用いて示すことができる．

b．並進速度の計算

図 4.3.10 において，物体が並進速度を伴っている場合を考える．これは原点の並進速度が零ではなく $\boldsymbol{v}_0 \ne 0$ であるときである．位置ベクトル $\boldsymbol{p}$ の位置での並進速度は

$$v = \omega \times p + v_0 \quad (4.3.60)$$

である.

注意すべきことは,並進速度は式(4.3.60)のように物体の場所により変化するが,角速度は剛体であるならば物体上で異なることはないことである.さらに,ベクトル p 自体の微分は

$$\dot{p} = \omega \times p \quad (4.3.61)$$

であることに注意が必要である.物体が並進速度 v_0 で並進運動をしても,ベクトル p は平行移動するだけであり変化しない.したがって,式(4.3.61)には v_0 は現れず,回転運動をしたときだけベクトル p は変化し,その変化は式(4.3.61)で表される.

c. 角速度と座標回転行列の微分

同様に,座標系の軸ベクトルも回転運動するときだけ変化し,その微分は角速度を用いてつぎのように表される.

$$\dot{x} = \omega \times x, \quad \dot{y} = \omega \times y, \quad \dot{z} = \omega \times z \quad (4.3.62)$$

これより

$$\dot{R} = [\dot{x} \ \dot{y} \ \dot{z}] = [S(\omega)x \ S(\omega)y \ S(\omega)z] = S(\omega)[x \ y \ z] = S(\omega)R \quad (4.3.63)$$

を得る.

角速度と座標回転行列の微分とは式(4.3.63)のように関連している.しかし,前述のロール・ピッチ・ヨー角を微分しても角速度にはならない.それらはつぎの関係がある.

$$\omega = \begin{bmatrix} 0 \\ 0 \\ \dot{\alpha} \end{bmatrix} + R(z, \alpha) \begin{bmatrix} 0 \\ \dot{\beta} \\ 0 \end{bmatrix} + R(z, \alpha)R(y, \beta) \begin{bmatrix} \dot{\gamma} \\ 0 \\ 0 \end{bmatrix} \quad (4.3.64)$$

d. 角速度の和

先端の第6リンクの角速度が式(4.3.34)のように和 $\omega = a_1 \dot{\theta}_1 + \cdots + a_6 \dot{\theta}_6$ になることには疑問を感じるかもしれないが,つぎのように説明できる.第6リンク座標系原点の並進速度は

$$v_6 = a_1 \dot{\theta}_1 \times (p_6 - p_1) + \cdots + a_5 \dot{\theta}_5 \times (p_6 - p_5) \quad (4.3.65)$$

であり,第6リンクの角速度を ω とし,式(4.3.60)を用いると先端速度は

$$v_H = v_6 + \omega \times (p_H - p_6) \quad (4.3.66)$$

となる.これと式(4.3.33)により計算される先端速度は等しいので,

加速度の導出

$v = \omega \times p + v_0$ をもう一回微分すると,加速度を求めることができる.

$$\dot{v} = \dot{\omega} \times p + \omega \times \dot{p} + \dot{v}_0$$
$$= \dot{\omega} \times p + \omega \times (\omega \times p) + \dot{v}_0$$

となる.

式(4.3.64)の導出

式(4.3.22)の両辺を時間で微分し,式(4.3.63)を適用し,公式

$$RS(a) = S(Ra)R$$

を用いる.トライしてみよう.

$$a_1\dot{\theta}_1 \times (p_H - p_1) + \cdots + a_6\dot{\theta}_6 \times (p_H - p_6)$$
$$= a_1\dot{\theta}_1 \times (p_6 - p_1) + \cdots + a_5\dot{\theta}_5 \times (p_6 - p_5) + \omega \times (p_H - p_6)$$

であり,これより

$$(a_1\dot{\theta}_1 + \cdots + a_6\dot{\theta}_6) \times (p_H - p_6) = \omega \times (p_H - p_6) \tag{4.3.67}$$

でなければならない.$\omega = a_1\dot{\theta}_1 + \cdots + a_6\dot{\theta}_6$ であれば,この式に矛盾しない.

4・4 制御(Control)

一般的な制御手法として,古典制御,現代制御,適応制御等,これまで様々な制御手法が提案されているが,ここでは各制御手法ではなく,マニピュレータを制御するための手法について説明する.マニピュレータにより何らかの作業を行うためには,エンドエフェクタ(end effector)の位置,力,あるいは位置と力の両方を制御する必要がある.本章では,まずPTP制御に関する説明を行った後,位置制御について説明し,続いて力制御について説明した後,位置と力を同時に制御する手法について紹介する.

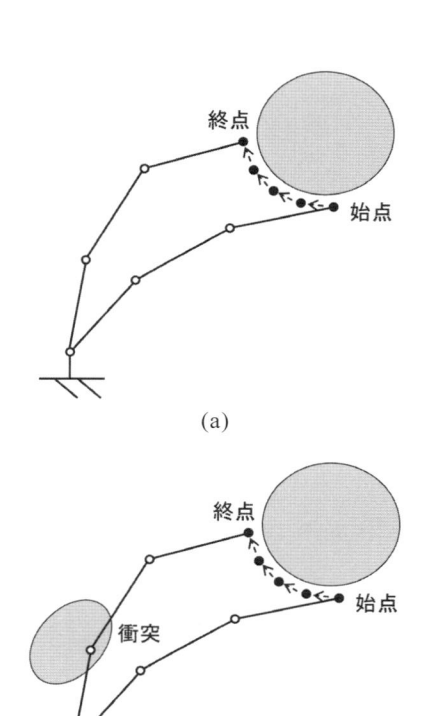

4・4・1 PTP制御(Point to point control)

PTP制御とは,Point to Point 制御の略のことで,飛び石を連続して飛んでいくようなイメージで,描くべき軌道の重要な点をいくつか指定し,その間を移動するように制御する方法である.マニピュレータのエンドエフェクタの場合,エンドエフェクタの位置をいくつか指定することが考えられる.一番単純な軌道は初期地点と最終地点を直線で結ぶ軌道であるが,障害物を回避する必要がある場合には図 4.4.1(a)のように,いくつかの点を結ぶことで障害物を回避していく.

しかし,エンドエフェクタの位置だけを指定するのでは,完全には障害物を回避することはできない.例えば,図 4.4.1(b)のように,マニピュレータの「肘」が障害物に衝突してしまう可能性もある.そこで,第 8 章で説明するようなモーションプラニングの考え方が必要となる.

4・4・2 位置制御(Position control)

マニピュレータの位置制御は,各関節の角度を目標値に近づける関節座標での位置制御とマニピュレータのエンドエフェクタの位置姿勢を目標値に近づける作業座標での位置制御に分けられる.以下,それぞれについて説明する.

a.関節座標での位置制御

まず,制御の働きを直感的に理解するために,図 4.4.2 に示すような z 軸に関節軸を持つ平面 1 自由度マニピュレータを例に取り説明する.なお,制御についてのもう少し詳しい説明は「第 7 章 制御する」で行う.さて,図 4.4.2 のマニピュレータの運動方程式は 4・2・3 項の議論から次式で表せる.

図 4.4.1 PTP 制御

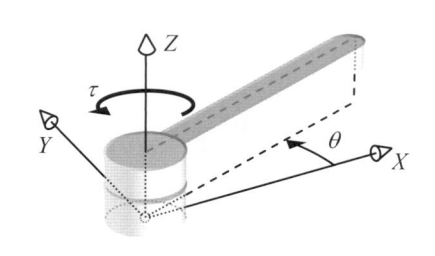

図 4.4.2 平面 1 自由度マニピュレータ

4・4 制御

$$\tau = (I + mr^2)\ddot{\theta} = \bar{I}\ddot{\theta} \tag{4.4.1}$$

なお，$\bar{I}$ は関節軸回りの慣性モーメントを表す．ここで，関節の目標軌道，すなわち時刻 t における目標関節角度 $\theta_d(t)$ が与えられているとする．ただし，$\theta_d(t)$ は時間に関して2回微分可能な関数であることを仮定する（以降，$\theta_d(t)$ と $\theta(t)$ を，それぞれ θ_d と θ とする）．このとき，関節に発生させるトルクを次式で与えてやれば関節は目標通りに動くはずである．

$$\tau = \bar{I}\ddot{\theta}_d \tag{4.4.2}$$

しかしながら，実際には式で表されていない様々な要因（空気抵抗や関節軸に発生する摩擦力，$\bar{I}$ が正確ではない，など）により，実現される θ と目標関節角度 θ_d との間に誤差が生じる．そこでこの誤差をなくすために，θ と $\dot{\theta}$ をセンサにより計測し，式(4.4.2)の代わりに次式でトルクを発生させる．

$$\tau = \tilde{I}\ddot{\theta}_d - \tilde{k}_d(\dot{\theta} - \dot{\theta}_d) - \tilde{k}_p(\theta - \theta_d) \tag{4.4.3}$$

上式の左辺第3項は，θ と θ_d との間に誤差があるとき，その誤差に比例したトルクを誤差が減少する方向へ発生させる．また，第2項は第3項と同様，角速度に誤差があるとき，その誤差が減少する方向へ速度誤差に比例したトルクを発生させる．$\bar{k}_p$, $\bar{k}_d$ はその際の比例定数であり，正の実数値で与える．式(4.4.3)は，図4.4.3に示すような目標角度を中立点とした仮想バネと仮想ダンパが関節についているマニピュレータの運動方程式と等価であり，$\bar{k}_p$ は仮想バネのバネ定数，$\bar{k}_d$ は仮想ダンパの粘性係数にそれぞれ相当する．ここで，式(4.4.3)を式(4.4.1)に代入し，$e = \theta_d - \theta$ として整理すると次式を得る．

$$\ddot{e} + k_d\dot{e} + k_p e = 0 \tag{4.4.4}$$

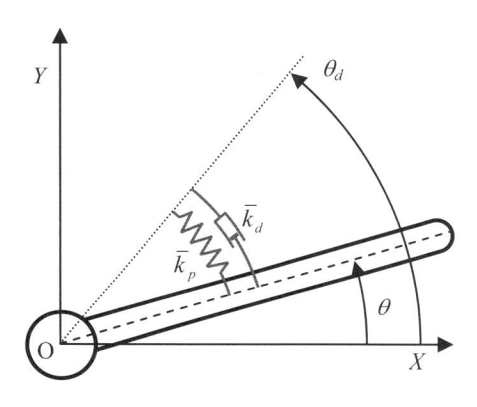

図 4.4.3 仮想バネと仮想ダンパ

ただし，$k_p = \bar{k}_p/\bar{I}$, $k_d = \bar{k}_d/\bar{I}$ である．また，e は偏差と呼ばれる．式(4.4.4)は偏差に関する微分方程式であり，仮に $k_d = 0$ とするとよく知られた単振動の運動方程式となる．すなわち，仮想ダンパがなければ偏差は振動し0にはならない．これは関節が目標角度の近傍で振動を続けることを意味する．したがって，k_p を大きくする，すなわち仮想バネを強くすれば，マニピュレータは素早く目標角度に近づくと考えるかもしれないが，実はマニピュレータの振動が激しくなり，目標角度に収束しにくくなるのである．この振動を抑制し，偏差を減衰させるのが仮想ダンパの役割である．式(4.4.4)から分かるように，偏差の挙動は k_p と k_d の値によって変わるが，k_p, k_d をうまく設定すれば素早く偏差を0に収束させることができる．式(4.4.3)のように，目標値と計測値（実測値，現在地）との偏差を用いて制御を行う手法をフィードバック制御という．したがって，式(4.4.2)において目標関節角度 $\ddot{\theta}_d$ の代わりに次式のような位置と速度のフィードバック制御則を用いると，マ

産業用ロボット・マニピュレータ

工場等において，最もよく用いられているロボットが産業用ロボット・マニピュレータである．産業用ロボット・マニピュレータは NC 工作機の流れをくむものであり，関節トルクを制御するのではなく，あらかじめ指定した目標先端位置に到達するように関節角速度を制御する手法が一般的に用いられる．

ニピュレータに目標関節角度を実現させることができる．

$$u_q = \ddot{\theta}_d + k_d(\dot{\theta}_d - \dot{\theta}) + k_p(\theta_d - \theta) \tag{4.4.5}$$

なお，k_p，k_d は制御パラメータ，または制御ゲインと呼ばれる．制御パラメータと関節の挙動との関係については第7章で詳しく説明する．

次に，式(4.4.5)を多関節型のマニピュレータの制御則へ拡張しよう．多関節型のマニピュレータは非線形システムであり，運動方程式は次式で示される．

$$\boldsymbol{\tau} = \boldsymbol{M}(\boldsymbol{\theta})\ddot{\boldsymbol{\theta}} + \boldsymbol{h}(\boldsymbol{\theta},\dot{\boldsymbol{\theta}}) + \boldsymbol{g}(\boldsymbol{\theta}) + \boldsymbol{f}_f(\dot{\boldsymbol{\theta}}) \tag{4.4.6}$$

ここで，$\boldsymbol{M}$ は慣性行列(inertia matrix)，$\boldsymbol{h}$ は遠心力，コリオリ力ベクトル，$\boldsymbol{g}$ は重力ベクトル，$\boldsymbol{f}_f$ は摩擦力ベクトル，$\boldsymbol{\tau}$ は関節トルクベクトルである．したがって，逆運動学を用いてマニピュレータのエンドエフェクタの目標軌道からサンプリング毎の目標関節角度 $\boldsymbol{\theta}_d(t)$ が算出でき，関節座標で制御を行う場合は，マニピュレータの各関節の角度と角速度が計測できるとすると，

$$\ddot{\boldsymbol{\theta}} = \ddot{\boldsymbol{\theta}}_d \tag{4.4.7}$$

とおき，関節トルクベクトル $\boldsymbol{\tau}$ を生成することにより理論上は目標軌道が生成できることになる．しかし，実際はモデル化誤差や外乱等により誤差が生じるためフィードバック制御が必要となる．特に摩擦は，静摩擦，動摩擦，粘性摩擦等から成る複雑なダイナミクスを持つ現象であり，温度や湿度等の環境の影響も受けるため，モデル化は容易ではなく，正確な値を得ることが困難である．そこで，遠心コリオリ力ベクトル，重力ベクトル，摩擦力ベクトルの推定値をそれぞれ $\hat{\boldsymbol{h}}$，$\hat{\boldsymbol{g}}$，$\hat{\boldsymbol{f}}_f$ とし，非線形項の推定値を

$$\hat{\boldsymbol{n}}(\boldsymbol{\theta},\dot{\boldsymbol{\theta}}) = \hat{\boldsymbol{h}}(\boldsymbol{\theta},\dot{\boldsymbol{\theta}}) + \hat{\boldsymbol{g}}(\boldsymbol{\theta}) + \hat{\boldsymbol{f}}_f(\dot{\boldsymbol{\theta}}) \tag{4.4.8}$$

とおき，関節座標での目標関節角度を実現させるため，目標関節角度に対して次式のような位置と速度のフィードバック制御則を用いると，

$$\boldsymbol{u}_q = \ddot{\boldsymbol{\theta}}_d + \boldsymbol{K}_v(\dot{\boldsymbol{\theta}}_d - \dot{\boldsymbol{\theta}}) + \boldsymbol{K}_p(\boldsymbol{\theta}_d - \boldsymbol{\theta}) \tag{4.4.9}$$

$$\boldsymbol{\tau} = \boldsymbol{M}(\boldsymbol{\theta})\boldsymbol{u}_q + \hat{\boldsymbol{n}}(\boldsymbol{\theta},\dot{\boldsymbol{\theta}}) \tag{4.4.10}$$

となり，このような関節トルクベクトル $\boldsymbol{\tau}$ を生成することにより関節座標での目標関節角度に対するフィードバック制御が可能となる．ここで，$\boldsymbol{u}_q$ は目標関節角度を実現させるための制御入力であり，図 4.4.4 に示す通り，概念的には目標関節角度に対する位置と速度のフィードバック制御則は目標関節角度で自然長となる仮想バネと仮想ダンパを付けたようなものである．したがって，ゲインを適切に設定することにより各関節角度が目標関節角度となるように制御される．

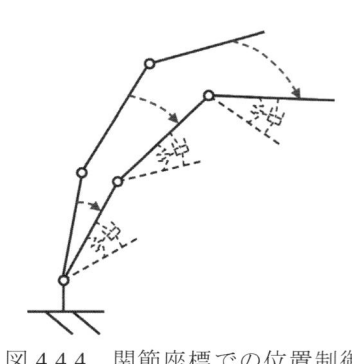

図 4.4.4　関節座標での位置制御

b．作業座標での位置制御

マニピュレータでは，エンドエフェクタにより作業を行うため，マニピュレータのエンドエフェクタの作業座標での目標軌道（目標先端軌道）に対して直接フィードバック制御を行うことが多い．マニピュレータの先端速度と関節角速度との関係を示すヤコビ行列を時間で微分すると，

$$\ddot{x} = J(\theta)\ddot{\theta} + \dot{J}(\theta)\dot{\theta} \tag{4.4.11}$$

の関係が得られ，これを変形すると，

$$\ddot{\theta} = J^{-1}(\theta)[\ddot{x} - \dot{J}(\theta)\dot{\theta}] \tag{4.4.12}$$

となる．これを式(4.4.6)に代入すると，運動方程式は，

$$\tau = M(\theta)J^{-1}(\theta)[\ddot{x} - \dot{J}(\theta)\dot{\theta}] + h(\theta,\dot{\theta}) + g(\theta) + f_f(\dot{\theta}) \tag{4.4.13}$$

と書けるため，作業座標での目標軌道を実現させるために目標軌道（サンプリング毎の目標位置姿勢）に対して次式のような位置と速度のフィードバック制御則を用いると，

$$u_x = \ddot{x}_d + K_v(\dot{x}_d - \dot{x}) + K_p(x_d - x) \tag{4.4.14}$$

$$\tau = M(\theta)J^{-1}(\theta)[u_x - \dot{J}(\theta)\dot{\theta}] + \hat{n}(\theta,\dot{\theta}) \tag{4.4.15}$$

となる．したがって，このような関節トルクベクトルτを生成することにより作業座標系でのマニピュレータのエンドエフェクタ目標軌道に対するフィードバック制御が可能となる．ここで，u_xは作業座標系での目標軌道を実現させるための制御入力であり，図 4.4.5 に示す通り，概念的には目標軌道に対する位置と速度のフィードバック制御則は目標軌道（サンプリング毎の目標位置姿勢）で自然長となる仮想バネと仮想ダンパを付けたようなものである．したがって，ゲインを適切に設定することによりマニピュレータのエンドエフェクタの軌道が目標軌道となるように制御される．

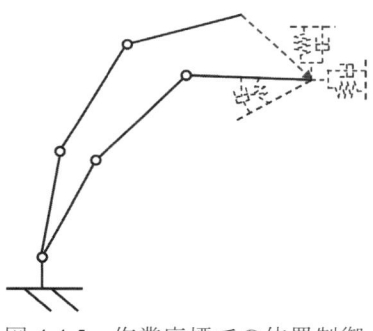

図 4.4.5 作業座標での位置制御

【例題 4・4・1】　＊＊＊＊＊＊＊＊＊＊＊＊＊＊＊＊＊＊＊＊＊
図 4.2.9 で示されるような 2 次元 2 自由度マニピュレータのエンドエフェクタが，式(4.4.14)で示される位置と速度のフィードバック制御則を用いて目標軌道 $x_d = [x_{d1}, x_{d2}]$ に追従するために必要な関節トルクを求めよ．ただし，フィードバックゲインは，$K_v = \mathrm{diag}[K_{v1}, K_{v2}]$，$K_p = \mathrm{diag}[K_{p1}, K_{p2}]$ とする．

【解答】
2 次元 2 自由度マニピュレータの運動方程式は式(4.2.12)と式(4.2.13)で与えられ，一般系は式(4.2.14)となる．ここで，ヤコビ行列は，

$$J = \begin{bmatrix} -L_1\sin\theta_1 - L_2\sin(\theta_1+\theta_2) & -L_2\sin(\theta_1+\theta_2) \\ L_1\cos\theta_1 + L_2\cos(\theta_1+\theta_2) & L_2\cos(\theta_1+\theta_2) \end{bmatrix}$$

となるため，ヤコビ行列の逆行列と時間微分は，

$$J^{-1} = \begin{bmatrix} J_{i11} & J_{i12} \\ J_{i21} & J_{i22} \end{bmatrix}$$

で示される．ここで，

$$J_{i11} = L_2 \cos(\theta_1 + \theta_2) / L_1 L_2 \sin \theta_2$$

$$J_{i12} = L_2 \sin(\theta_1 + \theta_2) / L_1 L_2 \sin \theta_2$$

$$J_{i21} = -L_1 \cos \theta_1 - L_2 \cos(\theta_1 + \theta_2) / L_1 L_2 \sin \theta_2$$

$$J_{i22} = -L_1 \sin \theta_1 - L_2 \sin(\theta_1 + \theta_2) / L_1 L_2 \sin \theta_2$$

また，ヤコビ行列の時間微分は，

$$\dot{J} = \begin{bmatrix} J_{d11} & J_{d12} \\ J_{d21} & J_{d22} \end{bmatrix}$$

で示される．
ここで，

$$J_{d11} = -L_1 \dot{\theta}_1 \cos \theta_1 - L_2 (\dot{\theta}_1 + \dot{\theta}_2) \cos(\theta_1 + \theta_2)$$
$$J_{d12} = -L_2 (\dot{\theta}_1 + \dot{\theta}_2) \cos(\theta_1 + \theta_2)$$
$$J_{d21} = -L_1 \dot{\theta}_1 \sin \theta_1 - L_2 (\dot{\theta}_1 + \dot{\theta}_2) \sin(\theta_1 + \theta_2)$$
$$J_{d22} = -L_2 (\dot{\theta}_1 + \dot{\theta}_2) \sin(\theta_1 + \theta_2)$$

したがって，フィードバック制御を

$$u_x = \begin{bmatrix} u_{x1} \\ u_{x2} \end{bmatrix} = \begin{bmatrix} \ddot{x}_{d1} + K_{v1}(\dot{x}_{d1} - \dot{x}_1) + K_{p1}(x_{d1} - x_1) \\ \ddot{x}_{d2} + K_{v2}(\dot{x}_{d2} - \dot{x}_2) + K_{p2}(x_{d2} - x_2) \end{bmatrix}$$

とすると，式(4.2.14)，(4.4.14)，(4.4.15)より，

$$\tau_1 = (M_{11} J_{i11} + M_{12} J_{i21})(u_{x1} - J_{d11} \dot{\theta}_1 - J_{d12} \dot{\theta}_2)$$
$$+ (M_{11} J_{i12} + M_{12} J_{i22})(u_{x2} - J_{d21} \dot{\theta}_1 - J_{d22} \dot{\theta}_2) + H_1$$

$$\tau_2 = (M_{21} J_{i11} + M_{22} J_{i21})(u_{x1} - J_{d11} \dot{\theta}_1 - J_{d12} \dot{\theta}_2)$$
$$+ (M_{21} J_{i12} + M_{22} J_{i22})(u_{x2} - J_{d21} \dot{\theta}_1 - J_{d22} \dot{\theta}_2) + H_2$$

となる．

* *

バックドライバビリティ
外力により生じる出力関節の回転の度合いを示すもので，動力伝達機構や減速比等により変化する．一般に産業用ロボット・マニピュレータのように高減速比のギヤを用いると出力関節に現れる摩擦力や慣性力が大きくなり，バックドライバビリティは悪化する．

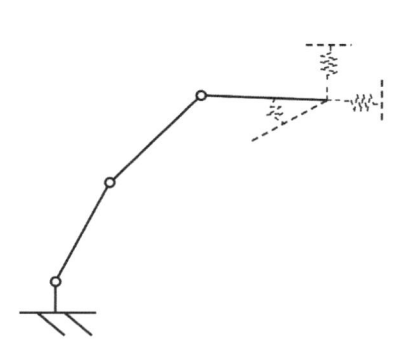

図4.4.6 目標位置での静止状態

4・4・3 力制御（Force control）

マニピュレータの先端が何らかの物体に接触しているとき，マニピュレータの先端と物体間に発生する力を制御することを力制御という．前節で説明した作業座標での位置制御において，図4.4.6で示すように目標位置姿勢で静止しているマニピュレータに位置のフィードバック制御則のみを用いた場合，マニピュレータにバックドライバビリティ(back-drivablity)があるとする

と，先端を押すとバネのような挙動となる．この場合，マニピュレータ自身を仮想のバネとして扱うことができ，そのバネ定数は制御ゲインで各方向別に設定できるため，位置と力の関係を制御できることになる．これがコンプライアンス制御であり，先端の柔らかさを制御する手法である．コンプライアンス(compliance)とは柔らかさ（バネ定数の逆数）を意味する．マニピュレータ自身が仮想のバネとなるため，通常のバネと同様に先端位置と力の関係式は次式で表すことができる．

$$f = K(x_d - x) \tag{4.4.16}$$

ここで，f はエンドエフェクタに加わる力ベクトル，K はバネ定数である．マニピュレータが何らかの対象物と接触している場合，対象物自身も動特性を持つため，バネ定数 K は制御ゲインで設定したマニピュレータのバネ定数と対象物の持つバネ定数を直列につないだものと同等になる．

マニピュレータにより対象物や環境に対し加える力を直接計測できる場合は，マニピュレータにバックドライバビリティがなくてもエンドエフェクタと対象物あるいは環境との間の力を直接フィードバック制御できる．

ヤコビ行列を用いるとエンドエフェクタに加わる力ベクトルとマニピュレータの関節トルクベクトルの関係は次式で示される．

$$\boldsymbol{\tau}_f = \boldsymbol{J}^\mathrm{T} \boldsymbol{f} \tag{4.4.17}$$

ここで，f はエンドエフェクタに加わる力ベクトル，τ_f はエンドエフェクタに加わる力ベクトルと等価なマニピュレータの関節トルクベクトルである．したがって，エンドエフェクタで対象物や環境に加える力の目標力ベクトルを f_d とおくと運動方程式は，

$$\boldsymbol{\tau} = \boldsymbol{M}(\boldsymbol{\theta})\ddot{\boldsymbol{\theta}} + \hat{\boldsymbol{n}}(\boldsymbol{\theta},\dot{\boldsymbol{\theta}}) + \boldsymbol{J}^\mathrm{T}\boldsymbol{f}_d \tag{4.4.18}$$

となる．力を直接制御するための制御則として力誤差とその積分動作を用いると，

$$\boldsymbol{u}_f = \boldsymbol{f}_d + \boldsymbol{K}_f(\boldsymbol{f}_d - \boldsymbol{f}) + \boldsymbol{K}_i \int (\boldsymbol{f}_d - \boldsymbol{f}) dt \tag{4.4.19}$$

$$\boldsymbol{\tau} = \boldsymbol{M}(\boldsymbol{\theta})\ddot{\boldsymbol{\theta}} + \hat{\boldsymbol{n}}(\boldsymbol{\theta},\dot{\boldsymbol{\theta}}) + \boldsymbol{J}^\mathrm{T}\boldsymbol{u}_f \tag{4.4.20}$$

となる．ここで，u_f は目標力を実現させるための制御入力である．

マニピュレータの力制御では，エンドエフェクタが対象物あるいは環境に接触しているため，力を加える対象物あるいは環境の動特性を考慮する必要がある．そのため，接触する対象物あるいは環境の動特性が予め分かっている場合はフィードバック制御のゲインも適切に設定できるが，動特性が分からない場合はフィードバック制御のゲインを適切に設定することが難しくなる．この点において位置制御とは異なる注意が必要である．

産業用ロボットでの力制御

産業用ロボット・マニピュレータでは，一般的には関節角速度を制御するため，力制御を行う際にも，手首部等に設置した力覚センサ情報を元に目標関節角速度を算出し，関節角速度を制御することにより力制御を実現させている場合が多い．

4・4・4 位置／力制御(Position/force control)

マニピュレータにより対象物や環境に対して作業を行う場合,エンドエフェクタの位置とエンドエフェクタが対象物や環境に加える力の両方を同時に制御する必要のある場合がある.また,図 4.4.7 に示すように,複数のマニピュレータにより対象物を操る場合には,対象物に与える内力と対象物の位置を同時に制御する必要がある.マニピュレータのエンドエフェクタの位置と力を両方同時に制御する手法として,位置／力ハイブリッド制御とインピーダンス制御がある.位置／力ハイブリッド制御は位置と力をそれぞれ直接制御する手法であり,インピーダンス制御は位置と力の関係を制御する手法である.

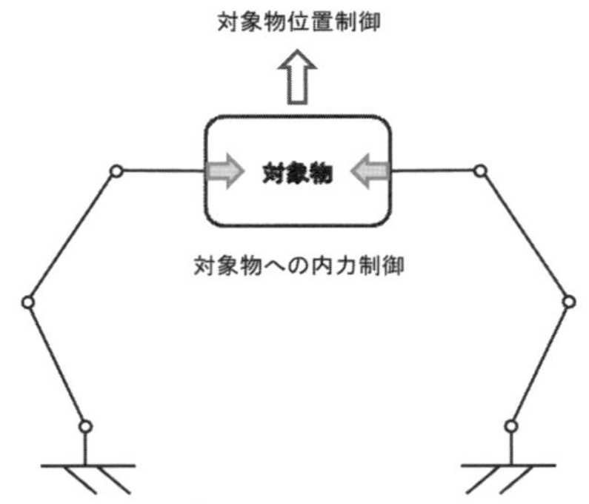

図 4.4.7 2台のマニピュレータによる対象物制御

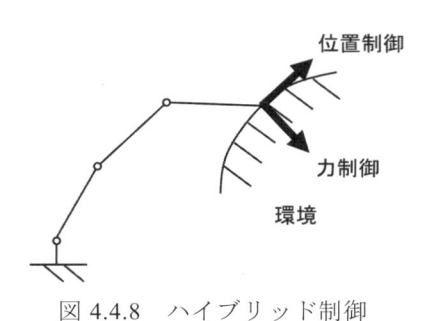

図 4.4.8 ハイブリッド制御

a.ハイブリッド制御

位置／力ハイブリッド制御(hybrid control)は,マニピュレータのエンドエフェクタの作業空間を位置制御方向とそれに直交する力制御方向に分け,それぞれ独立に位置制御と力制御を行う制御手法である.例えば,図 4.4.8 に示すように,ある環境に力を加える場合,環境表面の法線方向が力制御方向となり,それに直交する環境表面の接線方向が位置制御方向となる.位置制御方向と力制御方向はモード選択行列 S により分けられる.モード選択行列は 0 か 1 の値をもつ対角行列で,例えば力制御方向を示す対角成分が 1 の値をもつモード選択行列 S の場合,位置制御方向は $(I-S)$ で示される.ここで,I は単位行列である.したがって,例えば作業座標系と基準座標系が一致する場合,運動方程式は次式のように示される.

$$\tau = M(\theta)J^{-1}(\theta)[(I-S)u_x - \dot{J}(\theta)\dot{\theta}] + \hat{n}(\theta,\dot{\theta}) + J^{\mathrm{T}}Su_f \qquad (4.4.21)$$

ここで,u_x は作業座標系での目標軌道を実現させるための位置制御則,u_f は目標力を実現させるための力制御則である.このように,位置／力ハイブリッド制御では,位置制御則と力制御則を別々に設定し,それぞれを直接制御する手法である.

b.インピーダンス制御

インピーダンス制御は,位置と力との関係を制御する手法であり,マニピュレータをバネ・マス・ダンパシステムの如く挙動させる制御手法である.

マニピュレータによる作業座標系(先端に固定された直交座標系)での望ましい機械インピーダンス特性を

$$M_d\ddot{x} + B_d(\dot{x}-\dot{x}_d) + K_d(x-x_d) = f \qquad (4.4.22)$$

とする.ここで,M_d は望ましい慣性行列,B_d は望ましい減衰特性行列,K_d は望ましい剛性特性行列,x は作業座標系におけるマニピュレータの先端の位置姿勢ベクトル,f はマニピュレータの先端に加わる外力である.

望ましい機械インピーダンス特性を得るための加速度は,

$$\ddot{x} = M_d^{-1}(-B_d(\dot{x}-\dot{x}_d) - K_d(x-x_d) + f) \qquad (4.4.23)$$

であるから，式(4.4.13)の運動方程式に代入して，

$$\tau = -M(\theta)J^{-1}M_d^{-1}(B_d(\dot{x}-\dot{x}_d)+K_d(x-x_d))-M(\theta)J^{-1}\dot{J}\dot{\theta} \\ +\hat{n}(\theta,\dot{\theta})+(M(\theta)J^{-1}M_d^{-1}-J^T)f \quad (4.4.24)$$

で望ましい機械インピーダンス特性を持つ制御が実現できる.

===== 練習問題 =====================

【4・1】人間が日頃行っている種々雑多な作業（例えば食器の片付け，机の上の片付け）をロボットに実行させることがなぜ難しいのか考えてみよ.

【4・2】図 4.2.1 のマニピュレータで，L_1=0.6[m]，L_2=0.4[m]，L_3=0.2[m]，θ_1=60[deg]，θ_2=-30[deg]，θ_3=45[deg]のときの，マニピュレータ先端の位置を求めよ.

【4・3】図 4.2.5 のマニピュレータの特異姿勢を全てあげよ.

【4・4】図 4.2.6（図 4.2.1）のマニピュレータが垂直平面上に置かれている場合，すなわち Y 軸の負の方向に重力加速度がかかっている場合，マニピュレータの先端に力 F がかかったときにマニピュレータから土台に作用する力とモーメントの式を導出せよ．ただし，リンク L_1，L_2，L_3 の質量をそれぞれ m_1，m_2，m_3，重心位置はリンクの中央にあるものとし，重力加速度を g とする．さらに，マニピュレータが問題 4・2 の仕様で，力 F（=100[N]）がリンク L_3 の先端にリンクと同方向に作用したときの，マニピュレータから土台に作用する力とモーメントを求めよ．重力加速度は 9.8m/s^2 とする

【4・5】図 4.2.9 のマニピュレータが垂直平面上に置かれている場合の動力学方程式を導出せよ．前問と同様に，各リンクの重心位置はリンクの中央にあるものとする.

【4・6】$^C r = [1\ 1\ 0]^T$，$^A R_B = R(y,\pi/4)$，$^B R_C = R(x,\pi/4)$，$^B p_C = [1\ 0\ 1]^T$，$^A p_B = [0\ 1\ 0]^T$ であるとき，$^A R_C$，$^A p_C$，$^A r$ を求めよ.

【4・7】式(4.3.25)の右辺の大きさが $|a||b|\sin\theta|$ であることを示せ.

【4・8】図 4.5.1 のマニピュレータは極座標型マニピュレータと呼ばれ，先端リンクがベクトル y_2 の方向に直動運動する．このマニピュレータ先端の絶対座標系に対する位置姿勢，およびヤコビ行列を導出せよ.

【4・9】図 4.3.12 の 6 自由度マニピュレータが手先 p_H から外部に力 f とモーメントト n を作用させるとする．静的につりあうための関節トルクを求めよ.

【4・10】式(4.3.42)と式(4.3.44)から式(4.3.31)を導出せよ.

【4・11】$R = R(z,\alpha)R(y,\beta)R(z,\gamma)$ で定義されるオイラー角について，ロール・ピッチ・ヨー角の場合と同様にして，式(4.3.54)～(4.3.56)を示せ.

【4・12】例題 4・4・1 において，関節 1 と関節 2 の動摩擦力がそれぞれで f_{r1} と f_{r2} であった場合，摩擦補償を行って目標軌道に追従するために必要な関節トルクを求めよ.

【4・13】例題 4・4・1 を参考にして，平面 3 自由度マニピュレータのエンドエフェクタが，位置と速度のフィードバック制御則を用いて目標軌道（先端の位置と姿勢）に追従するために必要な関節トルクを求めよ.

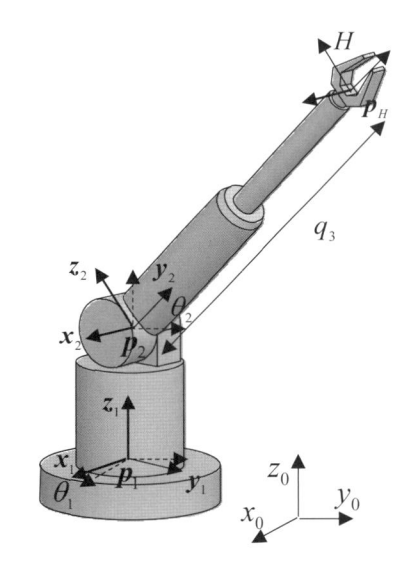

図 4.5.1 極座標マニピュレータ

【4・14】図 4.2.9 で示されるような 2 次元 2 自由度マニピュレータで位置／力ハイブリッド制御を行うことを考える．x 軸方向に力制御，y 軸方向に位置制御を行うものとし，力制御方向に力誤差とその積分動作のフィードバック制御（$u_f = f_d + K_f(f_d - f) + K_i \int (f_d - f)dt$），位置制御方向に位置と速度のフィードバック制御則（$u_x = \ddot{x}_d + K_v(\dot{x}_d - \dot{x}) + K_p(x_d - x)$）を行う場合に必要な関節トルクを求めよ．

第 4 章の文献

[1]　L. W. Tsai, Robot Analysis, John Wiley & Sons, Inc. (1999)

[2]　中嶋勝己他，日本ロボット学会誌，Vol.29, No.1, pp.43-44. (2011)

[3]　吉川恒夫，ロボット制御基礎論，コロナ社. (1988)

[4]　D.E.Whitney, Resolved Motion Rate Control of Manipulators and Human Prostheses, IEEE Transactions on Man-Machine Systems. (1969)

[5]　R. P. Paul（吉川恒夫訳），ロボットマニピュレータ，コロナ社. (1984)

第 5 章

計測する
Sensing

　机の上に置いてあるコップを掴みたいとき，ロボットはどのようにこの目的を実現するであろうか？
　例えば，まずカメラを使ってコップの場所や形状などを「計測」して掴みたい物体の情報を収集し，得られた情報をもとにコップをどうやって掴むか計算機（コンピュータ）で計算して「行動を決定」し，最終的に決定した行動を実現するために足や車輪などを動かして「移動」して机の場所にたどり着き，腕を動かしてコップを掴む「作業」を遂行するのではなかろうか？
　本章では，ロボットが周囲の状況あるいは自分自身の状態を「計測する」方法について説明する．具体的には，ロボットが自分自身の状態や環境中に存在する作業対象を認識・計測するためのセンサに関して，種類，計測原理，計測誤差，センサデータを取り扱う上での注意事項に関して説明する．
　5・1節ではロボットにとってのセンサの位置付けについて述べ，5・2節以降は対象物を発見して掴む作業を例として，その際に使用するセンサについて解説する．その後，対象物を発見するために使用するセンサ（5・2節：カメラ），対象物の位置と形状を計測するために使用するセンサ（5・2節：カメラ，5・3節：距離センサ），対象物に近づく際に関節の角度や車輪の回転数などを知るためのセンサ（5・4節：ロータリエンコーダ，ポテンショメータ），対象物を掴むためのセンサ（5・5節：力センサ），ロボットの姿勢を計測するためのセンサ（5・6節：加速度センサ，ジャイロスコープ）について，それぞれ説明する．

5・1　ロボットとセンサ（Robots and sensors）

5・1・1　センサ（Sensors）

　ロボットが周囲の状況または自分自身の状態を計測する装置のことをセンサ，センサを用いて計測する行為のことをセンシングとそれぞれ呼ぶ．
　センサは，光量・力・位置・速度・温度などの物理量（あるいは化学量）やそれらの変化量を計測し，計測した検出量をロボットにとって適切な別の情報（あるいは信号）に変換する．別の言い方をすると，センサは，物理現象を活用して，物理量を情報に変換する装置である（図 5.1.1）．

図 5.1.1　センサを用いた計測

5・1・2　センサの役割（Function of sensors）

　センサはロボットにとって必要不可欠な装置の 1 つである．
　例えば前述のコップを掴む作業の例において，ロボットには手や足（車輪）がついていないと作業ができないことは一目瞭然である．それと同様，センサなしにはロボットは作業を遂行することができない．
　最初に掴みたい物体の位置を計測するセンサがないと，机の上のコップを発見できない．また，事前にコップの位置が分かっていたとしても，センサなしにはコップの置いてある机にたどり着くことは困難である．なぜなら，ロボットはコップに対する自分自身の相対位置や姿勢，もっと言えば自分自

```
(1) 対象物を発見する
      ↓
(2) 対象物の位置と形状を計測する
      ↓
(3) 対象物に近づく
      ↓
(4) 対象物を掴む
```

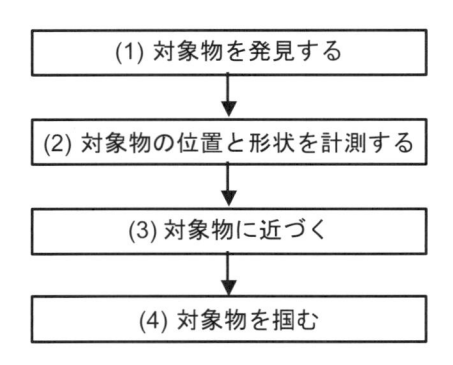

図 5.1.2　対象物を掴む作業

身の手や足（車輪）の角度が何度になっているか，センサなしには知ることは非常に困難であるからである．更に，物体に接触したことを検知するセンサがロボットの手先についていないと，ロボットは現在本当にコップを掴んでいるのかどうかを自分自身で判断することも難しい．

センサを使わないことを人間で例えると，手や足を冷たい氷水につけて感覚をなくし，更に目隠しや耳栓をしているようなものである．コップが部屋の隅にある机の中央に置いてあると教えてもらったとしても，机にたどり着くことは困難であるし，仮にたどり着けたとしても感覚のない手でコップを掴むことはほぼ不可能であろう．

ロボットが対象物を掴む作業について，「計測する」という観点から分析して，センサの役割を考えてみよう．

作業を大まかに分割すると，図 5.1.2 のようになる．

(1)では，ロボットは視覚センサ（例：カメラ）を用いて，取得した画像中のどこに対象物があるのかを調べる．

(2)では，ロボットは視覚センサ（例：カメラ）や距離センサ（例：レーザ距離計）などを用いて，対象物が 3 次元空間中のどこにあるのか，どんな形状をしているのかを調べる．

(3)では，ロボットは自分自身の手や足（車輪）を動かして，対象物に近づく．その際，角度センサ（例：ロータリエンコーダ(rotary encoder)，ポテンショメータ(potentiometer)）などを用いて，車輪は何回回転したのか，関節は何度曲がっているのかを調べて，どの程度対象物に近づいたのかを知る．

(4)では，ロボットは力覚センサ（例：歪みゲージ）などを用いて，対象物に触ったことや対象物をどの程度の力をかけて掴んでいるかを知る．

5・1・3　センサの分類（Classification of sensors）

前述の通り，ロボットはセンサを用いて様々な情報を計測している．このとき，図 5.1.2(3)ではロボットは自分自身の状態を計測していることに対して，図 5.1.2(1)(2)では周囲の外部環境を計測していることに気が付くであろう．このように，計測対象の違いという観点からセンサを 2 種類に分類することができ，前者を内界センサ，後者を外界センサと呼ぶ（表 5.1.1）．

表 5.1.1　計測対象の違いによるセンサの分類

	計測対象	センサの例
内界センサ	ロボット内部の状態 （例：関節の角度，車輪の回転数）	ロータリエンコーダ ポテンショメータ
外界センサ	ロボットを取り巻く外部の状況 （例：対象物の位置）	カメラ レーザ距離計

内界センサは，関節の角度や車輪の回転数などロボット内部の状況や状態を計測するためのセンサである．位置・角度センサ（位置や角度を計測するセンサ），速度・角速度センサ，加速度・角加速度センサなどは内界センサである．例えば図 5.1.3 のロボットには，車輪の回転数を計測するセンサが

車輪の裏側に取り付けられている．作業の内容に関わらず，内界センサはアクチュエータおよびロボット本体の制御に必要不可欠なセンサである．

それに対して外界センサは，ロボットを取り巻く外部環境を計測するためのセンサである．視覚センサ（画像を取得するセンサ），距離センサ（距離を計測するセンサ），触覚センサ（触ったことを計測するセンサ）などは外界センサである．図 5.1.3 では，ロボット上部に取り付けられたカメラが外界センサである．外界センサは，ロボット周囲の外部の状況あるいはロボット自身と周囲の関係を計測するために必要不可欠であり，作業の内容に応じてロボットに取り付けられる．

一方，計測内容によってセンサを分類することができる（表 5.1.2）．センサの分類については，文献[1]～[3]などに詳しい説明があるため参照されたい．

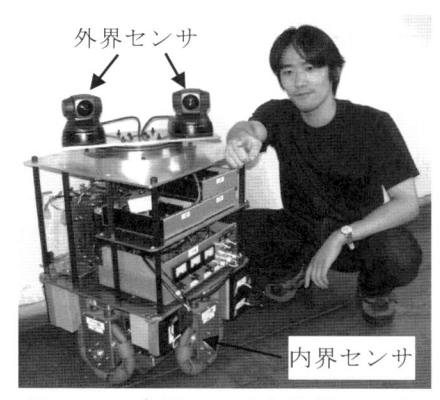

図 5.1.3　内界センサと外界センサ

表 5.1.2　計測内容によるセンサの分類

センサ	計測内容	最終的に得られる（得たい）情報	センサの例
位置・角度センサ 速度・角速度センサ 加速度・角加速度センサ	変位 力 光 電圧	位置・角度 速度・角速度 加速度・角加速度	リミットスイッチ フォトインタラプラ ロータリエンコーダ ポテンショメータ タコジェネレータ ジャイロスコープ
視覚センサ	光（可視光，赤外線など）	存在の有無 形状，色 距離（3次元位置）	イメージセンサ（カメラ） 赤外線センサ
距離センサ	光（可視光，赤外線など） 音波	存在の有無 距離（3次元位置）	レーザ距離計 超音波センサ
触覚センサ	圧力・力 振動	接触の有無	タッチセンサ
力覚センサ	圧力・力 振動	圧力・力	圧力センサ
温度センサ	温度	温度	測温抵抗体 熱電対

5・1・4　センサの選定法と計測誤差（Sensor selection strategy and sensing error）

ロボットの正面にある対象物の位置を知りたいとき，どのようなセンサを用いればよいであろうか？

物差しやメジャーを使って対象物までの距離を測ることもできるし，カメラを用いて対象物の位置を計測することもできるであろう．あるいは，対象物に接触している状態を保ちつつ対象物に沿うようにロボットの腕を動かし

て計測する場合もあるかもしれない．このように，異なった計測方法を用いたとしても同じ情報を知ることができる．

更に，センサをカメラに限定しても，画角（撮影することができる角度の範囲）の広い／狭い，高速／低速，高精細／低精細，モノクロ／カラーカメラなど，様々な選択肢がある．

以上，異なった原理のセンサを用いても同じ情報を知ることができ，同じ原理のセンサを用いるとしても様々な性能のセンサを使用することができる．

どのようなセンサにも長所と短所があるため，あらゆる条件に対して万能のセンサは存在しない．従って，測定する目的と制約を考慮して，適切なセンサを決定する必要がある．そこで本項では，センサを選定するための指針やセンサの性能を知るためのポイントについて述べる．

ロボットのセンサと人間の感覚器

ロボットのセンサを理解するためには，人間の感覚器を想像すると分かりやすい．人間は，①視覚（目），②聴覚（耳），③触覚（皮膚），④嗅覚（鼻），⑤味覚（舌）の五感と呼ばれる感覚を有している．

視覚センサは光（広い意味では電磁波）を計測する装置である．人間の情報入力の80〜90%は視覚（目）であると言われていることと同様，ロボットにとっても視覚の情報は非常に重要である．カメラは視覚センサの実現例の1つである．ただし後述の通り，必ずしも人間と同じ原理や物理法則を使って周囲を見る必要はなく，例えば赤外線カメラのように人間が見えない情報を見る視覚センサも開発されている．また，基本的に人間は目に入ってくる光を受動的に見ているだけであり，目から光線を出すことはできないが，ロボットは積極的に光を外部に照射し，物体にあたって反射した光を見ることなども可能である（5・3節）．

聴覚センサには，マイクロフォンや超音波センサ(ultrasonic sensor)などがある．音の大きさや音源（音が発生した場所）などを計測する用途に加え，音声という観点からも話の内容の理解や話者の特定など近年研究が進んでいる．超音波センサは，人間が聞こえないような高周波の音波を出して，その音が対象物から跳ね返ってくるまでの時間を計測している．音速と跳ね返ってくるまでの時間から，対象物までの距離を求めることができる．

触角センサには，タッチセンサや圧力センサなどがある．詳細については，5・5節で説明する．

嗅覚センサと味覚センサの使用例は現在必ずしも多くはないが，今後の発展が期待される．

---

a．計測精度と計測範囲

どのようなセンサを用いて計測したとしても，必ず計測誤差が発生する．

センサを選定する上で，計測精度と計測範囲は重要な要素である．一般的に，計測精度と計測範囲はトレードオフの関係にあることが多い．100段階

の信号を出力できる角度センサを考えてみよう．角度分解能（計測できる角度の細かさ）が 1deg の角度センサの計測範囲は 100deg である（1deg×100 段階＝100deg）．一方，0.1deg まで計測できる角度センサの計測範囲は 10deg である（0.1deg×100 段階＝10deg）．

b．精確さと精密さ

計測誤差にも様々な種類がある．ロボットから 5m 離れた場所にある対象物までの距離を，センサ A とセンサ B を用いてそれぞれ 100 回ずつ計測することを考えてみよう．センサ A の計測結果は平均が 4m，標準偏差が 1m であり，センサ B の計測結果は平均が 5m，標準偏差が 2m であったとする（図5.1.4）．どちらのセンサの性能が良いと言えるであろうか？

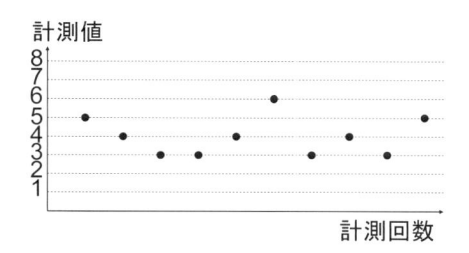

平均は精確さ（真値＝本当の値 からの偏り），標準偏差は精密さ（ばらつき）を表している．各回の計測結果を x_i，計測回数を n とすると，平均 $\bar{x}$ と標準偏差 σ は，それぞれ式(5.1.1)と式(5.1.2)で表わされる．

$$\bar{x} = \frac{1}{n}\sum_{i=1}^{n} x_i \tag{5.1.1}$$

$$\sigma = \sqrt{\frac{1}{n}\sum_{i=1}^{n}(x_i - \bar{x})^2} \tag{5.1.2}$$

5m の距離にある対象物を計測する用途に限定すれば，計測結果に 1m 足すことでセンサ A の計測誤差を減らすことができる．何回も計測してその平均値を計測結果とすれば，センサ B の計測誤差を減らすことができる．

計測の精確さを向上させるための 1 つの方法として，校正（キャリブレーション，calibration）がある．校正とは，真値からの計測結果の偏りを減らす作業である．別の言い方をすると，真値が分かっている場合に，真値とセンサの出力との関係の対応付けを行うことである．前述の計測結果に 1m 足す作業が校正に相当する．

計測の精密さ（ばらつき）は，繰り返し精度と関連が深い．一般的に，全く同じ条件で同じセンサを使って繰り返して測定したとしても，必ず同じ計測結果が得られるとは限らない．同一条件で繰り返し計測を行ったときの精度を，繰り返し精度と呼ぶ．

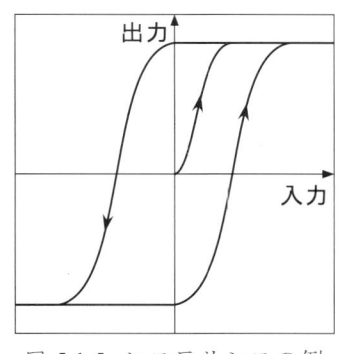

計測結果のばらつきの原因として，ヒステリシス(hysteresis)がある．例えば，手でバネに力を加えてから，手をバネから離しても，力を加える前の最初の状態に戻らず，別の状態になることがある．このように，加える力を最初の状態のときと同じに戻しても，状態が完全には戻らないことをヒステリシスと呼ぶ（図 5.1.5）．計測の前にセンサのヒステリシスを調べておくことで，ヒステリシスに起因するばらつきを減らすことができる．計測中には，力を加えた履歴を記憶しておき，事前に調べたヒステリシスと見比べて，現在のセンサの状態がどうなっているかを推定すれば良い．

他には，温度が変化することによってもセンサの特性が変化することがある．この場合，温度が一定となるような装置をセンサに設置しておくか，事前に温度毎にセンサの特性を調べておいて，計測中にセンサの温度を計測することで，センサの温度特性の影響を打ち消すことができる．

また，センサや計測対象の特性によっては，特定の周波数のノイズが計測

(a) センサ A の計測結果

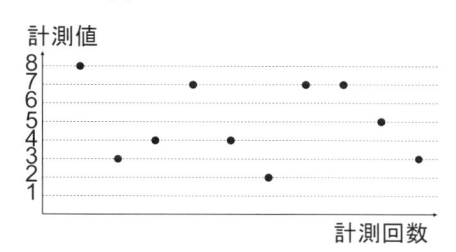

(b) センサ B の計測結果

図 5.1.4 計測結果の偏りとばらつき

図 5.1.5 ヒステリシスの例

結果に加わることがある．ノイズの周波数が分かれば，フィルタを用いて計測結果からその周波数のノイズだけを取り除くことができる．フィルタには，ハイパスフィルタ(high-pass filter)，ローパスフィルタ(low-pass filter)，バンドパスフィルタ(band-pass filer)などがある．

このように，計測誤差にも様々な側面があり，目的に応じてセンサを選定し，使用したセンサの性能に応じた処理を行う必要がある．

なお，複雑なデータを簡単な関数の和で近似して取り扱う代表的な手法に最小二乗法がある．最小二乗法をはじめとした数学的データ解析手法は，誤差を含む計測結果を取り扱う際に非常に有効である．文献[4]では，信号処理や画像処理などのアプリケーションを想定した数学的手法が丁寧に説明されているため，是非参照されたい．

(a) 標本化間隔＜周期の 1/2

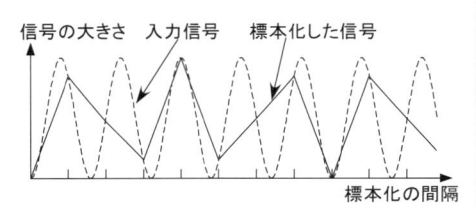

(b) 標本化間隔＞周期の 1/2

図 5.1.6 信号の標本化

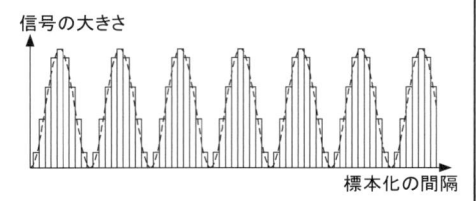

(a) 標本化

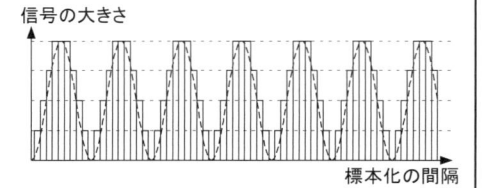

(b) 標本化＋量子化

図 5.1.7 信号の量子化

アナログ信号からディジタル信号への変換

いくらでも細かな位置の変化に応じて，いくらでも細かな値の変化をえることができる信号をアナログ信号と呼び，離散的に値が変化する信号をディジタル信号と呼ぶ．センサで計測する物理量はアナログ量であるため，計算機で処理するためにディジタル量に変換する必要がある．変換には，標本化と量子化が必要である．

　　標本化：離散化された位置や時間における信号を取り出すこと
　　量子化：信号を有限分解能の数値に変換すること

アナログ信号をディジタル信号へと変換する際に，どの程度の間隔で標本化（サンプリング）すれば良いかを定量的に表したものが標本化定理である．位置の変化に対して信号の強度が正弦波状に変化するようなアナログ信号を考えたとき，正弦波の周期の1/2間隔よりも小さな間隔で標本化すれば，元の信号を再現することができる．

値が正弦波状に変化するアナログ信号を例にとって，標本化の間隔の違いによる影響について考えてみよう（図 5.1.6）．正弦波の周期の 1/2 よりも小さな間隔で標本化すれば，元の信号を再現することができる（図 5.1.6(a)）．それに対して，1/2 よりも大きな間隔で標本化すると，元の信号を再現することができない（図 5.1.6(b)）．

また，アナログ信号（連続量）からディジタル信号（有限の分解能を持つ）に量子化する際には丸め誤差（量子化誤差）が発生する（図 5.1.7）．

値が正弦波状に変化するアナログ信号に対して標本化のみを施した結果（図 5.1.7(a)）と量子化も施した結果（図 5.1.7(b)）を比較すると，表現できる信号の大きさの分解能の違いが分かる（実線が変換後の信号）．

センサで計測する際の標本化と量子化については，文献[5]にも詳細な説明があるため，興味のある読者は是非参照されたい．

5・1・5 センサの使用例（Example of sensor usage）

図 5.1.2 に示す作業を想定し，次節以降で各センサについて説明する．

(1) 対象物を発見する：カメラ（5・2 節）
(2) 対象物の位置と形状を計測する：カメラ（5・2 節），距離センサ（5・3 節）

(3) 対象物に近づく：ロータリエンコーダ，ポテンショメータ（5・4 節）
(4) 対象物を掴む：力センサ（5・5 節），加速度センサ（5・6 節）

5・2 対象物を発見する（Object detection）

5・2・1 カメラの仕組み（Mechanism of camera）

ロボットがカメラを用いて対象物を発見する作業を解説するにあたって，カメラを使って画像を撮影する仕組みについてまずは考えてみよう．

我々が生活している環境は，縦・横・高さがある 3 次元空間である．一方，画像は縦と横しかない 2 次元データである．よってカメラは，少し難しい言い方をすれば，3 次元空間に広がる光の明るさや色彩に関する情報を撮影し，2 次元データである画像として記憶する装置であると言うことができる．

さて，フィルムを用いたカメラでは，レンズを通過した光をフィルムに感光させることで映像を記録する．一方，ロボットで用いられるディジタルカメラでは，CCD(Charge Coupled Device) 撮像素子（図 5.2.1）や CMOS (Complementary Metal Oxide Semiconductor) 撮像素子と呼ばれるセンサを用い，光の強度を電気信号に変換して記憶する．これらの撮像素子上には，光量に比例した逆電流を検出し，光の強度を電荷に変換することができるフォトダイオード（photodiode）と呼ばれる光電変換素子が 2 次元的に配列されており，1 つ 1 つのフォトダイオードがそれぞれの場所での光の強度を検出することで，2 次元面状のデータを取得できる（図 5.2.2）．ただし，フォトダイオードは色を感知することができない．そこで，R（赤，Red），G（緑，Green），B（青，Blue）など特定の色の光だけが通過する色フィルタを撮像素子の前に装着し，通過した RGB 各色の光の強度を検出することで，カラー画像を取得する方法が考案されている（図 5.2.3）．

ディジタルカメラで撮影した画像をディジタル画像と呼ぶ．ディジタル画像では，画像は格子状に分割され，格子点毎に数値として表現された 2 次元平面上の濃淡分布の情報として扱われる．1 つ 1 つの格子点を画素もしくはピクセル（pixel），画素の数を画素数，各画素における濃淡値を画素値と呼ぶ．

例えば，「30 万画素のカメラ」は，画素数が 640×480 画素＝307,200 画素のカメラを指す．フォトダイオードの数が多いほど画素数が多くなり，細密な画像を取得することができる．ただし，画素数が多くなると，1 画素あたりの受光面積が小さくなるため感度が低下し，画像中にノイズが発生しやすくなる．また，画素数が多くなると，画像を記憶・処理する計算時間が増大するため，目的に応じて適切な画素数で画像を取得することが重要である．

一般的に画素値の取りうる範囲は 256 段階であり，0 から 255 までの値を取る．このような画像をグレースケール画像と呼ぶ．特に，画素値の取りうる範囲が 2 段階の画像を 2 値画像と呼び，白と黒の 2 値で表現される．カラー画像は，RGB 成分から構成されており，各画素が RGB の値をそれぞれ持つ．各色が 256 段階で表現されている場合，最大表示色は 16,777,216（＝256^3）色である．

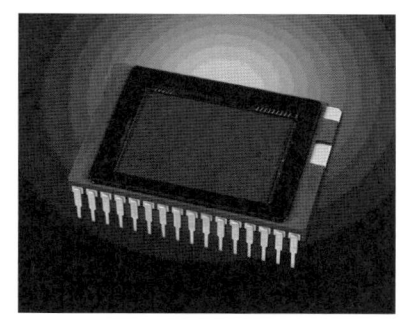

図 5.2.1 CCD 撮像素子の外観
（提供：コダック（株））

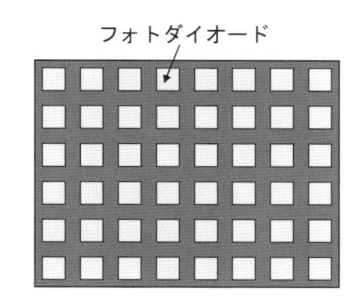

図 5.2.2 CCD 撮像素子の構成

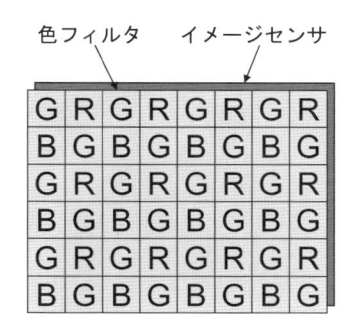

図 5.2.3 色フィルタの例

画像の含む情報を有効に利用する目的で，画像の変形・変換・特徴の抽出・分類・符号化・発生などの処理を行うことを画像処理(image processing)と呼ぶ．画像処理の理論は体系化されており，数多くの教科書や参考書が出版されている[6][7]．また，OpenCV と呼ばれるオープンソースのコンピュータビジョン向けライブラリが公開されており，開発環境が整いつつある[8]．画像処理の具体例については 9・4・3 項を参照されたい．

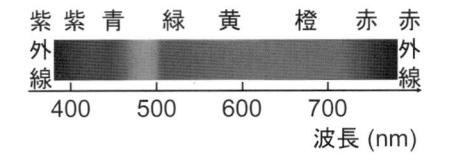

図 5.2.4 光の波長

(a) 全方位カメラ

(b) 全方位画像

図 5.2.5 全方位カメラ

人間の目とカメラ

人間が知覚している色の違いは，電磁波の波長の違いである．

波長が約 380～780nm の電磁波を可視光と呼び，人間は知覚することができる．波長によって知覚する色が変化し，波長の短い側から，紫色，青色，緑色，黄色，オレンジ色，赤色と変化していく（図 5.2.4）．また，可視光線よりも波長がやや短い電磁波を紫外線，可視光よりもやや長い電磁波を赤外線と呼ぶ．互いに独立した 3 色を混色すると，任意の単波長と同じ色と知覚できる色を生成できる．

民生用のカメラの多くは，人間が鑑賞するための画像を撮影することが主目的であるため，人間の目に合わせた性能を有している．例えば，人間の目が RGB(Red, Green, Blue)各波長に感度を持つ視細胞を有することから，カメラで用いられる色フィルタは RGB の 3 色であることが多い．

しかし，ロボットの視覚センサとしてカメラを用いる場合は必ずしも人間の目の性能に合わせたカメラを用いる必要はない．例えば赤外線を感知できるカメラを用いることによって，温度を計測することが可能である．この場合，画像中から温度の違いによって動物を検出することができる．

また，1 秒間に 30 コマ（30Hz）程度の映像を人間に見せると動きが自然で滑らかに見えるため，1 秒間に 30 枚の画像を撮影(30fps : frame per second)することが可能なカメラが多い．ところが 3,000fps の高速カメラで撮影すると，各コマ毎での物体の移動距離は，30fps のカメラで撮影した場合の 1/100 である．従って，高速に移動する物体を追跡する場合に高速カメラがよく用いられる．

その他，周囲 360deg 全方位に視野を有する全方位カメラ（図 5.2.5）など，人間よりも広い視野を有するカメラも開発されている．

自然界に目を向けると，4 色以上の波長に感度を持つ生物や，30Hz 以上の動体視力を持つ，人間を超えた視覚性能を有する生物が存在する．

5・2・2 パターンマッチング（Pattern matching）

予め特定の対象物を撮影した画像を準備しておき，新たにカメラで撮影した画像（入力画像）中にその対象物が存在するかどうかを調べることで，ロボットはその対象物を発見することができる．

画像の特徴や画素値そのものをパターンと呼び，入力画像中に予め準備したパターンが存在するか，存在する場合にはその位置を検出することをパタ

ンマッチングと呼ぶ．このとき，画素値そのものを用いて予め用意したパターンをテンプレートと呼び，テンプレートと入力画像の相関を調べて存在や位置を検出することをテンプレートマッチング(template matching)と呼ぶ．

テンプレートマッチングでは，テンプレートを移動させながら入力画像に重ね，それぞれの位置での相関を調べる（図5.2.6）．画像全体に対して相関を調べ，そのうち最も類似した場所を検出する．我々も画像が印刷された2枚の紙を重ね合わせて，光に透かしながらずらして似ている部分を探すことがあるが，テンプレートマッチングはこの方法に似ている．2枚の画像間の相関の計算には，相違度や類似度が用いられる．

相違度の計算には，差の絶対値の和 SAD(Sum of Absolute Difference)や差の二乗和 SSD(Sum of Squared Difference)が用いられることが多い．

$$\text{SAD}: C_{\text{SAD}} = \sum_{j=0}^{N-1}\sum_{i=0}^{M-1} |I(i,j) - T(i,j)| \tag{5.2.1}$$

$$\text{SSD}: C_{\text{SSD}} = \sum_{j=0}^{N-1}\sum_{i=0}^{M-1} (I(i,j) - T(i,j))^2 \tag{5.2.2}$$

ただし，C_{SAD} は SAD における相違度，C_{SSD} は SSD における相違度，$M \times N$ はテンプレートの大きさ，$T(i,j)$ はテンプレートの位置 (i,j) における画素値，$I(i,j)$ はテンプレートと重ね合わせた入力画像の画素値である．

C_{SAD} や C_{SSD} は，テンプレートと入力画像が完全に一致したときに値が 0 となる．従って，C_{SAD} や C_{SSD} の値が最小となる位置を入力画像中で探索することで，テンプレートの位置を検出することができる．

一方，類似度の計算には正規化相互相関 NCC(Normalized Cross Correlation) が用いられることが多い．

$$\text{NCC}: C_{\text{NCC}} = \frac{\sum_{j=0}^{N-1}\sum_{i=0}^{M-1}(I(i,j)-\bar{I})(T(i,j)-\bar{T})}{\sqrt{\sum_{j=0}^{N-1}\sum_{i=0}^{M-1}(I(i,j)-\bar{I})^2 \times \sum_{j=0}^{N-1}\sum_{i=0}^{M-1}(T(i,j)-\bar{T})^2}} \tag{5.2.3}$$

ただし，C_{NCC} は NCC における類似度，$\bar{I}$ と $\bar{T}$ は入力画像とテンプレートの画素値の平均である．

$$\bar{I} = \frac{1}{MN}\sum_{j=0}^{N-1}\sum_{i=0}^{M-1} I(i,j) \tag{5.2.4}$$

$$\bar{T} = \frac{1}{MN}\sum_{j=0}^{N-1}\sum_{i=0}^{M-1} T(i,j) \tag{5.2.5}$$

C_{NCC} は正規化されているため，テンプレートと入力画像が完全に一致したときに値が 1 となる．2枚の画像で全く同じシーンを撮影していたとしても，画像全体の平均明るさが異なっていると，SAD や SSD の値は大きくなり，正しい結果を出せなくなることがある．それに対して NCC は明るさの正規化を行っているため，2枚の画像の平均明るさが異なっていても対応できることが多い．つまり，NCC は SAD や SSD よりも計算量が多いものの，照明条件の変動に強いと言える．

2値画像での SAD を用いたテンプレートマッチングの例を図5.2.7に示す．ここで，白画素の画素値を 1，黒画素の画素値を 0 とすると，入力画像の一番左上の位置にテンプレートを重ねたときの相違度は 5 である（図5.2.7(b)）．次に，テンプレートを1つ右にずらしたときの相違度は 6 である（図5.2.7(c)）．

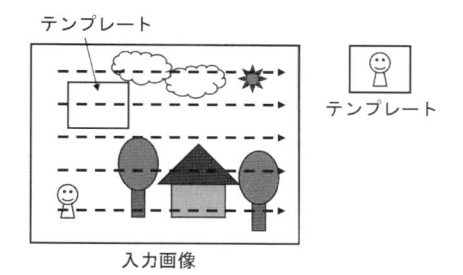

図5.2.6 テンプレートマッチング

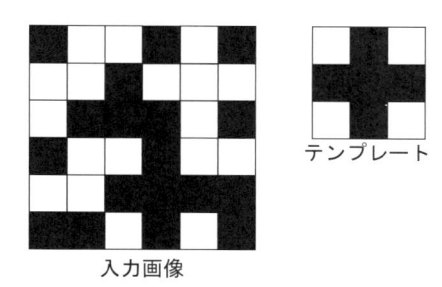

(a) 入力画像とテンプレート

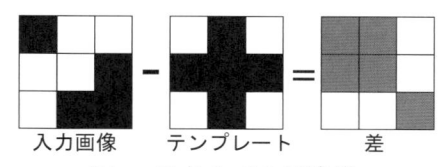

(b) 一番左上での相違度

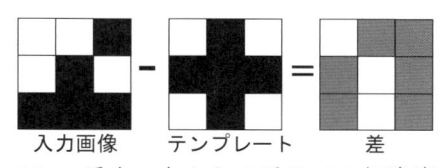

(c) 一番上，左から2番目での相違度

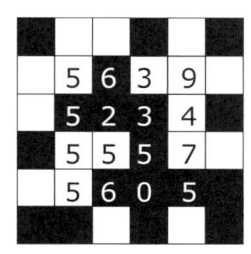

(d) 相違度の計算結果

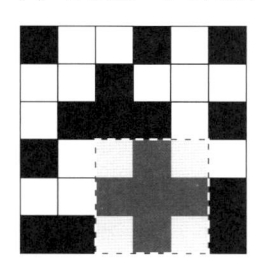

(e) テンプレートマッチング結果

図5.2.7 テンプレートマッチング例

このように，テンプレートを1つずつずらしながら相違度を計算していくと，図 5.2.7(d)のように入力画像全体での相違度が計算できる．最終的に，相違度が一番小さくなった場所をマッチング位置と決定することができる（図5.2.7(e)）．

入力画像とテンプレートのサイズや向きが一致していない場合，上記の処理ではマッチング位置を正しく求めることができない．この問題に対して，サイズを拡大・縮小した複数のテンプレートや，向きを回転させたテンプレートを準備して，それらすべてのテンプレートに対してマッチングを行うことで，サイズと向きを決定することができる．

ここで，探索範囲のすべての位置に対して相関を計算すると，膨大な計算時間がかかることがある．例えば，1,000 万画素の画像に対して単純にテンプレートマッチングを行う場合，1,000 万箇所で相関を計算する必要があり，ロボットを用いてリアルタイムで物体を追跡することが難しいこともある．そこで，SAD の計算を途中で打ち切り計算時間を短縮する残差逐次検定法（SSDA 法）や，入力画像をピラミッド構造化して効率的に探索を行う粗密探索法などが提案されている[6]．

以上，テンプレートマッチングを用いることにより，予め知っている対象物の有無や位置を検出することができる．

5・2・3 カメラモデル（Camera model）

前述の通り，カメラを用いた撮影では，3 次元空間の情報を 2 次元の情報に変換し，画像として保存する．

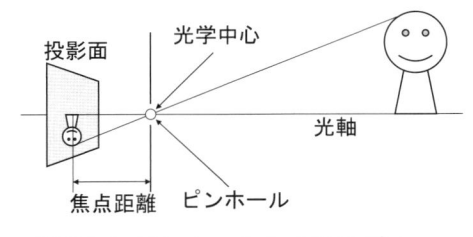

ピンホールカメラモデル(pinhole camera model)は，ピンホールを通過する光線が投影面に結像するピンホールカメラをモデル化したものである（図5.2.8）．ここで，ピンホールの位置を光学中心(optical center)，光学中心と投影面の距離を焦点距離(focal length)，光学中心を通り投影面に垂直な直線を光軸(optical axis)と呼ぶ．

ピンホールカメラモデルでは，投影面に実際の物体と上下左右が反転した像が投影されるため（図5.2.8），取り扱いにくい．そこで，画像の反転をなくした透視投影モデル(perspective projection model)がよく利用される（図5.2.9）．ピンホールカメラモデルと透視投影モデルでは，投影面の位置が光学中心に対して対称となっており，両者は等価であると考えることができる．透視投影モデルでは，3 次元空間中の物体の向きと投影面における物体の向きが一致する．

ここで，3 次元空間の座標系の原点 O を光学中心，画像座標の原点を画像中心，投影面が $Z=f$ の平面であるとすると，空間上の位置 (X, Y, Z) と，画像上の位置 (x, y) の間には，次式の関係が成立する（図5.2.10）．

$$x = f\frac{X}{Z} \tag{5.2.6}$$

$$y = f\frac{Y}{Z} \tag{5.2.7}$$

ただし，f は焦点距離である．

カメラを用いて画像を取得すると，画像上での位置 (x, y) が得られる．焦点距離 f を事前に求めておくと，式(5.2.6)および式(5.2.7)式に含まれる未知数

図 5.2.8 ピンホールカメラモデル

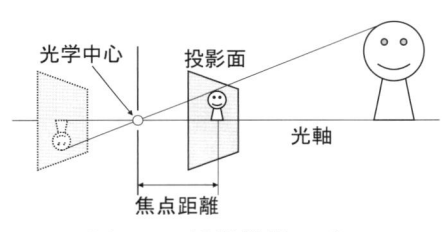

図 5.2.9 透視投影モデル

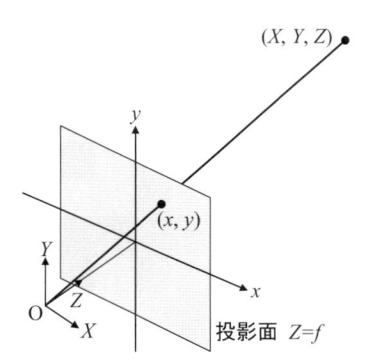

図 5.2.10 透視投影における関係

は(X, Y, Z)のみとなり，これらの式は空間中での直線の方程式を表わしている．言い換えると，これらの式は原点Oと点(x, y)を結ぶ空間中の光線を表わしていることになる．未知数の個数3に対して，式の個数が2であるため，画像上での位置(x, y)が分かったとしても，空間上の位置(X, Y, Z)が一意に定まるわけではない．例えば，ある距離にある大きさの物体が存在しているのか，その2倍離れた場所に2倍の大きさの物体が存在しているのか，1枚の画像からのみでは区別できないことに気付くであろう（図5.2.11）．

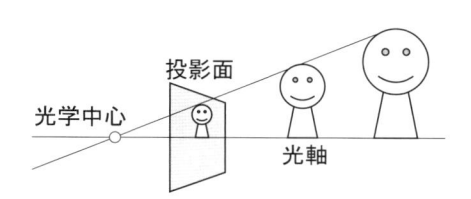

図5.2.11 1枚の画像から得られる距離と大きさの曖昧性

3次元空間の情報を2次元の情報に写像したものが画像データである．2次元画像の情報から3次元空間の情報を復元するためには，2次元から3次元空間への逆写像を行う必要があることから，画像から3次元の情報を復元する問題は難しいのである．

ただし，対象物の大きさを知っていれば対象物までの距離を算出することができる．例えば，事前に対象物に既知の大きさのマークを貼り付けておき，画像中でのそのマークの大きさを調べることにより，対象物までの距離を求めることができる．

また，5・2・4項のステレオカメラを用いることにより，未知の対象物の位置や大きさを知ることができる．

5・2・4 ステレオカメラ（Stereo camera）

我々は2つの目で世界を観察しており，2台のカメラを搭載したロボットもよく見かけるが，目やカメラが2つあることにどんな意味があるのであろうか？

異なる2視点から観測した画像を用いて，三角測量(triangulation)の原理により対象物の3次元位置を求める方法をステレオ法と呼ぶ．ステレオビジョン(stereo vision)は，ステレオカメラ（2台のカメラ）を用いて対象物を撮影し，左カメラと右カメラの見え方の違いを利用して，対象までの距離を計測する方法である．

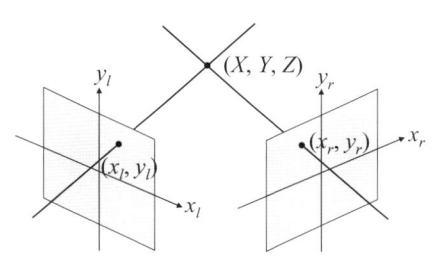

図5.2.12 ステレオビジョンの原理

前述の通り，対象物を1台のカメラで撮影すると，カメラの原点Oと画像中に写った点を結ぶ直線が1本得られる．2台目のカメラを用いて同じ対象物を撮影すると，対象物に向かう直線がもう1本得られ，この2本の直線の交点が対象物の3次元位置となる（図5.2.12）．

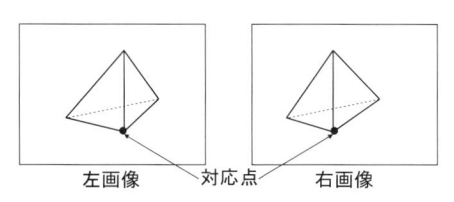

図5.2.13 対応点検出

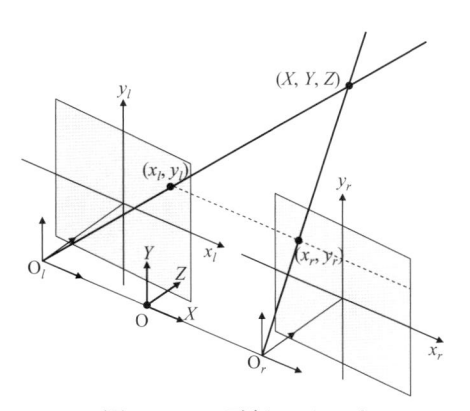

ここで，ステレオ画像（ステレオカメラを用いて撮影した2枚の入力画像）から3次元空間の位置を計算するためには，左画像中のある点が右画像のどこにあるのかを調べる必要がある．つまり，一方の画像に対するもう一方の画像中の対応する点（対応点）を見つける必要がある（図5.2.13）．この処理をステレオマッチング(stereo matching)と呼び，前述のテンプレートマッチングなどを用いることで対応点を検出することができる．

さて，2台の同じカメラを用い，カメラの光軸の方向を一致させ，かつカメラの光学中心の高さを一致させて平行に設置したステレオカメラを平行ステレオ(parallel stereo)と呼ぶ（図5.2.14）．

平行ステレオでは，左カメラで得た画像中の位置を(x_l, y_l)，右カメラで得た画像中の位置を(x_r, y_r)とすると，左カメラの光学中心と右カメラの光学中

図5.2.14 平行ステレオ

心の中点を原点とした空間中の3次元位置(X, Y, Z)は以下の式で計算することができる．

$$X = \frac{b(x_l + x_r)}{2d} \tag{5.2.8}$$

$$Y = \frac{by_l}{d} = \frac{by_r}{d} \tag{5.2.9}$$

$$Z = \frac{bf}{d} \tag{5.2.10}$$

ただし，f は焦点距離，b は左カメラの光学中心と右カメラの光学中心の間の距離であり基線長(baseline length)と呼ばれる．また，d は視差(disparity)と呼ばれ，以下の式で求められる．

$$d = x_l - x_r \tag{5.2.11}$$

(a) 左画像 (b) 右画像

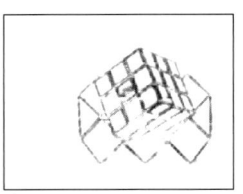

(c) 計測結果（色が濃いほど近い）

図 5.2.15 ステレオ計測結果

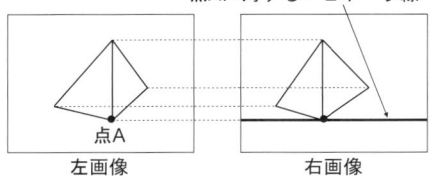

図 5.2.16 エピポーラ線

ステレオ計測結果の例を図 5.2.15 に示す．対象物の距離が近い（対象物までの奥行き方向の距離 Z が小さい）ほど視差は大きくなり，逆に対象物の距離が遠いほど視差は小さくなる．

さて，対応点検出に話を戻すと，画像全体に対して対応点検出を行うと膨大な計算時間がかかる場合が多い．一方，ステレオ画像の対応点はエピポーラ線(epipolar line)上に存在することが知られており，特に平行ステレオのエピポーラ線は同じ高さにある平行な直線となる（図 5.2.16）．そこで，探索範囲をエピポーラ線上に限定して対応点を探すことにより，計算時間を短縮することが可能である．また，探索範囲をエピポーラ線上に限定することにより，対応点の誤検出を減らす効果も期待できる．

ステレオ計測の利点は，対象物の距離情報と同時に，対象物の色の情報も得られることである．しかし，模様のない真っ白い壁などでは対応点の検出が困難であるため，ステレオ計測を行うことが難しい．このような場合には，5・3節で説明するレーザ距離計（色情報の取得は原則不可能）を用いることで3次元位置を計測することが可能である．また，1台のカメラで見えている対象物がもう1台のカメラからは別の物体の陰に隠れて見えないオクルージョン(occlusion)が発生する場合にも，ステレオ計測は困難となる．

ステレオカメラで計測を行う場合，2台のカメラの相対的な位置関係やカメラの投影モデルのパラメータ（平行ステレオカメラの場合には基線長 b や焦点距離 f など）は，事前に調べておく必要がある．この処理をカメラキャリブレーション(camera calibration)と呼び，様々な方法が提案されている[9]．

ステレオカメラを用いずにステレオ計測を行う手法も提案されている．1台のカメラを用いてある場所で静止対象物の画像を撮影し，カメラを移動させて別の位置でもう1枚の画像を撮影することで，ステレオ画像を得ることができる．例えば1台のカメラをマニピュレータの手先に取り付けて用いる場合などにはカメラの移動量が分かるため，2台のカメラを用いた場合と同様，ステレオ計測が可能である．また，カメラの運動が未知の場合には，カメラの運動を推定しつつ，対象物の3次元位置を計測する structure from motoin（SfM）と呼ばれる手法が提案されている[9]．

【例題 5・1】 ＊＊＊＊＊＊＊＊＊＊＊＊＊＊＊＊＊＊＊＊

平行ステレオカメラの奥行き方向の計測精度は，(1) 計測対象までの距離が大きい場合，(2) 基線長が大きい場合，にそれぞれどうなるか？

【解答】

式(5.2.10)を変形すると，式(5.2.12)となる．

$$d = \frac{bf}{Z} \tag{5.2.12}$$

式(5.2.12)の両辺を微分すると，

$$\Delta d = -\frac{bf}{Z^2}\Delta Z \tag{5.2.13}$$

であり，奥行き方向の計測精度$|\Delta Z|$について整理すると，式(5.2.14)となる．

$$|\Delta Z| = \left|\frac{\Delta d}{bf}Z^2\right| \tag{5.2.14}$$

よって，式(5.2.12)のZが大きくなると$|\Delta Z|$は大きくなる．また，bが大きいと$|\Delta Z|$は小さくなる．

従って，「(1) 計測対象までの距離が大きい場合」には，計測精度は悪くなる．また，「(2) 基線長が大きい場合」には，計測精度が良くなる．

式(5.2.14)から，計測精度を向上させるためには，焦点距離fと基線長bが大きい平行ステレオカメラを用い，計測対象をなるべく近づけて計測すれば良いことが分かる．また，焦点距離と基線長の影響は1乗であることに対して，計測対象までの距離の影響は2乗である．

ここで，焦点距離が大きい場合には視野（＝計測範囲）が狭くなり，基線長が大きい場合には2台のカメラの見え方の違いが大きくなるため，対応点の検出が困難になる．また，近くにある物体を観測する際，基線長が大きい平行ステレオカメラの共通視野にその物体全体を入れることは難しいことが多い．計測精度と計測の困難さはトレードオフの関係になっており，すべての要求仕様を満たす計測条件を探すことは簡単ではない．

5・3 距離と形状を計測する（Distance and shape sensing）

本節では，図 5.3.1 に示すレーザ距離センサを用いて物体の形状を計測する方法について説明する．

カメラで検出した物体を，ロボットアームとハンドで把持するためには，カメラで検出した物体の位置と姿勢に加えて，物体の詳細な形状を計測する必要がある．5・2・4項のステレオカメラを用いて，置かれている場所までの距離を計測することができる．しかし，ステレオカメラの計測にも限界があり，模様（テクスチャ）のない真っ白なマグカップなどの詳細な表面形状を計測することができない．ステレオカメラの原理のところで説明した，テンプレートマッチングによる対応点の探査ができないのが理由である．模様のない不透明な物体の表面形状は，レーザ距離センサを用いて計測する．

図 5.3.2 にレーザ距離センサの計測原理を示す．光源は，スポットのレーザ光を用いる．対象物までの距離dは，発信器から照射したレーザ光が，対象物に当たって受信器に戻ってくるまでの時間(Time Of Flight: TOF)を用いて計測する．具体的には，レーザ光が戻ってくるまでの時間 Δt[s]を計

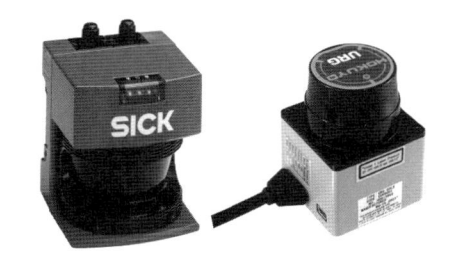

図 5.3.1 2次元レーザ距離センサ
（（左）提供：ジック（株），
（右）提供：北陽電機（株））

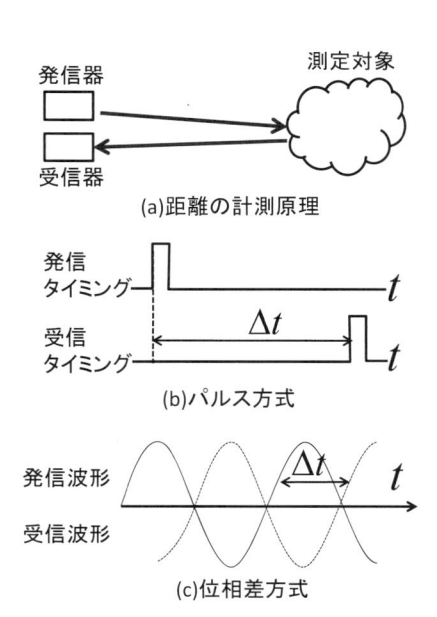

図 5.3.2 距離の測定原理と時間の計測方法

測し，式(5.3.1)を用いて距離 l[m]を計算する．

$$l = \frac{v \Delta t}{2} \tag{5.3.1}$$

ここで v[m/s]は光の速度である．

TOF方式の計測手法は，レーザ距離センサ以外のセンサでも用いられている．超音波を用いた超音波距離センサ，変調した赤外光を用いた3次元距離画像カメラなどが一例である（図5.3.3）．例えば，全地球測位システム（GPS）は，3～4つのGPS衛星からの電波の到達時間を計測することで，GPS受信機と衛星の間の相対的な距離を計測し，位置が既知の基準点や，GPS衛星の座標を基準に地球上の位置を計測するセンサである．

レーザ距離センサの距離計測の話に戻そう．レーザ光の到達時間 Δt の計測方法は，パルス方式(pulsed system)と（図5.3.2(b)），位相差方式(phase contrast system)（図5.3.2(c)）が存在する．前者のパルス方式は，送信器でパルス光を発し，物体に反射して戻ってきたパルス光を受信器で受信し，その受信までにかかる時間を計測する方式である．パルス光の明るさ（強さ）を大きくすることで，遠くの物体を計測することができる．図5.3.1の左側のレーザ距離センサで用いられていて，10m以上の距離を計測できる．後者の位相差方式は，送信器側で変調したレーザ光を発し，物体に反射して戻ってきたレーザ光を受信器で受信する．ここでいう変調とは，レーザ光の明るさを波のよう変えることである（図5.3.2(c)）．送信した変調光と，受信した変調光の位相のズレを計測することで，光の到達時間を計測する．位相差を用いることで弱いレーザ光でも安定してTOFを計測できる．図5.3.1の右側のレーザ距離計で用いられている．

レーザ光源は，赤，青，緑など，波長の異なる光源が存在する．空気中で計測を行う場合，空気中での減衰が少ない赤外線がよく使われる．図のレーザ距離計では，波長 λ=785[nm]の半導体レーザが光源に使われている．水中で計測を行う場合，水中での減衰の少ない緑色のレーザ光源が使われる．

レーザ光は，鏡やプリズムを使って進む方向を変更することができる．図5.3.1の右側のレーザ距離センサでは，鏡を用いてレーザ光の進む方向を変えている．距離センサを縦方向に切断した断面を図5.3.4に示す[10]．センサ上面にあるレーザから下向きに投光したレーザ光を，斜めに取り付けた鏡で横向きに進行方向を変更する．反射して戻って来たレーザ光は，下側の斜めに取り付けた鏡で下向きに進行方向が変更され，受信器（フォトダイオード）にたどり着く．さらに，鏡を回転させることでレーザ光を投光する方向を変え，物体の2次元の形状を計測することを可能にしている．図5.3.4のレー

図5.3.3 TOF方式を用いた距離センサの例：3次元距離画像カメラ（左）（提供：(株)日本クラビス），超音波距離センサ（右）（提供：(株)秋月電子通商）

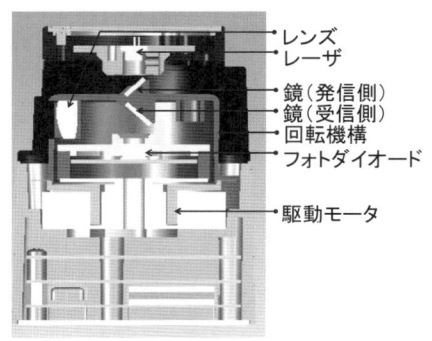

図5.3.4 2次元レーザ距離センサの断面
（提供：北陽電機（株））

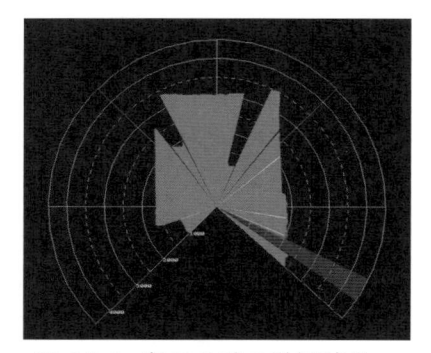

図5.3.5 部屋の壁の計測結果
（提供：北陽電機（株））

図5.3.6 3次元レーザ距離センサ

3次元形状の計測

3次元形状を計測する方法として，図5.3.1の2次元のレーザ距離センサを機械的に振る方法も提案されている．下に2次元のレーザ距離センサとパンチルト雲台を組みあわせて3次元を計測した結果を示す．空間を走査するレーザの方向を変えることで広い範囲を，走査する角度を細かく制御することで密な形状を計測することができる．図5.3.6の計測結果では人間の輪郭が確認できる[11]．

ザ距離センサは，鏡が無限に回転し，360deg のうち 270deg の範囲の形状を，0.25deg の分解能で計測することができる．図 5.3.5 にレーザ距離センサで部屋の白い壁を計測した結果を示す．模様の少ない白い壁までの距離を計測することができている．

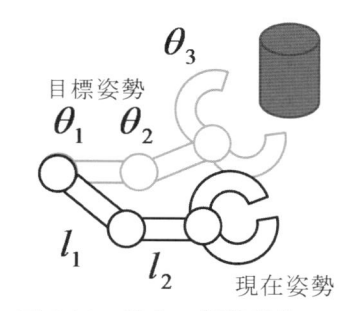

図 5.4.1　物体の把持動作

5・4　回転量を計測する（Rotation sensing）

本節では，ロボットアームの関節角や，車輪の回転量を確認するために必要なエンコーダというセンサに関して説明する．エンコーダを用いて，ロボットアームの関節角 θ と角速度 ω を計測することを例に説明を行う．

図 5.4.1 に，ロボットアームを物体に近づける様子を示す．図 5.4.1 のロボットアームでは，2 つのリンクの長さと手先の形状が分かっている．この場合，第 4 章「作業する」で説明した方法を用いることで，計測した 3 つの関節角 θ から，手先の位置や姿勢を計算することができる．

では，関節角や，関節の角速度はどこで計算しているのだろうか？図 5.4.2 に，各関節角の制御システムの構成を示す．関節角や，角速度は，モータに取り付けたエンコーダやポテンショメータ(potentiometer)というセンサを用いて計測され，モータドライバや制御用のボード PC 上で数値に変換される．制御用のボード PC は，えられたモータの回転角や角速度に合わせて，制御信号をモータドライバに送り，ドライバ側でモータを回転させることで，関節角の制御を行う（第 6 章と第 7 章参照）．

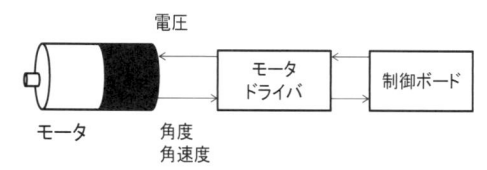

図 5.4.2　制御システムの構成

市販のロータリエンコーダとポテンショメータを図 5.4.3 に示す．これらのセンサを，関節や関節を駆動するモータに取り付けて角度を計測する．

ロータリエンコーダ(rotary encoder)は，光や磁気を用いて回転数や角度を計測する方法であり，無限に回転する軸の角度や角速度を計測できる．ポテンショメータに比べると，値段は高くなる．しかし，非接触で計測を行うため，機械的な摩耗などによる精度の劣化が生じない．移動ロボットの車輪の回転数や，アームの関節角の計測など，高速に回転する軸の回転角や角速度を正確に計測する必要がある場合によく用いられる．

図 5.4.3　エンコーダ（左）とポテンショメータ（右）

一方，ポテンショメータは，回転による変位を抵抗値の変化として取り出すセンサである（図 5.4.4）．無限に回転しない軸の角度の計測に使われる．可動する端子（ワイパ）の変位 θ に伴いワイパの抵抗値 R が変化する．角度を計測する場合は，2 つの端子間に電圧をかけ，ワイパの出力電圧を計測する．ポテンショメータは，安価に角度を計測することができ，広く用いられている．しかし，抵抗体とワイパが摺動を繰り返すため，摩耗による劣化が起こり，抵抗値が変化する．そのため，高速に回転する軸の角度を長期間にわたって計測する用途には向いていない．この問題を解決した，磁気を用いた非接触なポテンショメータも作られている．

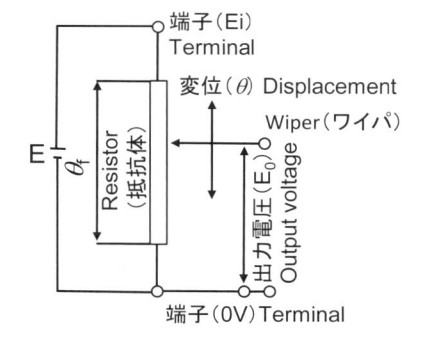

図 5.4.4　ポテンショメータの仕組

本節では，ロータリエンコーダを用いた角度と角速度の計測ついて説明する．ロータリエンコーダには，値を積算して角度を求めるインクリメンタル型（インクリメンタルエンコーダ；incremental encoder）と，絶対角度が分かるアブソリュート型（アブソリュートエンコーダ；absolute encoder）が存在する．インクリメンタル型とアブソリュート型では，図 5.4.5 の異なる円盤

(a) インクリメンタル型
（提供：(株)ベストテクノロジー）

(b) アブソリュート型
（日本電気制御機器工業会，制御機器の基礎知識 センサ編，第二版 (2001) より引用 ）

図 5.4.5　エンコーダ内部の円盤

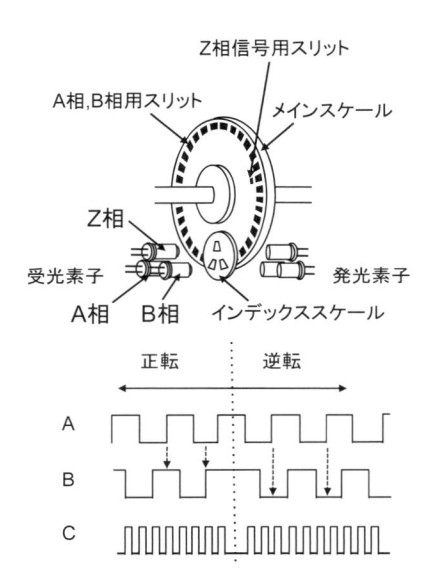

図 5.4.6　インクリメンタル型のロータリエンコーダ

を用いて角度を計測する．

インクリメンタル型は，円周に細かいスリットが刻まれた円盤を用いる（図 5.4.5(a)）．円盤に刻まれたスリットの数を数えることで角度を計測する．減速器の手前のモータの回転軸に取り付けて使うことで，角度や角速度の計測ができる．しかし，値を積算することで角度を計測するため，電源の投入時に初期位置を合わせる作業（原点合わせ）が必要になる．

アブソリュート型は，スリットのパターンから現在角を計測する．そのため，円盤には，複雑なパターンが描かれている（図 5.4.5(b)）．関節軸に取り付けて使うことで，関節の絶対角度を計測することができる．インクリメンタル型と異なり原点あわせの必要がない．しかし，小型なセンサを用いてロボットアームの関節角や角速度を計測する場合は，高精度な角度や角速度の計測が行えないことがある．以下，インクリメンタル型エンコーダを用いて角度と角速度を計測する方法を説明する．

図 5.4.6 に光学式のインクリメンタル型ロータリエンコーダの内部を示す．エンコーダ内部では，モータの回転に合わせて格子縞のディスクが回転している．エンコーダは，異なる位置に取り付けた受光素子から出力される，A 相，B 相，Z 相の 3 相の出力を持っている．Z 相はエンコーダ軸が 1 回転するごとに 1 個だけスリットが存在している．そのため，エンコーダの回転軸の原点を合わせるのに Z 相を用いる．角度の計測には，A 相，B 相を用いる．

発光素子，受光素子，スリットと出力信号の関係を考えてみよう．ディスクは回転しているため，ディスクのスリットを通して発光素子から出力される光が受光素子に届く時と，ディスクにより光が遮られ受光素子に届かない時が存在する．エンコーダの出力では，受光素子の受光状態によって，センサ出力が High（H）と Low（L）に変化するように作られている．ここで述べる High, Low とは信号線にかかる電圧の大きさを表す．

High と Low の電圧と数値表現

Transistor-Transistor-Logic（TTL）の規格では，出力電圧は 2.4V 以上の電圧を High, 0.4V 以下の電圧を Low と，入力電圧は 2V 以上の電圧を High, 0.8V 以下を Low と考える．TTL の規格に即した回路を作る場合，通常プルアップ抵抗などを用いて High の時 5V, Low の時に 0V になるように回路を作成しカウンターIC や CPU ボードの I/O 入力端子に繋ぐ．CPU ボード上の C などのプログラムでは，High を 1, Low を 0 の 2 進数として取り扱うことができる．

A 相，B 相の出力波形を図 5.4.6 の A, B に示す．ディスクの回転に合わせて出力電圧が，High と Low と変化し，パルス状の波形として出力される．単位時間あたりのパルスの数を数えることで，モータの回転軸の角度や角速度を導出する．A 相，B 相の出力は，同じパルスでも片側が先に立ち上がるため，どちらが先に立ち上がったか見ることで回転方向を決定することができる．また，1 パルスの波形が得られる間に A 相と B 相の出力は(A,B)=(H,L), (H,H), (L,H), (L,L) の 4 つの状態を経過して変化する．この遷移状態も計測することで，計測精度を 4 倍に高めることができる（4 逓倍と呼ばれる（図

5.4.6 C）).

Δt の間に Δp のパルス数が計測された場合，その間にモータ軸が回転した角度は式(5.4.1)で計算することができる．

$$\Delta \theta_{motor} = \frac{2\pi \cdot \Delta p}{P} \tag{5.4.1}$$

P はエンコーダ軸が 1 回転したときのエンコーダの総パルス数である．この角度を電源投入時から積算することで現在の角度 θ を計算する．

角速度 ω は，下記の式を用いて計算することができる．

$$\omega = \frac{\theta_{motor}}{\Delta t} \tag{5.4.2}$$

エンコーダで計測した角度と角速度を用いて関節角の PD 制御や PID 制御を行い，手先を目標姿勢に近づける（制御の詳細は第 7 章参照）．

5・5 力を計測する（Force sensing）

アームや，ハンドを使って物体を適切に把持するためには，物体に触れたことや，物体を把持するハンドに加わる外力を計測する必要がある．物体に触れたことや，加わる外力を検出できれば，物体を把持したことを認識しつつ，物体を別の場所に移動し，壊さないように置く動作を実現できる．検出できないと，物体を把持できない状態でアームを動かしてしまうことや，物体を強い力で机に押しつけて破壊してしまうことがある．

接触や，接触力を計測する方法としては，(1) 接触センサや力センサを用いて物体との接触を検出する方法や，(2) 関節を駆動するモータのトルクを推定し接触によって生じる外力を検出する方法が存在する．本節では，(1) の方法に関して説明する．

(1)の接触センサとしては，ひずみゲージ(strain gauge)を用いた力覚センサ，感圧導電性のゴムを用いた接触センサなどが存在する（図 5.5.1）．ひずみゲージを用いた 6 軸力センサや，感圧導電性のゴムを用いた接触センサは，加わった外力をどのように計測しているのだろうか？図 5.5.1 の 6 軸力覚センサは，加わった外力によって構造材に生じた変形量をひずみゲージを用いて計測し，外力を計算する．ひずみゲージは，外力を「伸び・縮み→ひずみ量→抵抗の変化→電圧」として検出する（図 5.5.2）．得られた電圧 V とひずみのモデルから，かかった外力を計測する．感圧導電性のゴムを用いた接触センサの場合は，外力の大きさに応じてゴム膜の間の接触抵抗が変化する．この接触抵抗の変化を電圧として計測し，モデルに基づき力を計測する．ロボットは，A/D コンバータ（A/D コンバータの詳細は第 7 章参照）を用いて電圧 V のアナログ情報をディジタル情報に変換する．

圧電素子の構造と種類

圧電素子は，圧電体と電極を貼り合わせたものを基本構造とする．圧電セラミックスを用いたアクチュエータとしてモノモルフ，ユニモルフ，バイモルフ，積層型など様々な種類が提案されている．モノモルフは，圧電スピーカなどに使われる．バイモルフや積層型は先端の変位が大きいため，変位を利用した位置決めや，微細な物を操るマニピュレータのアクチュエータとして用いられる．また，センサとしては，振動式ジャイロのコリオリ力の計測などに用いられる（5・6 節参照）．

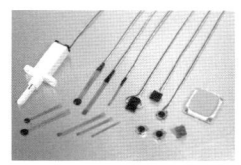

図 5.5.1 6 軸力覚センサ（左）（提供：ニッタ（株））と感圧導電性の接触センサ（右）（提供：イナバゴム（株））

図 5.5.2 ひずみゲージを用いた力の計測の原理

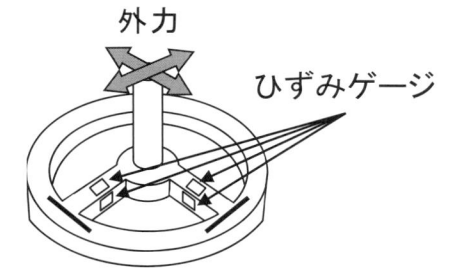

図 5.5.3 力センサの内部構造

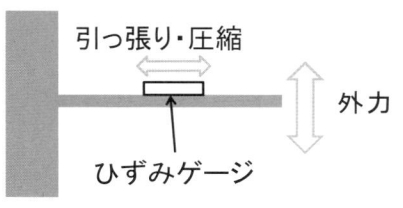

図 5.5.4 片持ち梁を用いた1アクティブゲージ法

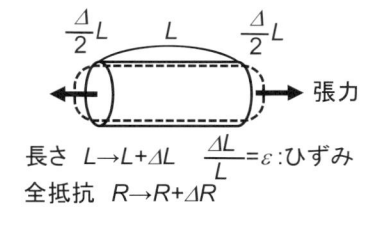

（a）基本原理図

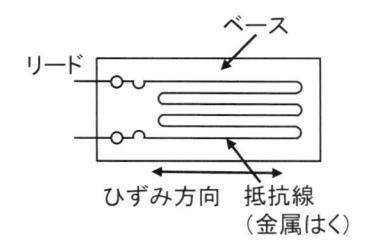

（b）ゲージの構造

図 5.5.5 ひずみゲージの原理とひずみゲージの構造

また，圧電素子（ピエゾ素子; piezoelectric element）を用いて力を計測することも出来る．圧電素子は，外力を加えてひずませると電圧が発生し，逆に電圧を加えるとひずむという性質がある．素子に加わった力を電圧に変換するセンサとしての利用と，加えた電圧を力に変換するアクチュエータとしての利用ができる．

図 5.5.3 に，6 軸力センサの内部構造を示す．ひずみゲージを，力センサ内部の梁の部分に貼り付け，梁のひずみを計測することで，加わった外力を計測する．力センサは，図 5.5.4 に示す片持ち梁を組みあわせた構造になっている．梁に貼り付けるひずみゲージの数と張り方を変えることで，力の検出感度や，温度変化の補償ができる．本節では，1 個のひずみゲージを用いる 1 アクティブゲージ法と 2 個のひずみゲージを用いて 2 倍の感度と，温度の影響をキャンセルする 2 アクティブゲージ法を説明する．

図 5.5.5 にひずみゲージの構成を示す．数ミクロン厚の金属の抵抗膜を，プラスチックフィルム等で作られたベースで挟んだ構造になっている．ひずみゲージに力を加えると，抵抗膜が引っ張られたり圧縮されたりすることで伸び縮み，長さが L から $L+\Delta L$ に変化する．内部のひずみ ε は，式(5.5.1)のように書くことができる．

$$\varepsilon = \frac{\Delta L}{L} \tag{5.5.1}$$

この内部のひずみを抵抗値の変化としてとらえることで，かかった力を計測する．さて，どのようにして抵抗値の変化としてとらえるのか？それは，下記の抵抗と材料の関係式を用い説明することができる．

$$R = \frac{\rho L}{A} \tag{5.5.2}$$

R が抵抗値，ρ が比抵抗，A が断面積に相当する．ここで，両辺の対数（log）を取って式を変形する．式を変形したのは，足し算と引き算で関係を表したいからである．

$$\log R = \log \rho + \log L - \log A \tag{5.5.3}$$

上式の両辺を微分すると下記の式が得られる．

$$\frac{\Delta R}{R} = \frac{\Delta \rho}{\rho} + \frac{\Delta L}{L} - \frac{\Delta A}{A} \tag{5.5.4}$$

ここで，金属の場合，$\Delta \rho / \rho = 0$ となり無視できる．また，ポアソン比を σ とすると，$\Delta A / A = -2\sigma \cdot \Delta L / L$ と書ける．これを上式(5.5.4)に代入すると，下記の式(5.5.5)を得る．

$$\frac{\Delta R}{R} = (1+2\sigma) \cdot \frac{\Delta L}{L} \tag{5.5.5}$$

$(1+2\sigma)$ はゲージファクタ（ゲージ率; gage factor）と呼ばれ，K_S と表される．ひずみゲージの基本性能を表すデータシートに具体的な値が書かれている．式(5.5.1)と K_S を用いて式(5.5.5)を下記のように変形する．

$$\frac{\Delta R}{R} = K_S \cdot \frac{\Delta L}{L} = K_S \cdot \varepsilon \tag{5.5.6}$$

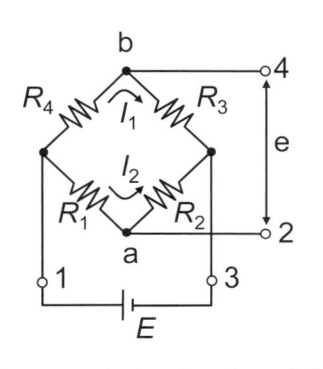

図 5.5.6 ホイートストンブリッジ回路

ひずみと抵抗値の関係を表す式を求めることができた．しかし，ひずみによる抵抗値の変化は数百 mΩ と非常に小さいため，ひずみゲージを用いて検

出される $\Delta R/R$ も非常に小さくなり，検出方法を工夫する必要がある．

抵抗値の変化を電圧の変化として取り出すため，図 5.5.6 に示すホイートストンブリッジ回路(wheatstone bridge)を用いる．この回路の入力電圧 E，抵抗値 $R_1 \sim R_4$，出力電圧 e の関係は，下記のように表せる．

$$e = \frac{R_1 R_3 - R_2 R_4}{(R_1 + R_2)(R_3 + R_4)} E \tag{5.5.7}$$

ここで R_1 の部分に抵抗値 R のひずみゲージを付け，$R_2 \sim R_4$ の抵抗が R である場合を考える（1アクティブゲージ法と呼ばれる（図5.5.4））．力を加えたことにより，ΔR の抵抗値の変化が生じた場合，式(5.5.7)は下記のように書くことができる．

$$e = \frac{(R_1 + \Delta R) R_3 - R_2 R_4}{(R_1 + \Delta R + R_2)(R_3 + R_4)} E \tag{5.5.8}$$

$R = R_1 = R_2 = R_3 = R_4$ として，式(5.5.8)を変形すると下記の式を得る．

$$e = \frac{R^2 + R\Delta R - R^2}{(2R + \Delta R) 2R} E \tag{5.5.9}$$

ここで $R \gg \Delta R$ と考えることができ，式(5.5.9)は下記のように変形できる．

$$e \cong \frac{1}{4} \cdot \frac{\Delta R}{R} \cdot E = \frac{1}{4} K_S \varepsilon_0 \cdot E \tag{5.5.10}$$

上式を用いて抵抗の変化を電圧の変化として検出することができる．

温度が変化するとひずみゲージの抵抗は変化する．1アクティブゲージ法では，温度変化と外力によるひずみを区別することができないという問題点がある．2アクティブゲージ法を用いてこの問題を解決する．

図5.5.7に2アクティブゲージ法のひずみゲージの貼り方を示す．抵抗値 R のひずみゲージを，図 5.5.6 の R_1，R_2 の部分につなげる．また，R_3，R_4 の部分に抵抗値 R の抵抗をつなげる．2つのひずみゲージの抵抗値の変化を ΔR_1，ΔR_2 として式(5.5.7)に代入すると，次の式を得る．

$$e = \frac{\Delta R_1 R - \Delta R_2 R}{(2R + \Delta R_1)(2R + \Delta R_2)} E \tag{5.5.11}$$

外力が加わることで，2つのひずみゲージはそれぞれ伸びと縮みがおこり，ひずみによって変化する抵抗値の符号が逆になる．温度による抵抗値の変化は，同じ部材に貼り付けているため同じになる．力を加えたことによるひずみゲージの抵抗値の変化を ΔR，温度による抵抗値の変化を ΔR_T とすると，ΔR_1 と ΔR_2 はそれぞれ $\Delta R_1 = \Delta R + \Delta R_T$，$\Delta R_2 = -\Delta R + \Delta R_T$ と表すことが出来る．ΔR_1 と ΔR_2 を式(5.5.11)に代入することで次式を得る．

$$e \cong \frac{1}{2} \cdot \frac{\Delta R}{R} \cdot E = \frac{1}{2} K_S \varepsilon_0 \cdot E \tag{5.5.12}$$

温度によるひずみゲージの抵抗値の変化は，相殺され無視することができる．また，式(5.5.12)は，式(5.5.10)に比べると2倍の感度でひずみによる抵抗の変化を検出することができる．

また，図 5.5.6 のホイートストンブリッジ回路を内蔵した市販のブリッジボックス（図5.5.8）とひずみゲージを用いることで，1アクティブゲージ法や，2アクティブゲージ法，本節では説明をしなかった4アクティブゲージ法を容易に実装することができる．

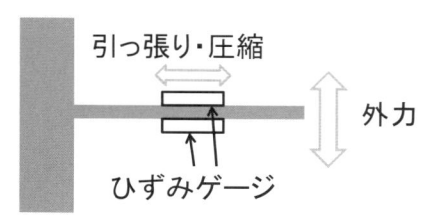

図 5.5.7　片持ち梁を用いた2アクティブゲージ法

図 5.5.8　ブリッジボックス BX-100
（提供：ティアック（株））

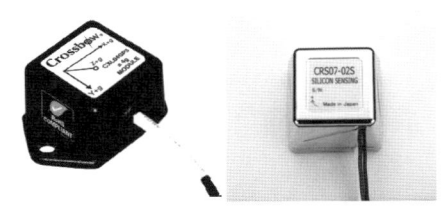

図 5.6.1　3 軸加速度センサ（左）（提供：クロスボー（株））と 1 軸ジャイロスコープ（右）（提供：（株）シリコンセンシングシステムズジャパン）

図 5.6.2　加速度センサの原理

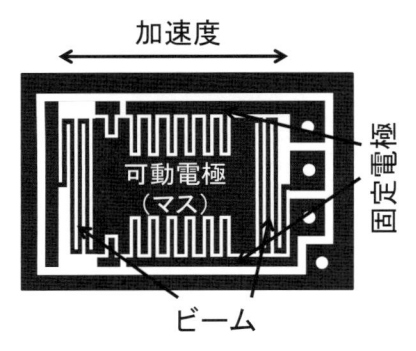

図 5.6.3　静電容量方式の加速度センサの回路

図 5.6.4　人工衛星用のジャイロスコープ
（提供：（有）ピーアィディー）

5・6　ロボットの姿勢を計測する（Robot pose sensing）

車輪型移動ロボットに搭載したアームで物体を把持する場合，手先の位置・姿勢を導出するためには，ロボットの姿勢を計測する必要がある．姿勢の計測には，エンコーダの他に，内界センサに属する慣性センサが用いられる．本節では，慣性センサとして，加速度センサとジャイロスコープについて説明する．図 5.6.1 の左側が 3 方向の加速度を計測できる加速度センサ，右側が 1 軸まわりの角速度を計測できるジャイロスコープである．

5・6・1　加速度センサ（Accelerometer）

加速度センサは，センサ上に定義された各軸方向の加速度 α [m/s^2]を計測するセンサである．図 5.6.2 に加速度センサの計測原理を示す．センサ内のおもりの移動距離（変位）x [kg]を計測することで加速度を計測する．どのように変位 x から加速度 α を計算するのか考えてみよう．

ニュートン力学では，慣性力（力）と加速度の関係を，$F = \alpha m$ と表すことができる．F が慣性力で，m[kg]がおもりの重さである．また，バネとおもりの関係式を用いると，慣性力と変位の関係は $F = kx$ と記述することもできる．ここで k はバネ定数である．この 2 つの関係式から下記の式を得る．

$$\alpha = \frac{kx}{m} \tag{5.6.1}$$

バネ定数 k とおもりの重さ m が分かっているとすると，おもりの変位 x を計測することで式(5.6.1)を用いて加速度を計算することができる．

変位 x の計測方法は，静電容量方式，圧電方式，熱検知方式が存在する．中でも静電容量方式は，MEMS により小型な回路が作りやすい，圧電方式に比べて温度特性が安定しているという理由からよく用いられる．図 5.6.3 に静電容量式の回路の模式図を示す．左右にかかる加速度を計測することが出来る回路である．図 5.6.2 のおもりに相当する可動電極を，バネに相当するスプリング状のビームが両側から支えている．慣性力によって，可動電極が左右に動く．動いた変位 x を，固定電極と可動電極の間の櫛状になっている部分の静電容量の変化から計測し，加速度 α を計測する仕組みになっている．

ロボットが静止している場合は，加速度センサを用いて重力加速度 G を計測することができる．ロール角 θ_{roll} とピッチ角 θ_{pitch} が傾いた状態でロボットが静止している場合は，加速度センサで計測される各軸方向の加速度が，ロール角とピッチ角の傾きに応じて変化する．そのため，重力による各軸方向の加速度を計測することで，ロボットのロール角とピッチ角を計測できる．しかし，ヨー角は，加速度センサから直接計測できない．

5・6・2　ジャイロスコープ（Gyroscope）

ジャイロスコープは，角度や，角速度を計測することができる計測器である．古くは，回転ごまとジンバル機構(Gimbal mechanism)を組みあわせた姿勢の計測装置が作られた（図 5.6.4）．しかし，回転ごまを支えるジンバル機構の摩擦の影響で正確な角度を求めることが難しい，機械的に複雑な機構の

ため小型化が出来ないという課題がある．その後，回転軸にかかる力を計測することで角速度を計測し，その値を積分することで姿勢を計測する方法が広く使われるようになった．また，角速度の計測方法を工夫することで，小型なジャイロスコープや高精度なジャイロスコープが誕生した．

ジャイロスコープの種類としては，機械式，流体式，光学式のジャイロスコープが存在すし，それぞれ計測原理が異なる．機械式のジャイロスコープは，回転する円盤にかかる慣性力を用いて角度や角速度を計測するものと，振動する物体に加わるコリオリ力を用いて角速度を計測するものが存在する．流体式のジャイロスコープは，回転中に流路中の気体に加わるコリオリ力により気体の流れが変化するが，この変化を検出することで角速度を計測する．光学式のジャイロスコープは，ジャイロスコープを回転させた時に，内部に巻いた光ファイバの中を通る光の光路差を用いて角速度を計測する．

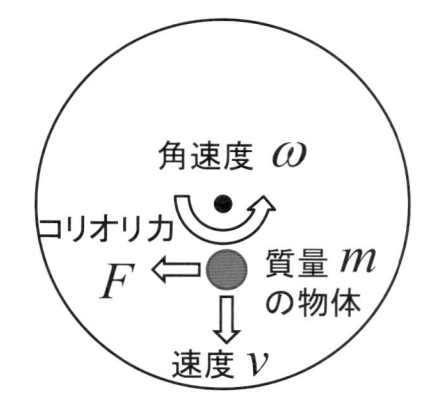

図5.6.5　左回転する平面を移動する物体に働くコリオリ力

コリオリ力（Coriolis force）

コリオリ力とは，角速度ωで回転する座標系上を運動する物体に現れる慣性力である（図5.6.5）．コリオリ力は，式(5.6.2)であらわせ，回転が反時計まわり（左回転）の時は進行方向の右向きに，回転が時計回り（右回転）の時は進行方向の左向きに働く．私たちは，日常的にコリオリ力の影響による現象を見ることができる．台風の雲の動きは北半球では，反時計まわりになる．これは，北半球では，低気圧の方向に進む空気が右向きにコリオリ力を受けるためである．南半球は，台風雲の動きは逆向きになる．

振動式のジャイロスコープは，MEMSなどを用いて小型で比較的安価に作ることができるため，自動車，ロボット，携帯電話，ゲーム機など広く使われている．また，光学式のジャイロスコープは，高価であるが，高精度に角速度を計測できることが特徴であり，飛行機や潜水艦で用いられている．

図5.6.6に，コリオリ力を用いた振動式のジャイロスコープの原理を示す．1方向に振動（一次振動）する質量mに角速度ωを与えると，コリオリ力により，1次振動の方向に直行する方向にも振動（2次振動）が発生する．発生するコリオリ力Fは次式で表すことができる．

$$F = 2m\omega v \tag{5.6.2}$$

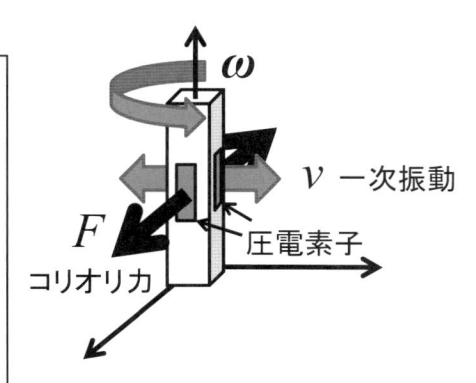

図5.6.6　振動式ジャイロスコープの原理

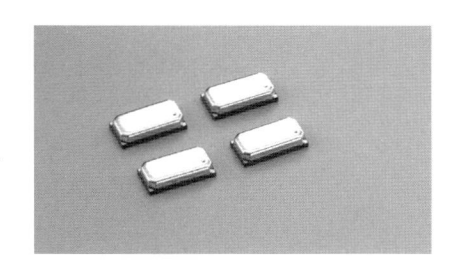

図5.6.7　振動式ジャイロスコープ（提供：(株)村田製作所）

ここでvは1次振動の速度である．コリオリ力Fを計測することで，角速度ωを計測する．図5.6.7の振動式ジャイロスコープでは，1次振動の励振には水晶振動子や圧電素子が使われ，コリオリ力は圧電素子を用いて計測する．

ジャイロスコープの計測誤差としては，a.温度の変化によるドリフト誤差(drift error)と，b.電源や回路のノイズが存在する．高精度に角度や角速度を計測する場合，これらの誤差を除去する必要がある．a.の温度によるドリフトとは，0deg/sの基準電圧が温度によって変化することで生じる誤差である．温度ごとに基準電圧の補正テーブルを作成することで，解決することが出来る．また，ジャイロスコープの温度が計測できない場合は，ジャイロスコープ周囲を温度が変化しないように囲み，静止した状態で温度が安定したときの電圧を基準電圧として用いる簡易的な補正方法も用いられる．b.のノイズは，予め周波数を計測し，その周波数をカットするフィルタを用いることで除去する．

ロボットのヨー角などの姿勢角をジャイロで計算する方法を説明する．姿勢角 θ は，次式を用いて角速度 ω を積分することで計測する．

$$\theta = \int \omega \cdot dt + \theta_0 \tag{5.6.3}$$

θ_0 は，初期角度に相当する．このように ω を積分して計算した姿勢 θ には，補正しきれなかったドリフト誤差などを積分した計測誤差が含まれる．よって，長い間，正確な計測を行う場合は，その誤差をキャンセルする必要がある．ロール角，ピッチ角の誤差は，停止している時に加速度センサで計測した重力加速度でキャンセルすることができる．

===== 練習問題 =====================

【5・1】 レーザ距離計で反射波が帰ってくるまでに $\Delta t = 0.1$[ns]かかった．光の速度を $v = 299,792,458$[m/s]とした場合，対象物までの距離 l を求めよ．

【5・2】 インクリメンタル型のロータリエンコーダで，角度分解能を0.02deg 以下としたいとき，一回転何パルス必要か？

【5・3】 ひずみゲージに力が加わった時の抵抗値の変化は非常に小さいことを計算によって確かめてみよう．ひずみ 1000×10^{-6}，ゲージ率 2.0，抵抗値 120Ω の時の抵抗値の変化を，式(5.5.6)を用いて求めよ．

第5章の参考文献

[1] 日本ロボット学会編，新版ロボット工学ハンドブック，コロナ社．（2005）

[2] 小柳栄次，ロボットセンサ入門，オーム社．（2004）

[3] 大山恭弘，橋本洋志，ロボットセンシング―センサと画像・信号処理―，オーム社．（2007）

[4] 金谷健一，これなら分かる応用数学教室―最小二乗法からウェーブレットまで―，共立出版．（2003）

[5] 出口光一郎，本多敏，センシングのための情報と数理，コロナ社．（2008）

[6] ディジタル画像処理編集委員会，ディジタル画像処理，CG-ARTS 協会．（2004）

[7] 田村秀行，コンピュータ画像処理，オーム社．（2002）

[8] 奈良先端科学技術大学院大学 OpenCV プログラミングブック製作チーム，OpenCV プログラミングブック第 2 版 OpenCV1.1 対応，毎日コミュニケーションズ．（2009）

[9] 出口光一郎，ロボットビジョンの基礎，コロナ社．（2000）

[10] Hirohiko Kawata *et al*., Development of ultra-small lightweight optical range sensor system, Proceedings of the 2005 IEEE/RSJ Int'l Conf. on Intelligent Robots and Systems, pp.3277-3282. (2005)

[11] Kazunori Ohno *et al*., Development of 3D laser scanner for measuring uniform and dense 3D shapes of static objects in dynamic environment, Proceedings of the 2008 IEEE Int'l Conf. on Robotics and Biomimetics, pp.2161-2167.(2008)

第6章

駆動する

Actuation

これまでに，さまざまなロボットの基本原理や動かし方を学んできた．実機のロボットを動かすためには，それに加えて，メカニズムやモータなどの動力駆動系や制御系を適切に設計できることが必要である．

ロボットでは，駆動力を発生する装置として，電磁力の原理を使った電磁モータがよく使われている．一言で電磁モータといっても，DC（直流）サーボモータ，ブラシレス DC サーボモータ，ステッピングモータなど，さまざまな種類がある．その他にも，ソレノイドのように直線運動をするものや，空気圧シリンダや超音波モータなど電磁力以外の原理を使った装置も多い．これら駆動力を発生する装置を総称して「アクチュエータ」と呼ぶ．

アクチュエータが発生した「トルク（＝モーメント；回転させようとする力）」や「力（直線（並進）運動をさせようとする力）」は，動力伝達機構（減速機（reduction gear）など）を介して，車輪やロボットアームなどを直接運動させるための力・トルクに変換される．たとえば，DC サーボモータの場合には，そのままではモータ軸の角速度が速すぎたり，発生するトルクが小さすぎるケースが多く，それらを適切な値に調整するために減速機が動力伝達機構として使われている．動力伝達機構の形態は，歯車，タイミングベルト，ボールねじなど，さまざまである．

アクチュエータに対する入力（電流など）を適切に調整し，ロボットに所望の運動をさせることを「制御」と言う．ロボットを制御するためには，アクチュエータに加えて，さまざまなセンサを活用して運動を計測することが必要であるし，適切な電気・電子回路や計算機インタフェースによってモータに電流を流すことや，計算機プログラムによって電流をいくら流せばよいかを適切に指令することが必要である．

これら駆動のための要素部品にはそれぞれ固有の特性があり，それらをきちんと考慮した上で，機械設計，電気・電子回路設計，制御系設計などを行わなければならない．ただ単に買ってきてつなげただけでは，ロボットにいい動きをさせることはできない．

本章では，主としてアクチュエータや動力伝達機構について学ぶ．

6・1 駆動部の構造とアクチュエータ（Drive mechanism and actuator）

図 6.1.1(a)に示すような平行に 2 つのタイヤが付いた車輪型移動ロボットを例に挙げてみよう．このロボットの車輪を駆動するための機構は図 6.1.1(b), (c)のようになっている．遊星歯車機構による減速機が付いた DC サーボモータがトルクを発生する．そのトルクは，平歯車を介して，車軸に伝えられ，車輪が回転する．平行に設置された2つの車輪の回転によって，ロボットは直進運動や回転運動を行うことができる．一般に DC サーボモータの角速度（回転速度，回転数ともいう）はそのままでは車輪を回転させるには速すぎ，しかも一方で車輪で車体を動かすにはトルクが不足していることが多い．そのため，減速機によって角速度を落とすと同時に，トルクを増幅させる必要があるのである．

DC サーボモータを駆動するためには，モータのコイルに大きな電流を流す必要がある．制御用計算機から直接流すことができる電流は通常数十 mA に過ぎないが，小型ロボットに使われているモータの駆動には数 A が必要で

第6章 駆動する

(a) 2車輪型移動ロボット BEEGO　　(b) BEEGO の駆動部　　(c) 駆動部の機構

図 6.1.1　車輪型移動ロボットの機構

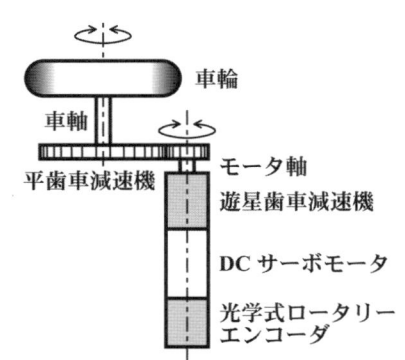

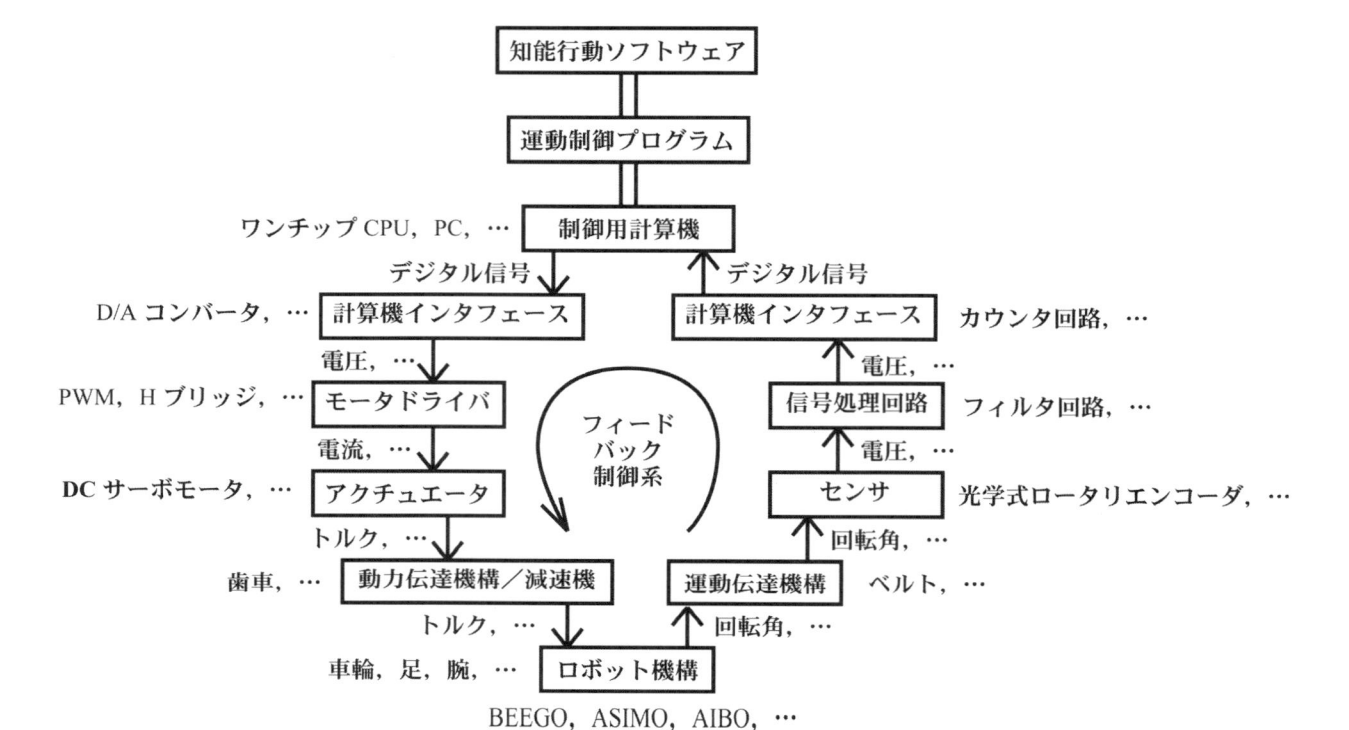

図 6.1.2　ロボット制御系の一般的な構成

表 6.1.1　代表的アクチュエータ

分類	アクチュエータの種類
電磁型	DC サーボモータ AC サーボモータ ステッピングモータ ソレノイド
流体型	油圧シリンダ 空気圧シリンダ マッキベン型人工筋
固体型	圧電素子 電歪素子 磁歪素子 超音波モータ 高分子アクチュエータ

ある．この機能を請け負っているのが，モータドライバである．モータドライバには制御用計算機から制御電圧，あるいは，制御デジタル量が与えられ，それに応じてモータドライバはモータに電流を流す．

DC サーボモータの回転角は，回転角センサである光学式ロータリエンコーダ（第5章参照）によってデジタル量として計測され，カウンタ回路などの計算機インタフェースを介して制御用計算機に入力される．制御用計算機内の運動制御プログラム（PD 制御系など；第7章参照）によって制御電流が決められる．その値は計算機インタフェース（D/A コンバータなど）を介してモータドライバに指令され，モータが動かされる．このような回転角制御によってはじめて，モータに所望の角度だけの回転をさせることができ，精度良くロボットの移動経路を実現することができるのである．

以上をまとめると，図 6.1.2 のような信号の流れとなる．

DC サーボモータ以外にも，ロボットにはさまざまな種類のアクチュエー

タが使われている．表 6.1.1 に代表的なアクチュエータを示す．

アクチュエータは，外部からの入力信号に応じて，大きいエネルギーを出力することを目的としている．そのために，さまざまな物理現象が活用されている．たとえば，DC サーボモータは，電流を外部からの入力信号およびエネルギー源とし，回転運動のためのトルクを出力として発生する．つまり，電磁気学の原理を活用して，電気エネルギーを運動エネルギーに変換しているのである．一方，空気圧シリンダは，電磁弁によって調節された空気の圧力を入力信号及びエネルギー源とし，並進運動のための力を出力する．

6・2 DC サーボモータ（DC servo motor）

6・2・1 トルク発生の原理（Principle of torque generation）

図 6.2.1 に DC サーボモータの原理を示す．永久磁石によって作られた磁界の中にあるコイルに電流が流れると，フレミングの左手の法則（Fleming's left-hand rule）によってローレンツ力（Lorentz force）が発生する．この力の合力によって，コイルを回転させようとするトルクが生じ，それによって回転が生じる．

簡単のために，コイルの形状が長方形で一巻きだけの場合を考えてみよう．電流のベクトルを i，磁束密度（磁界の強さを表す量）のベクトルを B とすると，単位長さ（SI 単位系の場合 1m）あたりに発生するローレンツ力のベクトル F は，フレミングの左手の法則により，

$$F = i \times B \tag{6.2.1}$$

となる．F, i, B は図 6.2.2 に示すような方向の関係にある．F の x 方向の要素を F_x と書くことにすれば，ベクトルの各要素の値は次のようになる．

$$F = \begin{bmatrix} F_x \\ F_y \\ F_z \end{bmatrix} = \begin{bmatrix} i_y B_z - i_z B_y \\ i_z B_x - i_x B_z \\ i_x B_y - i_y B_x \end{bmatrix} \tag{6.2.2}$$

F の大きさ F は，i と B の大きさを i, B，なす角を ϕ とすると，外積の性質から，次式で表される．

$$F = |F| = \sqrt{F_x^2 + F_y^2 + F_z^2} = iB\sin\phi \tag{6.2.3}$$

コイルの場合について，電線 AB, CD の長さを l とすると，電線 AB にかかる電磁力 F_{AB} の大きさ F_{AB} は，$\phi = 90\,[\mathrm{deg}]$ であるため，次のようになる．

$$F_{AB} = F_{CD} = 2Bli \tag{6.2.4}$$

図 6.2.3 に示すハンドルに力 F をかけた際のトルクを考えてみよう．ハンドルの長さが長ければ長いほど回転させようとするためのトルクは大きい．また，力を加える方向によってもトルクは変化し，ハンドルレバーに対して直角に力を加えるのが最も効率が良く，回転軸の方向に力を加えた場合にはトルクは発生しない．コイルの場合では，電線 AB, CD にかかる力はトルクを発生させるが，電線 BC, DA にかかる力はコイルを回転させる方向ではないため，トルクには寄与しない．

トルクを一般的に表現するためには，回転させようとする方向とその大きさを指定すればよい．回転方向とは，回転軸と回転の向きのことである．力

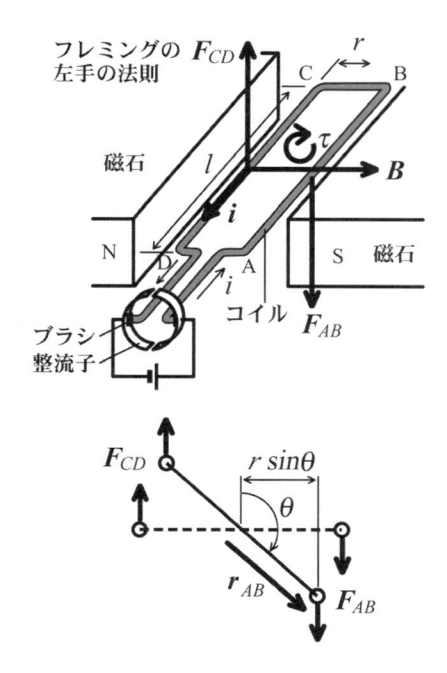

図 6.2.1 DC サーボモータの原理

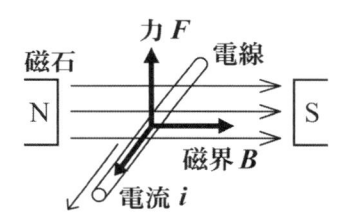

図 6.2.2 フレミングの左手の法則

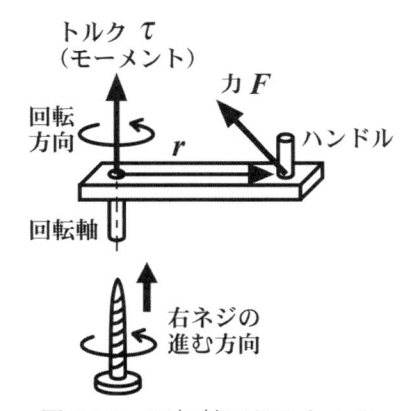

図 6.2.3 回転軸回りのトルク

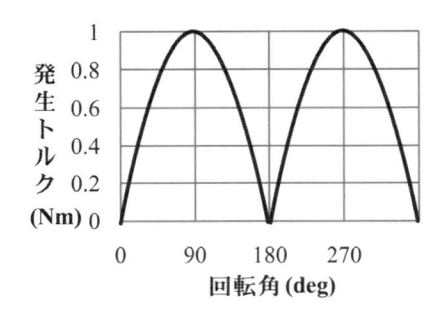

(a) コイル1個の場合

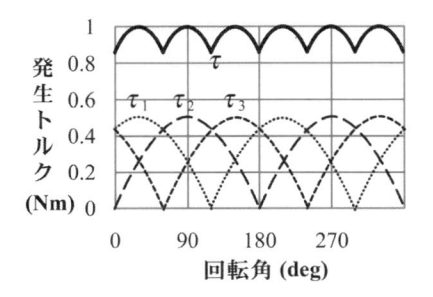

(b) コイル3個の場合

図 6.2.4 モータ回転角と発生トルク

図 6.2.5 モータの構造
（コイル6，磁石2）
（提供：（株）津川製作所）

電流の方向の表記
⊗ 紙面の手前から奥に向けて
⊙ 紙面の奥から手前に向けて

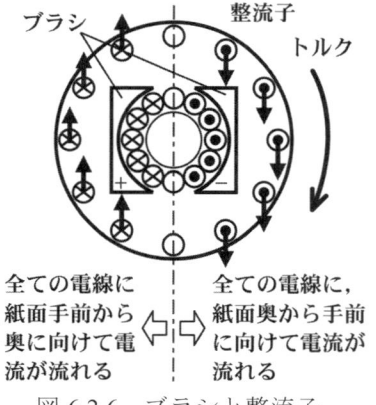

図 6.2.6 ブラシと整流子

学ではこのために3次元のベクトルを使う．ベクトルの軸が回転軸であり，ベクトルの方向と長さで向きと大きさを表現する．右ネジを回すようにトルクを加えたとき，ネジが進む方向にベクトルを描く，と決められている．

電線 AB が発生するトルクのベクトルを τ_{AB}, 回転軸から AB に向かうベクトルを r_{AB} とすると，次の関係が成立する．

$$\tau_{AB} = r_{AB} \times F_{AB} \tag{6.2.5}$$

トルクの大きさ τ_{AB} は，図 6.2.1 のように，r_{AB} と F_{AB} のなす角が θ（モータの回転角）であるとき，外積の性質から，式(6.2.6)のようになる．

$$\tau_{AB} = F_{AB} r \sin\theta \tag{6.2.6}$$

電線 CD も考慮に入れ，以上の式を整理すると，一巻きのコイル ABCD が発生するトルク τ_1 は，式(6.2.7)のようになる．

$$\tau_1 = 2Blir\sin\theta \tag{6.2.7}$$

コイルへの給電は図 6.2.1 のようなブラシ（brush）と整流子（commutator）と呼ばれるこすれ合う一対の電極を通じて行われる．ある角度まで回転すると電圧の方向が逆転するため，常に正方向にトルクが発生するように電流を流すことができる．

以上から，発生するトルクは，磁束密度，コイルの長さ，電流の大きさ，コイルの直径に比例し，回転角に対して図 6.2.4(a)のように周期的に変化することになる．

なめらかにロボットを動かすためには，トルクの値は回転角 θ によらず一定であることが望ましい．そのために，実際のモータでは図 6.2.5 のように多数のコイルが巻かれている．この例では電機子鉄心は透磁率が低く安価なケイ素鋼板を積層して作られており，この場合には12個の突起の間に6個のコイルが巻かれている．そして，図 6.2.6 に示すように，全てのコイルについて常に正方向のトルクが発生するようにブラシと整流子が構成されている．それぞれのコイルは隣のコイルと30degの角度をつけて配置されているため，式(6.2.7)においてそれぞれのコイルは30degずつ θ が異なることとなり，トルク変動は平均化されて，打ち消されることになる．コイルの個数が多いほどトルクが一定になる．トルク変動は，コギングトルク，またはトルクリップルと呼ばれている．コイルが3個の場合，それぞれのコイルが発生するトルク τ_1, τ_2, τ_3 の合計トルク τ は，回転によって図 6.2.4(b)のように変化する．

モータに巻かれた全てのコイルの $2Blr\sin\theta$ を合計した値 k_t はトルク定数と呼ばれ，DC サーボモータの構造で決まる．このとき，

$$\tau = k_t i \tag{6.2.8}$$

の関係が成立し，DC サーボモータが発生するトルクは，流す電流に比例することがわかる．

実際のモータには，長時間にわたって発生できるトルクの大きさ（定格トルク），瞬間的に発生できる限界のトルク（最大トルク）が定められており，その範囲内で使用する必要がある．

6・2・2 逆起電力と等価回路（Back electromotive force and equivalent circuit）

図 6.2.1 の一巻きのコイル ABCD の中に通る磁束 Φ_1 は，

$$\Phi_1 = 2Blr\cos\theta \tag{6.2.9}$$

このコイルが回転すると，θが時間によって変化し，磁束Φ_1が変化するため，図 6.2.7 に示すファラデーの電磁誘導の法則によって，コイルに次のような起電力が生じる．

$$V_1 = -\frac{d\Phi_1}{dt} = 2Blr\omega\sin\theta \quad (ただし，\omega = \frac{d\theta}{dt}) \tag{6.2.10}$$

この電圧はモータの回転を止めようとする方向（駆動電圧を打ち消そうとする方向）に発生するため，逆起電力と呼ばれている．

全てのコイルの$2Blr\sin\theta$を合計した値を逆起電力定数k_eとすると，モータ全体での逆起電力は，

$$V = k_e\omega \tag{6.2.11}$$

となる．この式から，逆起電力はモータの角速度ωに比例することがわかる．

モータを電気回路で表すと図 6.2.8 のようになる．理想コイルはインダクタンスLのみをもつ電気回路要素であるが，実際のコイルには電気子抵抗Rが存在する．キルヒホッフの法則から，モータへの印加電圧eと流れる電流iの関係は次のようになる．

$$e = V + Ri + L\frac{di}{dt} = k_e\omega + Ri + L\frac{di}{dt} \tag{6.2.12}$$

この式から，同じ電流を流して同じトルクを維持するためには，モータの回転が速くなるにつれて，より大きな電圧を印加する必要のあることがわかる．

モータの静止時や逆転時には，逆起電力がゼロまたは負となるため，モータのコイルには大きな電流が流れる．モータに供給された電力は最終的に全て熱になる．そのため，モータやモータドライバの焼損につながることがあるので，注意が必要である．

6・2・3　速度トルク曲線（静特性）（Speed-torque curve (static characteristics)）

ここで，電流や電圧が一定で変化がない状態（定常状態; steady state）における DC サーボモータの性質を考えてみよう．このような特性を静特性と呼ぶ．式(6.2.12)で$di/dt = 0$とおき，さらに式(6.2.8)を適用すると，

$$e = k_e\omega + Ri = k_e\omega + \frac{R}{k_t}\tau \tag{6.2.13}$$

が得られる．

印加電圧eを一定値とし，横軸に角速度ω，縦軸に発生トルクτを取ったグラフを描くと，図 6.2.9 のようになる．これを DC サーボモータの速度トルク曲線と呼ぶ．この曲線から DC サーボモータのさまざまな性質を知ることができる．

この曲線によれば，角速度が小さいほど大きなトルクを発生でき（大きな電流が流れ），大きい角加速度を出すことができることがわかる．モータへの印加電圧eが大きくなると曲線は右上に動き，トルクや角速度が大きくなる．

静止時にモータが発生するトルクを起動トルクと呼び，速度トルク曲線がトルク軸（角速度ゼロの線）と交わった点のトルクの値である．また，モータ単体で回転するときの角速度を無負荷時最高速度と呼び，速度トルク曲線

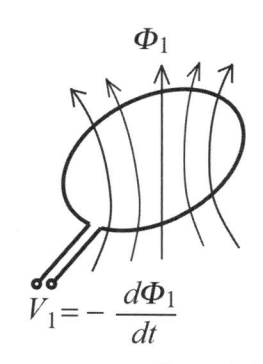

図 6.2.7　ファラデーの電磁誘導の法則

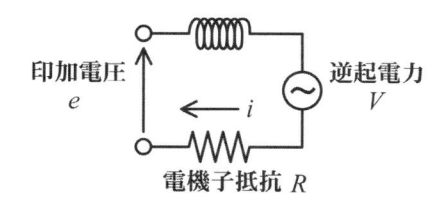

図 6.2.8　モータの電気回路

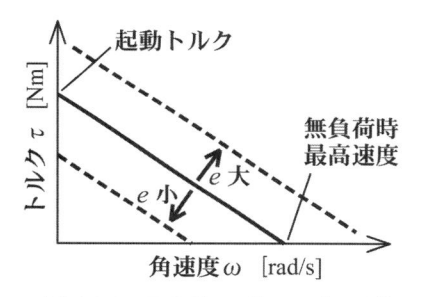

図 6.2.9　DC サーボモータの速度トルク曲線

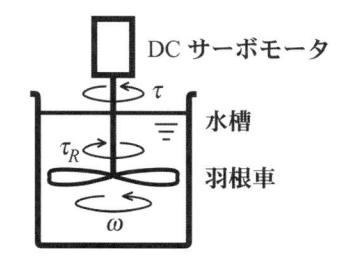

図 6.2.10　羽根車を回す

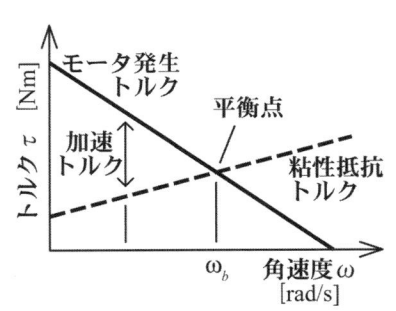

図 6.2.11 羽根車負荷がある場合の速度トルク曲線

が角速度軸（トルクゼロの線）と交わった点の角速度の値である．印加電圧 e によって，これらの値は変化する．

図 6.2.10 のような油槽に漬けられた羽根車を DC サーボモータで回転させる装置を考えてみよう．この羽根車と油で作られる粘性抵抗要素（ダンパ）は，うまく設計すると，油から受ける粘性抵抗トルク τ_R を角速度 ω に比例させることができる．このダンパの特性は，比例定数を c，速度に依存しない摩擦トルクを τ_f とすると，

$$\tau_R = c\omega + \tau_f \tag{6.2.14}$$

と表される．この特性を速度トルク曲線に書き込んでみると，図 6.2.11 のようになる．ある一定の印加電圧 e_1 が与えられたときのモータ特性を同図に書き込んでみると，2 つの直線は一点 $\omega = \omega_b$ で交わることがわかる．この点は両トルクが釣り合った状態であり，一定電圧を与えて長い時間を経るとこの点の角速度 ω_b に落ち着くことを意味している．このような状態のことを定常状態と呼ぶ．

なぜそうなるのだろうか．最初に角速度をゼロとして電圧 e_1 を与えると，モータの発生トルクによって羽根車は加速する．回転が始まると，粘性抵抗が大きくなるため，加速トルクは徐々に減少する．図 6.2.11 の 2 つの速度トルク曲線の差が加速トルクであり，回転部の慣性モーメントを J とすると，下記の運動方程式が成立する．

$$J\dot{\omega} = \frac{k_t}{R}(-k_e\omega + e_1) - c\omega - \tau_f \tag{6.2.15}$$

角速度が ω_b に上昇すると，右辺（加速トルク）はゼロとなり，左辺の角加速度 $\dot{\omega}$ はゼロ，すなわち，加速しなくなる．角速度が ω_b よりも大きくなった場合には，粘性抵抗がモータの発生トルクよりも大きくなるため，加速トルクは負となり，減速する．減速は角速度が ω_b に落ちるまでつづく．したがって，電圧 e_1 を与えた場合，長い時間を経ると，角速度は ω_b になるのである．

以上のように，速度トルク曲線は，モータが発生するトルクと，モータが駆動する機械内部の抵抗や，外部から受ける抵抗の釣り合いを考える上で便利である．自動車のエンジンにおいても，これと同様にして，アクセルの開度とギア比を一定としたときの速度トルク曲線を描くことができる．その中に坂道や風による抵抗の特性を書き込めば，その自動車が出せる最高速度や加速性能を推定することができる．移動ロボットの走行機構においても，歯車などの動力伝達装置や車輪と路面などの摩擦抵抗，粘性摩擦抵抗，登坂に要するトルクなどの特性を書き込めば，そのロボットの最高走行速度，加速性能，登坂性能などを求めることができる．

6・2・4 電気的特性（動特性）（Electric characteristics (dynamic characteristics)）

一方，モータ軸がロックされて回転しない場合を考えてみよう．このときには逆起電力は $V = 0$ であり，式(6.2.12)から下記の関係が成立する．

$$e = Ri + L\frac{di}{dt} \tag{6.2.16}$$

印加電圧 e を 0 から e_0 に階段状に変化させた場合（これをステップ関数という）に，$T_e = L/R$ とおくと電流 i は次のように変化する（ステップ応答; step response）．

$$i = \frac{e_0}{R}(1 - \exp(-t/T_e)) \tag{6.2.17}$$

これを導くには，下記のようにすればよい．式(6.2.16)をラプラス変換（Laplace transform）すると，s をラプラスの演算子とし，電流 i のラプラス変換を $I(s)$，印加電圧 e のラプラス変換を $E(s)$ と書くことにすれば，

$$E(s) = R I(s) + L s I(s) \tag{6.2.18}$$

となる．印加電圧 e は大きさ e_0 のステップ関数なので，

$$E(s) = e_0 \frac{1}{s} \tag{6.2.19}$$

である．これらの式を整理すると，

$$I(s) = e_0 \frac{1}{s(R + Ls)} \tag{6.2.20}$$

が得られ，右辺を部分分数展開により変形すると，次のようになる．

$$I(s) = e_0 \frac{1}{R}\left(\frac{1}{s} - \frac{1}{R/L + s}\right) \tag{6.2.21}$$

これを逆ラプラス変換すると，式(6.2.17)が得られる．

この電流の波形をグラフに書くと，図 6.2.12 の破線のようになる．電圧が急激に変化しても，電流はインダクタンス L と抵抗 R からなる電気回路の特性に従って緩やかに変化し，ある一定の値（定常値）に近づいていく（収束する）ことがわかる．$T_e = L/R$ は電気的時定数と呼ばれており，値が大きいほど電流の変化が遅い．発生トルクは電流と比例するので，電圧をかけた瞬間にステップ状に変化するのではなく，電気的時定数にしたがって緩やかに変化する．DC サーボモータには速応性が求められるため，T_e が小さくなるよう設計されている．

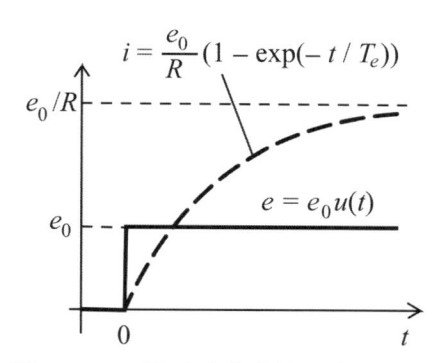

図 6.2.12 電圧が階段状に変化したときの電流変化（モータ軸ロック時）

6・2・5 機械的特性（動特性）（Mechanical characteristics (dynamic characteristics)）

今度は，インダクタンス L が小さい（電気的時定数が小さい）場合を考えてみる．このとき，$L = 0$ とおいて，式(6.2.13)と同じ関係が成立する．

$$e = k_e \omega + R i = k_e \omega + \frac{R}{k_t}\tau \tag{6.2.13}$$

モータが駆動する外部負荷がない場合を考えると，モータ軸の運動方程式は，モータ軸の慣性モーメントを J とすると，

$$\tau = J \dot{\omega} \tag{6.2.22}$$

なので，この 2 式を連立させて τ を消去すると，次の関係が成立する．

$$e = k_e \omega + \frac{JR}{k_t}\dot{\omega} \tag{6.2.23}$$

印加電圧 e として大きさ e_0 のステップ入力を与えたとき，前節と同じ議論が成立し，$T_m = JR/k_t k_e$ とおくと，式(6.2.24)が得られる．

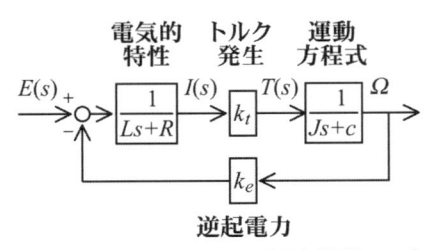

図 6.2.13 モータの伝達関数のブロック線図での表現

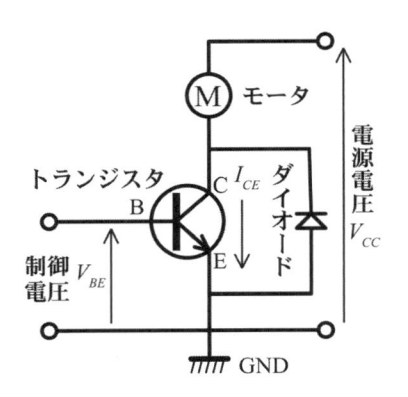

図 6.3.1 電流制御回路

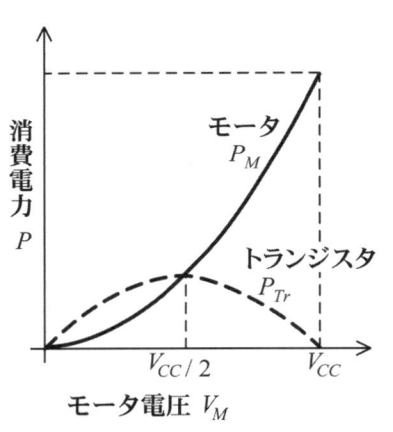

図 6.3.2 印加電圧とモータおよびトランジスタが消費する電力

$$\omega = \frac{e_0}{k_e}(1-\exp(-t/T_m)) \qquad (6.2.24)$$

この T_m は機械的時定数（mechanical time constant）と呼ばれており，値が小さいほど加減速が速く，速応性が高い．

6・2・6 モータの伝達関数（Transfer function of motor） *

回転軸を支える軸受などには，角速度に比例して回転を妨げようとするトルク（粘性抵抗）が働く．先に述べた粘性抵抗係数 c を用いれば，モータ軸の運動方程式は次のようになる．

$$\tau = J\dot{\omega} + c\omega \qquad (6.2.25)$$

また，以前に説明したように，式(6.2.8)，式(6.2.12)が成立する．

$$\tau = k_t i \qquad (6.2.8)$$

$$e = k_e \omega + Ri + L\frac{di}{dt} \qquad (6.2.12)$$

これらをラプラス変換すると，次のようになる．

$$T(s) = Js\Omega(s) + c\Omega(s) \qquad (6.2.26)$$
$$T(s) = k_t I(s) \qquad (6.2.27)$$
$$E(s) = k_e \Omega(s) + RI(s) + LsI(s) \qquad (6.2.28)$$

ここから $T(s)$ と $I(s)$ を消去すると，次のように，電圧を入力，角速度を出力とする伝達関数（transfer function）を得ることができる．

$$\Omega(s) = \frac{k_t}{LJs^2 + (Lc+RJ)s + (Rc+k_e k_t)} E(s) \qquad (6.2.29)$$

この伝達関数は，モータに加える電圧を変化させたとき角速度はどのように変化するか，を表している．分母がラプラス演算子 s の二次式なので，二次系と呼ばれる特性を示している．電気的時定数が十分に小さい場合には，$L=0$ とすると，一次系の特性を示すことがわかる．

次のように変形すれば，ブロック線図として図 6.2.13 のように表現できる．

$$\Omega(s) = \frac{1}{Js+c} T(s) \qquad (6.2.30)$$

$$I(s) = \frac{1}{Ls+R}(E(s) - k_e \Omega(s)) \qquad (6.2.31)$$

一方，$T(s)$ と $\Omega(s)$ を消去すると，電圧を与えたときの電流の変化を，次のような伝達関数の形で得ることができる．

$$I(s) = \frac{Js+c}{LJs^2 + (Lc+RJ)s + (Rc+k_e k_t)} E(s) \qquad (6.2.32)$$

この伝達関数は，モータに加える電圧を変化させたときモータ電流がどのように流れるか，を示している．これも二次系の特性を示している．

6・3 モータドライバ（Motor driver）

ロボットを自由自在に動かすためには，モータの電流の大きさや方向を所望の運動が実現できるように変化させてやらなければならない．モータに電流を与える電子回路がモータドライバであり，モータに流すべき電流の値を

決めるのはコントローラ（制御系）である．

モータドライバとして，図 6.3.1 のような回路を考える．モータに流れる電流はトランジスタのコレクタ(C)からエミッタ(E)に流れる電流 I_{CE} である．トランジスタの性質から，I_{CE} はベース(B)からエミッタ(E)に流れる電流 I_{BE} に比例し，その比例係数は電流増幅率 h_{FE} と呼ばれている．制御電圧 V_{BE} により I_{BE} を変化させ，モータに流す電流を調節することにより，モータの発生トルクを調整する．トランジスタと並列に付けられたダイオードは，モータの逆起電力によるトランジスタの破壊を防ぐための安全回路である．

ところが，この回路には致命的な欠点がある．それは，多くのエネルギーがトランジスタで消費され，エネルギー効率が悪いということである．たとえば，モータに与える電圧が電源電圧の半分であるとき，モータが消費する電力 P_M とトランジスタが消費する電力 P_{Tr} は同じになる．

$$P_M = V_M I_{CE} = \frac{V_{CC}}{2} I_{CE} \tag{6.3.1}$$

$$P_{Tr} = V_{CE} I_{CE} = \frac{V_{CC}}{2} I_{CE} \tag{6.3.2}$$

ただし，V_M：モータにかかる電圧，V_{CE}：トランジスタのコレクタ-エミッタ間電圧，V_{CC}：電源電圧．トランジスタが消費する電力はすべて熱となるため，エネルギーが無駄でバッテリが持たないだけでなく，大きな放熱板や熱を筐体に逃がす設計が必要であり，ロボットのボディも熱くなってしまう．

図 6.3.2 は，モータに加える電圧と，モータおよびトランジスタが消費する電力の関係を示したものである．この図の興味深いところは，モータ電圧が 0 の時と V_{CC} の時には，トランジスタは電力を消費しないということである．電圧 0 のときはコレクタ-エミッタ間の抵抗が∞であり，V_{CC} のときは抵抗がゼロと言うことを意味しているので，トランジスタがスイッチと同じ ON/OFF の働き（スイッチング）をしている．

この原理を活用し，トランジスタが ON か OFF の状態しか使われないようにして効率を高めたのがパルス幅変調（Pulse Width Modulation; PWM）と呼ばれる駆動法（図 6.3.3）である．一定の PWM 周期（PWM period）T のうち ON の時間 T_{ON} と OFF の時間 T_{OFF} の比（デューティ比（duty ratio））をデジタル回路や計算機で変化させることによって，平均電流を変化させる．T をモータの応答と比べて十分に短くとれば，電流を連続的に変化させたのと同じ効果を得ることができる．トランジスタの ON/OFF は制御用 CPU から 0 V，5 V の2つの電圧のみを出力することで実現できるので，計算機インタフェースは単純になる．

図 6.3.1 の回路では一方向にしか電流が流れないため，モータトルクも一方向にしか発生できないという問題点がある．それを解決するために，図 6.3.4 のような回路が使われ，H ブリッジと呼ばれている．表 6.3.1 に整理するように，トランジスタ 1 と 4 が ON のときにはモータには右向きの電流が流れ，トランジスタ 2 と 3 が ON のときには左向きの電流が流れる．全てのトランジスタが OFF のとき，モータには電流が流れず，フリーの状態となる．トランジスタ 1 と 2 が ON のとき，あるいは，3 と 4 が ON のときには，モータの端子が短絡される．モータ軸が回転すると逆起電力が発生して回転を

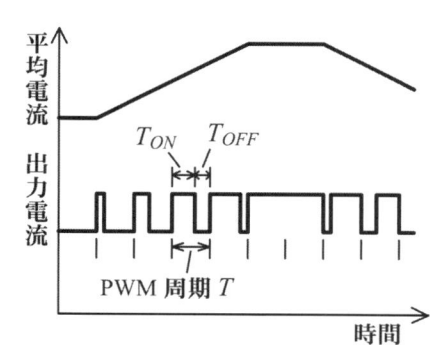

図 6.3.3 パルス幅変調（PWM）

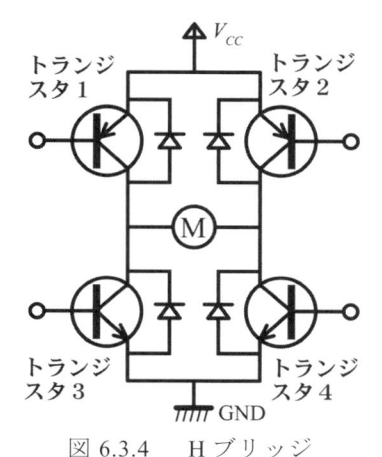

図 6.3.4 H ブリッジ

表 6.3.1 H ブリッジの働き

トランジスタ				働き
1	2	3	4	
ON	OFF	OFF	ON	電流右向
OFF	ON	ON	OFF	電流左向
OFF	OFF	OFF	OFF	フリー
ON	ON	OFF	OFF	ブレーキ
OFF	OFF	ON	ON	ブレーキ

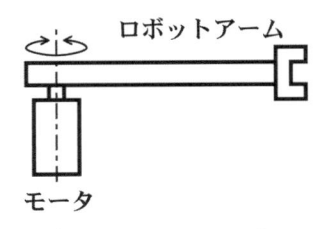

(a) ダイレクトドライブアーム

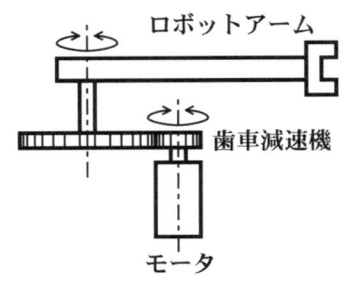

(b) 歯車減速ドライブアーム

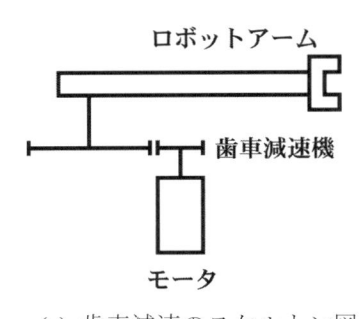

(c) 歯車減速のスケルトン図

図 6.4.1　ロボットアームの駆動方式

表 6.4.1　モータの特性

定格電圧	18.0 V
無負荷回転数	10,200 rpm
定格電流	1.47 A
最大電流	14.3 A
トルク定数	16.3 mNm/A
機械的時定数	4.49 ms
最大効率	84 %
端子間抵抗	1.26 Ω
端子間インダクタンス	0.115 mH

止めるよう作用するため，モータ軸にブレーキがかかった状態となる．

　実際のトランジスタは ON の時にもコレクタ(C)とエミッタ(E)の間に 0.2〜1V 程度の電圧が残ってしまい，それによって電力を消費してしまう．そのため，モータドライバでは，ON のときの電圧が低い電界効果トランジスタ（Field Effect Transistor; FET）などの半導体素子が使われている．また，PWM によるトルクの高周波振動をおさえるための回路，効率を向上させるための回路，ノイズ低減のための回路，安全のための保護回路，緊急時のための非常停止回路などが設けられ，より複雑になっている．市販のモータドライバの中には，PWM が回路として組み込まれていて外部から与えた電圧などの入力に応じてモータに流す平均電流を調整できるようになっている製品や，速度制御や位置制御の機能を持った製品もある．

6・4　動力伝達機構（Power transmission mechanism）

6・4・1　減速とトルク増幅（Reduction and torque amplification）

　図 6.4.1(a)のように，車輪やロボットの関節を，減速機を介さず，モータで直接回転させる方式はダイレクトドライブ（direct drive）と呼ばれている．ダイレクトドライブはロボットの機構が簡単になるが，多くのロボットに使われているわけではない．これは，次のような理由による．

(1) 多くの DC サーボモータは発生できるトルクが小さい．そのため，ダイレクトドライブでは，十分な角加速度を出すことができない．

(2) モータに取り付けられたエンコーダの分解能が低く，モータ軸の回転角制御の精度がロボットの関節としては十分でない．

(3) コギングトルク（cogging torque）のため，回転角によって駆動トルクにムラが生じ，精度の高い回転ができない．

　この問題を解決するために，図 6.4.1(b)のように，減速特性とトルク増幅特性を持った動力伝達機構（減速機）がよく使われている．図 6.4.1(c)はスケルトン図と呼ばれ，減速機の歯車列などの構造を表現したものである．

　歯車には減速の機能と同時に，トルク増幅の機能がある．減速比を z とすると，モータ側の角速度 ω_1 と出力側の角速度 ω_2 には次の関係がある．

$$\omega_2 = \frac{\omega_1}{z} \tag{6.4.1}$$

同時にモータ側のトルク τ_1 と出力側のトルク τ_2 には次の関係がある．

$$\tau_2 = z\tau_1 \tag{6.4.2}$$

すなわち，減速比 z だけトルクが増幅される．

　この理由は仮想仕事の原理という物理法則から導き出すことができる．仮想仕事の原理とは，釣り合い状態において外力による微小な変位（仮想変位）が行う仕事の和は 0 となるという性質である．非常に短い時間 Δt における歯車の回転角は，モータ側は $\omega_1 \Delta t$，出力側は $\omega_2 \Delta t$ である．このときになされる仕事の和 ΔW は 0 でなければならないので，

$$\Delta W = \omega_1 \Delta t \tau_1 - \omega_2 \Delta t \tau_2 = 0 \tag{6.4.3}$$

これを変形し，(6.4.1)を代入すると，(6.4.2)が成立することがわかる．

6・4 動力伝達機構

【例題 6・1】　＊＊＊＊＊＊＊＊＊＊＊＊＊＊＊＊＊＊＊＊

図 6.4.1(a)のように長さ 1m, 質量 1kg のアームを, 端を中心として, 表 6.4.1 のモータにより回転させるケースを考えてみよう. 最大電流の 14.3A というかなり大きな電流を流しても発生できる最大トルクは 0.233Nm でしかない. このアームを 180deg 回転させるために, 最初の 90deg は最大の正のトルク 0.233Nm をかけ続けて最大限加速し, 残る 90deg については最大の負のトルク 0.233Nm をかけ続けて最大限減速するという方法を採ると, 最短の時間で 180 度の回転を実現できることが知られている. これは bang-bang 制御 (bang-bang control) と呼ばれている. このときの所要時間はいくらか. また, 図 6.4.1(b)のように, 減速比が $z=16$ の歯車減速機を使うとき, 所要時間はどう変わるか.

【解答】

アームの慣性モーメントは $J = 0.333 \, [\text{kgm}^2]$ であるから, 角加速度 α は $\tau = J\alpha$ より $\alpha = 0.233/0.333 = 0.700 \, [\text{rad/s}^2]$ である. 最初の角速度が 0 rad/s の状態から $\theta \, [\text{rad}]$ 回転するために必要な時間を T とすると,

$$\theta = \frac{1}{2}\alpha T^2 \tag{6.4.4}$$

の関係が成立するので, 最初の $\theta = 90 \, [\text{deg}]$ を動くための所要時間は $T = 2.12$ [s] である. したがって, 総所要時間はその 2 倍で, 4.24s である. 以上から, このモータでダイレクトドライブを行ったのでは, 十分に速い運動を得ることは不可能であることがわかる.

減速機がある場合, 最大トルクおよび角加速度が 16 倍となるため, 総所要時間は 1/4 で, 1.06s となり, 十分に速い運動が実現できることがわかる.

＊＊＊＊＊＊＊＊＊＊＊＊＊＊＊＊＊＊＊＊＊

さて, 実は以上の議論には, 重大ないくつかの仮定が入っていた.

1 つは, モータが常に最大トルクを発生できるという仮定である. 速度トルク曲線で示したように, DC サーボモータに一定電圧をかけた場合には正回転においては角速度ゼロの時に最大のトルクを発生し, 角速度が大きくなるにつれて逆起電力のために出力トルクが減少する. ギアヘッドによってモータ軸の角速度は z 倍に大きくなっているので, 逆起電力も z 倍の電圧が発生しているはずである. 最大トルクを発生するためには, モータドライバは停止時に必要な電圧だけではなく, それに逆起電力を加えた高い電圧を出力できなければならない.

もう 1 つは, ギアヘッドの摩擦抵抗はゼロであるという仮定である. 歯車は歯面を強く押し付け合い, さらにそれが滑ることによって運動を伝達している. したがって, 摩擦をゼロにすることは原理的に不可能である. 平歯車やハーモニックドライブなどは高効率である (エネルギー損失数%以下) が, ウォームギア (worm gear) などは効率が低い (エネルギー損失数十%) ということが知られている. 歯車機構のエネルギー損失はエネルギー伝達効率 η によって表され, 次の関係式が成立する.

$$\tau_2 = \eta z \tau_1 \tag{6.4.5}$$

> **歯車の摩擦とバックラッシュ**
>
> 歯車は歯同士が互いにすべりながら動力を伝達する仕組みであるため，歯同士がすき間なくかみ合った状態では摩擦が極めて大きい上，歯がすぐに摩耗してしまう．この問題を避けるため，グリスなどの潤滑剤が使われるとともに，歯にはある程度のすき間が設けられている．このすき間によって，バックラッシュと呼ばれる小さなガタ，つまり，入力軸が静止していても出力軸が小さな角度だけフリーに正逆回転してしまう現象が生じる．バックラッシュは，位置制御のように細かく正逆回転を繰り返す場合には，精度の低下や制御系の不安定性をもたらす原因となる．
>
> 摩擦を考えるとき，押しつけ力に比例して摩擦係数によって最大摩擦力が一定値として決まる要素（固体摩擦，動摩擦，静止摩擦など）と，相対速度に比例して粘性摩擦係数によって力が決まる要素（粘性摩擦）の2種類からなると近似することが多い．歯車のケースは，歯面の押しつけ力は伝達トルクに比例し，歯面の相対速度は角速度に比例し，それらが歯車の噛み合いの位相によって常に変化する複雑な問題である．

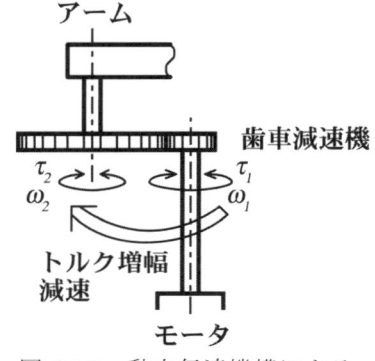

図 6.4.2 動力伝達機構による負荷慣性の変換

6・4・2 負荷の等価慣性（Equivalent inertia of load）

モータのトルク τ によって慣性モーメント J の負荷を駆動する場合，角加速度を α とすると，運動方程式は次のようになる．

$$\tau = J\alpha \tag{6.4.6}$$

動力伝達機構を介して慣性モーメント J_L のアームを駆動する図 6.4.2 のようなケースを考えてみよう．アーム軸の運動方程式は，モータが駆動する場合と同様で，

$$\tau_2 = J_L \alpha_2 \tag{6.4.7}$$

慣性モーメント J_m のモータ軸の運動方程式は，アーム側に伝達されるトルクがあるため，

$$\tau_1 = J_m \alpha_1 + \frac{\tau_2}{z} \tag{6.4.8}$$

式(6.4.2)と同じ関係が角加速度についても成立するので，式(6.4.7)から，

$$\tau_1 = J_m \alpha_1 + \frac{J_L}{z}\alpha_2 = (J_m + \frac{J_L}{z^2})\alpha_1 \tag{6.4.9}$$

が得られる．この結果から，モータ軸に換算した等価慣性モーメント（equivalent moment of inertia）J が，次のように表される．

$$J = J_m + \frac{J_L}{z^2} \tag{6.4.10}$$

これは，モータ軸で発生するトルクと角加速度との関係を考える場合，動力伝達機構によって，モータの負荷の慣性モーメント J_L が，あたかも $1/z^2$ になったように見える，ということを意味している．

ロボットマニピュレータを制御する場合，腕が伸びた場合と縮んだ場合で関節軸回りのアームの慣性モーメント J_L は大きく変化する．減速比 z が小さい場合には，J が大きく変化するため，制御系によっては，腕が伸びた場合

には応答が遅いが，縮んだ場合には振動が発生する，などの問題が生じるケースがある．ところが減速比 z が大きい場合には，モータ軸の慣性モーメント J_m に比べて腕の慣性モーメント J_L の割合が小さいため，J はあまり変化せず，制御特性は腕の伸び縮みの影響を受けにくい．

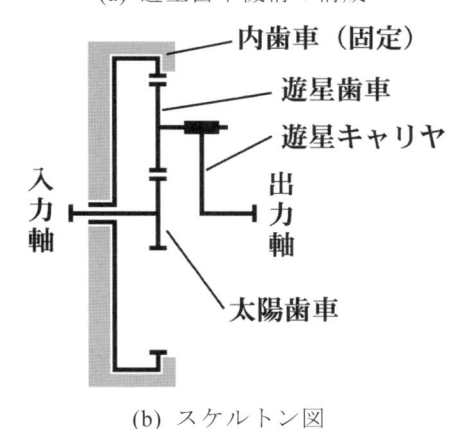

6・4・3 遊星歯車機構（Planetary gear mechanism）

ロボットマニピュレータの関節には，コンパクトでありながら高い減速比を持つ動力伝達機構が必要である．そのため，遊星歯車機構やハーモニックドライブ機構がよく使われている．

遊星歯車機構は，図 6.4.3 のように，内歯車と太陽歯車の間に，遊星キャリヤに取り付けられた複数個の遊星歯車がかみ合った構造をしている．モータ軸直結型の遊星歯車減速機では，内歯車はモータケースに固定されており，モータ軸の回転によって太陽歯車を動かし，遊星キャリヤの運動を出力として取り出す．

この減速比はいくらになるだろうか．まず簡単のために，遊星キャリヤが固定されていて内歯車（歯数 n_C）が固定されていない場合を考えてみよう．このとき，太陽歯車（歯数 n_A）が 1 回転すると遊星歯車（歯数 n_B）は $-n_A/n_B$ だけ回転し，内歯車は $-n_A/n_C$ だけ回転する．実際には内歯車が固定されていて遊星キャリヤが動くので，機構全体を n_A/n_C だけ回転させれば内歯車の運動を相殺することができる．このとき，太陽歯車の回転は $1+n_A/n_C$，遊星歯車の回転は $n_A/n_C - n_A/n_B$，遊星キャリヤの回転は n_A/n_C となる．入力軸が太陽歯車であり，出力が遊星キャリヤなので，減速比 z は

$$z = \frac{1+n_A/n_C}{n_A/n_C} = n_C/n_A + 1 \tag{6.4.11}$$

である．たとえば，$n_A=16, n_B=16, n_C=48$ であれば減速比は $z=4$ になる．

遊星歯車機構は，減速比が高い，高トルク容量，入力軸と出力軸が同軸配置なので直列に多段減速機構を構成することが容易，などの特徴を有しているので，モータ一体型のギアヘッドなどによく使われている．通常 1 段あたりの減速比はひと桁であるが，それ以上に高い減速比が必要な場合には，機構を直列に重ねて多段構成とする．エネルギー伝達効率は 1 段あたり通常 85％程度であるが，段数を重ねるとそのべき乗で効率が低下する．

> **ハイブリッド車に使われている遊星歯車機構**
>
> 遊星歯車機構は，太陽歯車，内歯車，遊星キャリヤの 3 つの回転角の間に，ある数学的関係が成立する機構である．いずれかの回転角を拘束することによって，減速機として使用するだけでなく，2 者の間の関係を変えたり，動力伝達の方向を変えたり，2 つの動力源が発生するトルクを合成したり分配したりすることができる．トヨタのハイブリッド自動車プリウスは，動力伝達機構として図 6.4.4 のように遊星歯車機構を使用しており，エンジンとモータの発生トルクを合成して車を駆動したり，エネルギーを回生したりする機能を果たしている．

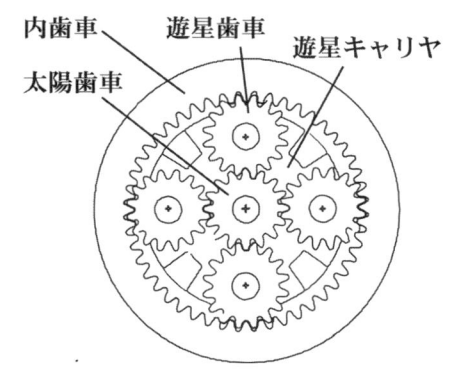

(a) 遊星歯車機構の構成

(b) スケルトン図

図 6.4.3 遊星歯車機構

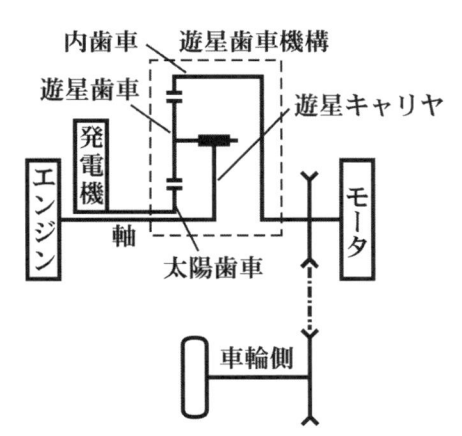

図 6.4.4 ハイブリッド自動車プリウスの遊星歯車機構

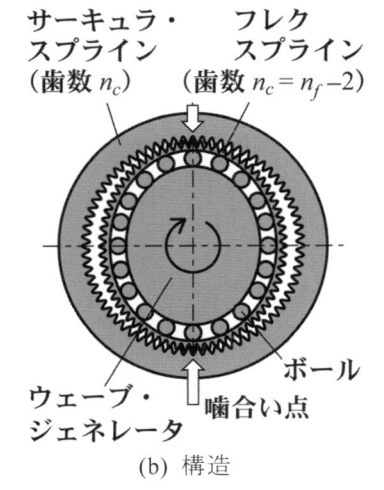

図 6.4.5 ハーモニックドライブ機構

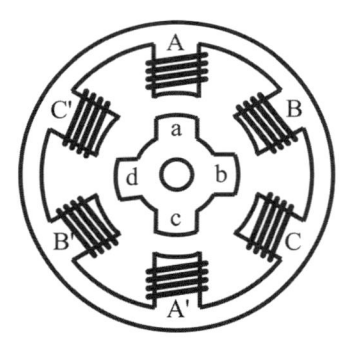

(a) 分解図

(b) 構造

図 6.5.1 VR型ステッピングモータの構造

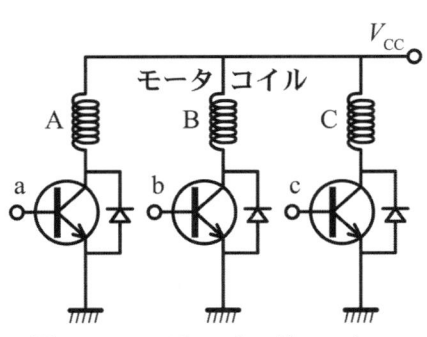

図 6.5.2 ステッピングモータの駆動回路

6・4・4 ハーモニックドライブ機構 (Harmonic Drive mechanism)

ハーモニックドライブ機構は，図 6.4.5 のように，ウェーブ・ジェネレータ，フレクスプライン，サーキュラ・スプラインの 3 つの部品から成る減速機である．モータの回転をウェーブ・ジェネレータに入力し，フレクスプラインから出力回転を取り出す．

ウェーブ・ジェネレータは，楕円形カムの周囲に薄肉の玉軸受けを持つ構造で，薄肉のフレクスプラインの楕円形変形を回転させる役割を担っている．フレクスプラインの外周には歯数 n_f の歯が刻まれ，サーキュラ・スプラインの内歯の歯数 n_c よりも歯数が 2 枚少なくなっている．楕円の長軸で歯がかみ合うため，ウェーブ・ジェネレータの回転に従ってかみ合う歯が順次移動していく．歯数が異なっているため，ウェーブ・ジェネレータが時計方向へ 180 度回転すると，フレクスプラインは歯数 1 枚分だけ反時計方向に移動することになる．

減速比は，以上の原理から，
$$z = n_f / 2 \tag{6.4.12}$$
歯数の差が 2 でない場合には，
$$z = n_f / (n_c - n_f) \tag{6.4.13}$$

ハーモニックドライブ機構は，減速比が高い（〜300），バックラッシュが小さい，高精度，小型軽量，高トルク容量，高効率，静粛性が高い，入力軸と出力軸が同軸配置，などの長所を有しているため，ロボットの関節によく使われている．一方で，剛性が低い，高負荷では歯飛びが起きるなどの欠点を持っている．

（ハーモニックドライブ及び Harmonic Drive は（株）ハーモニック・ドライブ・システムズの登録商標です．）

6・5 ステッピングモータ (Stepping motor)

ステッピングモータはモータの電磁石の ON/OFF を切り替える（パルスを与える）ことにより回転運動するモータである．その特徴としては，計算機インタフェースが簡単，フィードバック制御が不要，ブラシが無く長寿命，などの長所を持つ反面，トルクリップル（トルクのムラ）が大きい，という欠点を持っている．

VR 型と呼ばれる代表的なステッピングモータの構造を図 6.5.1 に示す．固定子に設けられたコイルと回転子のピッチにずれがあり，電流を流すコイル（励磁コイル）の組を，A+A' → B+B' → C+C' → A+A' と順番に切り替えていくことによって，順次隣の回転子の歯と引きつけ合い，回転運動を生じる．切り替えを止めると，コイルと歯が引きつけ合った状態で停止する．

ステッピングモータの駆動回路を図 6.5.2 に示す．このように，a, b, c の端子を計算機に接続し，デジタル出力（0V または 5V）によってベース電流を ON/OFF させ，コイルに流れる電流（コレクタ-エミッタ間電流）を ON/OFF するだけで良いので，回路が単純である．

ステッピングモータの励磁法にはいくつかの方法があり，先に述べた 1 相

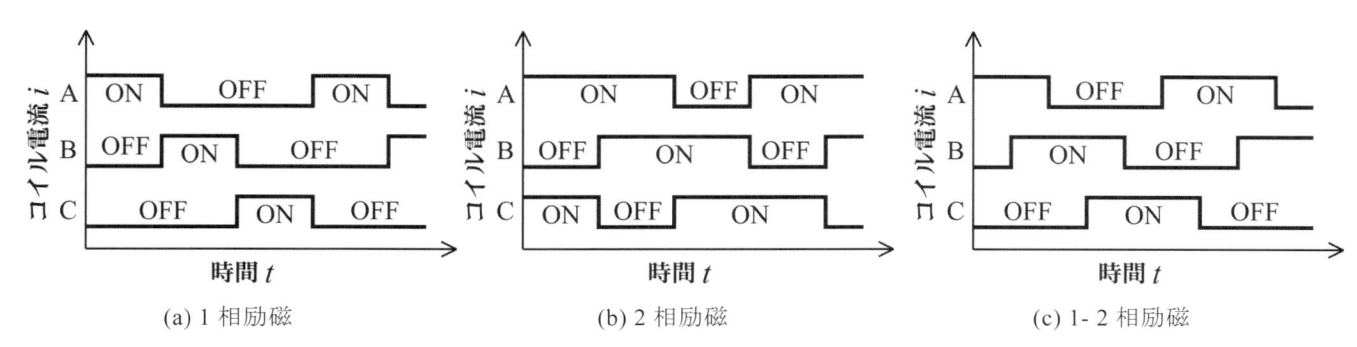

(a) 1相励磁　　(b) 2相励磁　　(c) 1-2相励磁

図6.5.3　ステッピングモータの励磁

励磁（図6.5.3(a)）の他に2相励磁，1-2相励磁がある．2相励磁（図6.5.3 (b)）は同時に隣り合うコイルを励磁することにより，駆動／静止トルクを大きくする方法である．1-2相励磁（図6.5.3(c)）は1相励磁と2相励磁を交互に／繰り返すことによって，分解能を2倍にする励磁法である．

ステッピングモータの角速度と制御できる最大トルクとの関係は，図6.5.4のようになる．正常な運動状態においては，角速度はON/OFFの切替え周波数（パルス速度）に比例する．図に描かれたプルアウトトルク（pullout torque）曲線よりも大きな負荷トルクがかかると，モータの能力を超えて過負荷になってしまうため，角速度が減少し，パルス速度と角速度が一致しなくなる．この現象は脱調と呼ばれ，ステッピングモータの制御が不能になる．脱調は急加速や急減速を行おうとした場合にも，慣性トルクによって発生する．

無負荷の条件下で，脱調を起こさずに瞬時に起動／停止することができる最大のパルス速度 f_s は，最大自起動周波数と呼ばれている．負荷がある場合には慣性トルクのため最大自起動周波数は低下する．

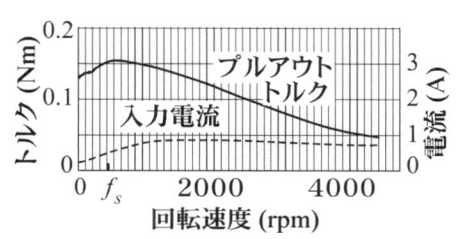

図6.5.4　ステッピングモータのパルス速度と発生トルクの関係

ブラシレスDCサーボモータ（ACサーボモータ）

DCサーボモータのブラシと整流子は，回転時に常にこすれ合い，長時間使用すると摩耗してしまうため，定期的に交換することが必要である．この問題を解決するため，ケース側にコイルを設け，回転子を永久磁石としてブラシと整流子による給電を不要にしたものがブラシレスDCサーボモータ（brushless DC servo motor）である．ブラシと整流子の代わりに半導体素子によるインバータを用い，回転角のフィードバックにより各コイルの励磁電圧を変化させ，DCサーボモータと同じ原理により動作する．

ブラシレスDCサーボモータは，ACサーボモータ（AC servo motor）と呼ばれることも多い．ACモータは交流で駆動されるモータであるが，同期モータと誘導モータの2種類に分類される．ブラシレスDCサーボモータは同期モータの一種であることが，その理由である．

メンテナンスフリー，高効率などの特徴のため，ブラシレスDCサーボモータは通常のDCサーボモータに代わって広く使われている．

6・6　加減速曲線（Acceleration-deceleration curve）

停止しているアクチュエータを瞬間的にある速度に加速したり，速度を一瞬の間に変化させることはできない．加速度がきわめて大きくなり，それを

実現するためにきわめて大きなトルクや力が必要となるためである．トルクや力を出せないだけでなく，サーボモータに大きい電流が流れすぎて加熱したり，ステッピングモータに脱調が生じる原因となる．したがって，ロボットの運動を決める際には，加減速を計画的に行い，無理のない範囲内におさめるようにする必要がある．

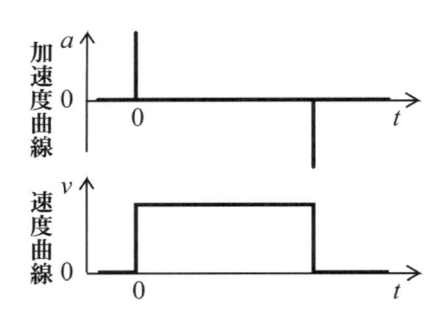

図 6.6.1 は加減速の際の速度と加速度の変化を表したもので，加減速曲線（あるいは，速度曲線，加速度曲線）と呼ばれる．(a)は瞬間的に速度が変化する加減速パターンであり，物理的に実現が不可能なケースである．それに対して，(b)のような速度曲線を用いることにすれば，加速度が一定の値に抑えられ，アクチュエータが無理なく発生できるトルクの範囲内で必要な運動を実現できる．この曲線は，台形速度曲線（trapezoidal speed curve）と呼ばれている．台形速度曲線の一定速度の時間をゼロにして加減速時間を長くとり，(c)のように速度曲線を二等辺三角形にすると，例題6.1にあげたbang-bang制御になる．また，(d)のように，加速度の値が連続な速度曲線が用いられることもある．この加減速パターンでは，アクチュエータのトルク変動が緩やかで，衝撃力を発生しないため，機械振動を少なくできるという長所がある反面，最高速度が同じ場合には平均運動速度が台形速度曲線より低くなるという欠点がある．

多自由度マニピュレータや高速に移動するロボットのように，運動性能が動力学特性に大きく依存するロボットにおいては，運動する経路を考えるだけではうまく動かすことはできず，加減速曲線を適切に設計することが重要である．たとえば，逆動力学を計算することによってアクチュエータに必要なトルクを求め，最大トルクや定格トルクなどの制約条件を超えないようにしなければならない．その場合，加減速曲線は図 6.6.1 のような単純な曲線にはならないことも多い．経路を定める問題は経路計画（path planning）と呼ばれるが，経路に加えて加減速曲線をも定める問題は軌道計画（trajectory planning）と呼ばれ，区別されている．

(a) 急激に速度が変化する場合
(b) 台形速度曲線の場合
(c) bang-bang 制御の場合
(d) 加速度連続の場合

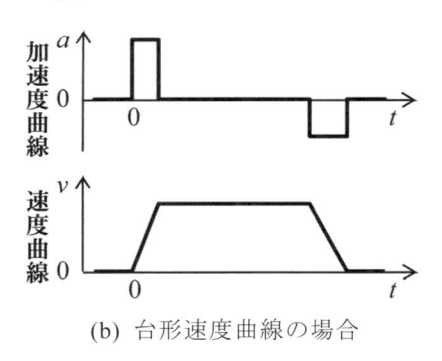

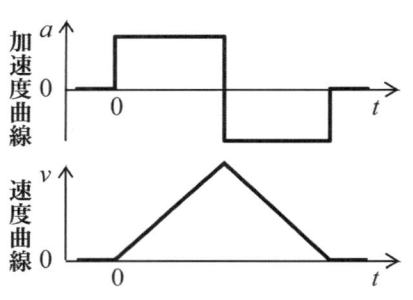

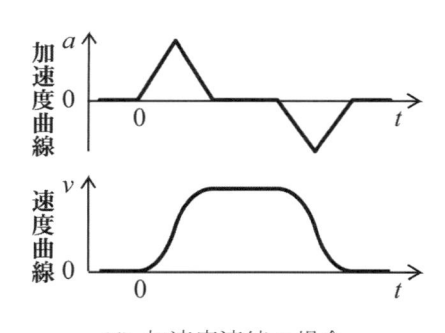

図 6.6.1　加減速曲線

6・7　モータを選ぶ（Selection of motor）

6・7・1　アクチュエータの選定（Selection of actuator）

ロボットの機械設計において，アクチュエータの選定は非常に重要である．所望の運動や機能を実現するためには，適切なアクチュエータを選定する必要がある．

そのおおまかな手順は次の通りである．
(1) 用途・目的をはっきりさせ，どのような特徴を持ったアクチュエータが必要であるかを見極める．
(2) アクチュエータの特性を理解して必要な性能が得られるかどうか，そのアクチュエータを採用した場合のメリット，デメリットについて検討する．
(3) 負荷の大きさ，必要なトルク，連続運転か，くり返し運転かなど，アクチュエータに求められる要件を確認して，具体的な機種を選定する．
(4) アクチュエータを選定する段では，すでにメカニズムについて検討されているはずであるが，選定したアクチュエータによってはメカニズムの変更

が必要になる場合がある．

アクチュエータの選定には，アクチュエータメーカのカタログが大変役に立つ．カタログには各製品の特性データの詳細や選定方法などが記述されている．多くの場合，メーカ各社のホームページからダウンロードできる．メーカによっては，ユーザが示した条件に従って適合機種を選定するサービスを行ったり，選定用のソフトウェアツールを配布している場合もある．

6・7・2　DC サーボモータの選定（Selection of DC servo motor）

DC サーボモータは次のようにして選定する．

モータ軸の慣性モーメント J_m，負荷の慣性モーメントを J_L とすると，減速機の特性から，モータ軸換算慣性モーメントは，

$$J = J_m + \frac{J_L}{z^2} \tag{6.7.1}$$

この値と，ロボットの動作から決まる最大速度および最大加速度から，モータに要求されるトルクおよびモータ電流の瞬時最大値が求められる．また，ロボットの動作の加減速曲線から，その動作を実現するために必要な平均トルクおよび平均モータ電流が求められる．

モータの特性データから，トルクと電流の瞬時最大値が最大トルクおよび瞬時最大電流を超えないこと，平均的な必要トルクと出力電流が定格トルクおよび定格電流を超えないこと，を条件にモータを選定する．

モータには，許容電圧，許容回転数，許容トルク，使用温度等が定められており，これらの条件範囲内で使用しなければならない．許容値は，連続運転か，断続運転か，加減速を繰り返す運転であるか，などによって異なる．

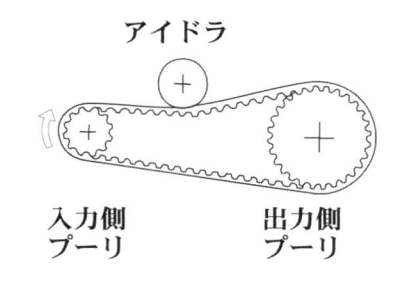

図 6.8.1　タイミングベルト

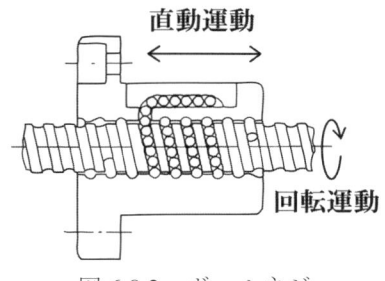

図 6.8.2　ボールネジ

===== 練習問題 =====================

【6・1】モータに一定の印加電圧 e が与えられたとき，式(6.2.13)を用いて起動トルク，および，無負荷時最高速度を求めよ．

【6・2】図 6.8.1 のような動力伝達機構はタイミングベルトと呼ばれている．ベルトに歯が付いているため，出力側と入力側の歯数比で減速比 z が決まる．入力側の歯数が n_1，出力側の歯数が n_2 のとき，入力側から与えるトルク τ_1 と出力側から得られるトルク τ_2 との関係を求めよ．

【6・3】図 6.8.2 はボールネジと呼ばれる機構である．ネジ機構を使うことによって回転運動を直線運動（並進運動）に変換する．摩擦を小さくするために，玉軸受のように多数のボールがネジ溝で転がる構造となっている．隣り合ったねじ山の距離はピッチと呼ばれ，ネジが 1 回転したときに進む距離を表している．

(1) ピッチが p のとき，入力側の回転角 θ と出力側の変位 x との間にはどのような関係があるか．

(2) このとき，入力側に与えるトルク τ と出力側から得られる力 F との関係を求めよ．ただし，直線運動の場合，微小時間 Δt における仕事は速度 v のとき $v \Delta t F$ である．

【6・4】遊星歯車機構を2段に重ねた場合，入力軸と出力軸の角速度の関係はどうなるか．トルクの関係はどうなるか．また，1段あたりのエネルギー伝達効率が η のとき，2段に重ねたときのエネルギー効率は η^2 であることを示せ．

第 7 章
制御する
Control

ロボットを実際に動作させるためには，マニピュレータや歩行ロボットの関節，移動ロボットの車輪などを自由に動かすことができなければならない．関節の制御については 4・4・2・a で簡単に説明したが，実際に制御を行う際には制御に関係するパラメータを適切に設定しなければならない．また，関節を動かすためには前章で説明したモータドライバや，それに指示を出すコンピュータ，モータドライバとコンピュータを接続する装置など，他に様々な周辺機器が必要となる．さらに，モータドライバへの指示を作る制御の式は，コンピュータ内で動作するプログラムとして構成しなければならない．ロボットでは，関節や車輪の動力となっているのは多くの場合 AC サーボモータ，あるいは DC サーボモータである．本章では DC サーボモータを例として，まず，モータを動かすために必要となる周辺装置とその構成について説明する．また，モータが発生するトルクとモータに接続された負荷の運動との関係について示す．続いて制御の考え方について簡単に述べた後，負荷の回転角度や回転速度を制御するための手法，制御のパラメータと負荷の挙動との関係について説明する．さらに，ここで挙げた制御手法をプログラムで実現する方法について，その概要を説明する．制御をプログラムで実現するためには，制御対象や電子回路，コンピュータのハードウェアとソフトウェアなどに関する知識は不可欠である．最後にそれらに関連する項目について説明する．

7・1 モータを動かす（Actuation of a motor）

7・1・1 関節とモータ（Joint and motor）

図 7.1.1 はロボットの駆動部分の例である．マニピュレータの関節（図 7.1.1(a)）や移動ロボットの駆動系（図 7.1.1(b)）はモータと減速機，回転量を計測するためのセンサ（ポテンショメータ，ロータリエンコーダなど）から構成されており，減速機の出力軸にリンクや車輪が接続された構造となっている．なお，減速機の役割と仕組みについては第 6 章を参照されたい．

リンクは減速機を介してモータによって駆動される．逆に言えば，モータはリンクを回転させるトルクを発生しなければならない．したがって，リンクはモータにとっては負荷となる．この負荷を回転させるだけなら，モータに電源をつなぎ単に電流を流せばよい．しかし，ロボットのように関節や車輪を思い通りに動作させるためには，モータが発生するトルクや軸の回転速度を望んだ値にしなければならない．すなわちモータを制御できなければならない．そのためには，電源の他に種々の周辺装置が必要となる．

7・1・2 モータと周辺装置（Motor and peripheral devices）

図 7.1.2 はモータを制御するために必要な周辺装置を模式的に示した図である．ただし，関節に接続されたリンクなどはまとめて「負荷」として示している．なお，図 7.1.2 で示した構成は 1 例であり，使用するコンピュータの種類やセンサによって，周辺装置の構成も異なる場合がある．また，ロー

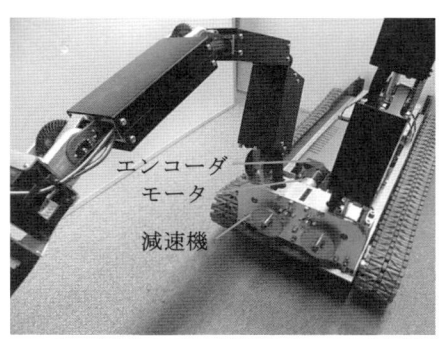

(a) マニピュレータの関節の構造

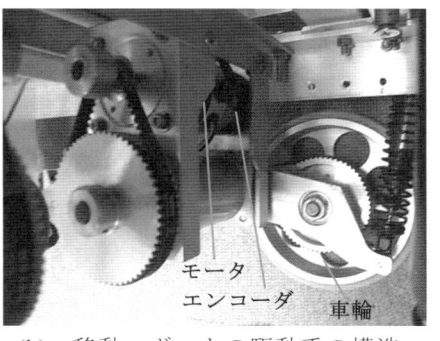

(b) 移動ロボットの駆動系の構造

図 7.1.1 ロボットの駆動部分の構造

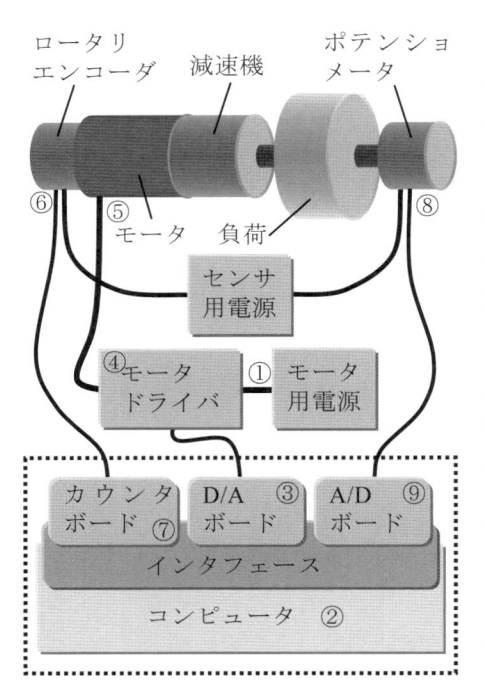

図 7.1.2 モータと周辺装置

タリエンコーダとポテンショメータはどちらも回転量を計測するセンサであり，必ずしも両方必要であるわけではない．ここでは，説明のために両センサを構成要素として挙げているが，どちらか一方のセンサのみ使用する構成も多い（詳細は後述する）．

さて，図 7.1.2 について簡単に説明しよう．まず，モータを駆動するための電流は，モータ用電源からモータドライバを経由して供給する（①）．モータドライバは，モータへ流れる電流を調節するための装置である．また，調節の指示を出すのがコンピュータの役割であり，コンピュータ上のプログラムでそのための指令値を作り出す（②）．指令値はインタフェース（コラム参照）を介して D/A ボードと呼ばれる装置に送られ，D/A ボード上でモータドライバへ渡す電気信号へと変換される（③）．この変換された信号がモータドライバへ伝達され，その信号に応じて電流が加減される（④）．モータに電流が流れるとモータは回転を始める（⑤）．モータの回転軸に接続されたロータリエンコーダはその回転に応じた数の電圧パルスを発生する（⑥）．この電圧パルスがカウンタボードと呼ばれる装置に取り込まれ，カウンタボード上でパルスの数がカウントされる（⑦）．さらに，そのカウント値をコンピュータ上のプログラムからインタフェースを介して読み取ることで，モータの回転量を知ることができる．

モータが駆動されると，モータで発生したトルクが減速機に伝わる．さらに，減速機で増幅されたトルクが減速機の出力軸に接続された負荷を回転させる．このとき，負荷の回転量はモータの回転量に対して減速比分の1になる．負荷の回転軸に取り付けられたポテンショメータは，その回転量に比例した電圧を出力する（⑧）．ポテンショメータから出力された電圧は A/D ボードと呼ばれる装置に取り込まれ，コンピュータで解釈できる値へと変換される（⑨）．この値をコンピュータ上のプログラムからインタフェースを介して読み取ることで，負荷の回転量を知ることができる．なお，ロータリエンコーダやポテンショメータのようなセンサは動作するために電源を必要とする．このセンサ用電源は，電圧や発生するノイズの大きさの違いなどからモータ用電源と区別されることが多い．

インタフェース（interface）

インタフェースとは，D/A ボードなど様々な周辺装置とコンピュータとを接続して信号を伝達するためのコネクタやスロット，またはその役割を果たす部分の総称である．モータドライバや D/A ボードのように独立した装置ではないが，コンピュータの一部分であり，コンピュータと周辺装置を接続するために重要な役割を果たしている．どのようなコンピュータでもインタフェースに相当する部分を必ず持っている．コネクタやスロットの形状，伝達する電気信号の形式などによって多くの規格がある．なお，上記の説明は狭義の意味で，広義の意味では介在面を示し，二つのものの間に立って信号や情報の伝達を仲介するものを意味する．

さて，以下では上述した周辺装置についてもう少し詳しく説明しよう．

a．コンピュータ

プログラムに従って様々な演算を行う装置であり，モータを制御するための司令塔を担う．演算を行う中央処理装置(CPU: Central Processing Unit)やプログラムを記憶しておく記憶装置(Memory)，インタフェース等で構成されている．処理能力や機能，内部に持つ装置の違いによって，スーパーコンピュータやワークステーション，パーソナルコンピュータ等に分類される．CPUやMemory，後述するA/Dコンバータ，D/Aコンバータなどを一つのICに納めたワンチップマイコンもコンピュータの一種である．ロボットを動作させるためには少なくとも一つ以上のコンピュータが必要であるが，すべての関節を一つのコンピュータで制御する場合や，各関節に専用のワンチップマイコンを配置する場合等，その構成は様々である．

b．モータ用電源

モータに流す電流を供給する装置．モータを制御するための司令塔を担うのがコンピュータであるが，ノートパソコンや通常店頭で売っているようなデスクトップ型のコンピュータは，モータを動かすような大きな電流を供給することはできない．したがって，モータを駆動するためには，まず電流をモータへ供給するためのモータ用電源を用意する必要がある．モータを制御する場合，モータ用電源はモータドライバに接続するため，電源の出力電圧は接続するモータドライバの規格に合った範囲から選ばねばならない．

c．モータドライバ（motor driver）

モータに流す電流を調節する装置（第6章参照）．負荷を回転させる力，すなわちモータが発生するトルクはモータに流れる電流に比例する．したがって，負荷を思い通りに回転させるためには，モータに流す電流を調節する必要がある．その役割を担うのがモータドライバである．電流を水流にたとえるなら，モータ用電源は水を貯蔵したタンクに相当し，モータドライバは水流を調整する弁に対応する．弁の開閉を行う指示はコンピュータが電気信号としてモータドライバへ与える．この電気信号の種類はモータドライバによって異なり，電流の大きさを電圧パルスのデューティ比で表現する場合や，電圧の大きさで表現する場合がある．なお，図7.1.2ではモータドライバへの指示は電圧の大きさで与える場合を示している．

d．ロータリエンコーダ（rotary encoder）

回転量を計測するセンサ（5・4節参照）．センサの軸を回転させると電圧パルスが出力される．パルスが発生する角度の範囲に制限がなく，軸を無限に回転させても回転量を計測することができる．通常はモータの回転軸にセンサの回転軸を直接接続する．モータの回転量を知るためには，回転に応じて出力されるパルスの数をカウントする装置が必要となる．パルスの数をカウントする際は，2値に離散化した電圧（HighとLow）が区別できればよいため，電気的なノイズの影響を受けにくい．また，負荷の回転量は，

$$負荷の回転量 = モータの回転量 \times 減速比 \tag{7.1.1}$$

で求めるため，ポテンショメータ（後述）に比べて負荷の回転に対する計測精度が高い．反面，パルスの数によって回転量を求めるため，ある計測した時点より負荷がどれだけ回転したか，といった相対的な回転角度しか計測でない．さらに，回転の方向を区別するためには，位相のずれた複数のパルス（A相，B相など）が必要となり，センサの信号線の数はポテンショメータよりも多い．このため，初心者にとってはポテンショメータに比べて扱いが難しい．なお，ポテンショメータを用い，常に同じ回転位置で1度カウントの積算値を初期化すれば，負荷が現在何度であるか，といった絶対的な回転角度を知ることができるようになる．このため，ポテンショメータと併用することもある（図 7.1.2 はこの場合の構成を示した図である）．

e．ポテンショメータ（potentiometer）

ロータリエンコーダ同様，回転量を計測するセンサ（5・4 節参照）．回転型の可変抵抗であり，センサの出力は軸の回転量に比例した電圧である．電圧が出力される角度に範囲があり，計測可能な回転量に制限がある．このため，負荷の回転軸など減速機の後に取り付けて使用するのが一般的である．出力電圧と基準角度における電圧との差から回転量を計算するため，基準角度からの絶対的な回転角度を知ることができる．ロータリエンコーダと比較して安価であり，信号線の数も少なく，初心者にとっては扱い易い．反面，連続的に変化する電圧（アナログ(analog)電圧）を読み取らなければならないため，電気的なノイズが出力に重畳されると正確な回転量が計測できなくなる．すなわち，ノイズの影響が直接負荷の回転角度に反映されるため，ロータリエンコーダに比べ計測精度は低い．また，計測可能な角度に範囲を持つため，車輪など角度の範囲に制限がない負荷の回転量の計測には適さない．

f．センサ用電源

センサを動作させるために必要な電力を供給する電源．センサの駆動電圧は多くの場合 3〜5V 程度で，モータを動かすために必要な電圧より低い．また，モータを動作させることによって起こる電圧の変動が電源へ帰還することがある．センサの駆動電圧の変動は測定値へ影響を及ぼすため，センサ用電源とモータ用電源は分離させることが好ましい．センサ用電源はモータ用電源よりノイズが小さく出力電圧の変動が少ない電源を用意するのが一般的である．

g．カウンタボード（counter board）

ロータリエンコーダから出力されるパルスの数をカウントし，パルス数の積算値をコンピュータ上のプログラムから読み取れるようにするための装置（図 7.1.3 上）．コンピュータの中に実装して使用する．積算値の上限や，カウントすることが可能なパルスの周波数の上限によっていくつかの種類がある．なお，パルスをカウントするにもいくつかの方法がある．詳細は 5・4 節を参照してもらいたいが，例えばエンコーダから出力されるパルスがA相，B相の2相である場合，A相が先に立ち上がっていればパルス数の加算を行い，B相が先に立ち上がっていればパルス数の減算を行うことで，エンコーダの回転方向も考慮したカウントを行う．

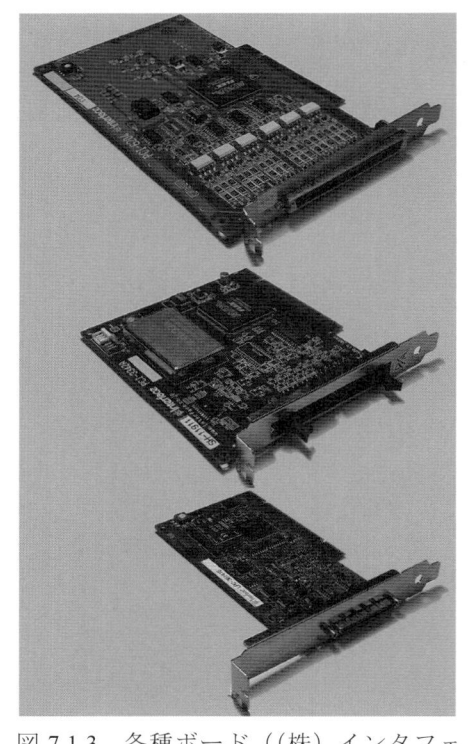

図 7.1.3　各種ボード（(株)インタフェース），上：カウンタボード，中：D/A ボード，下：A/D-D/A 複合ボード

h．A/D ボード

アナログ(analog)電圧を離散化された値，デジタル(digital)値へ変換する A/D コンバータを搭載した装置（図 7.1.3 中）．ポテンショメータから出力される電圧を取り込み，その値をコンピュータ上で解釈できる数値へ変換する．コンピュータの中に実装して使用する．変換可能な電圧の範囲によって，正電圧（0～5V，0～10V など）のみを扱うユニポーラ型，正負両電圧（-5～5V，-10～10V など）を扱うバイポーラ型に分かれる．また，デジタル値へ変換した際，表現できる電圧の分解能（コラム参照）によって様々な種類がある．

i．D/A ボード

デジタル値をアナログ電圧へ変換する D/A コンバータを搭載した装置（図 7.1.3 下）．コンピュータ上で表現されている数値を電圧値として，電圧を出力する．A/D ボードと同様コンピュータの中に実装して使用する．ただし，コンピュータ上で表現された電圧値が離散的であるため，出力する電圧を連続的に変化させることができるわけではない．出力可能な電圧の範囲によって，正電圧（0～5V，0～10V など）のみを出力可能なユニポーラ型，正負両電圧(-5～5V, -10～10V など)を出力可能なバイポーラ型に分かれる．また，A/D ボード同様表現できる電圧の分解能（コラム参照）によって様々な種類がある．

上述した装置は図 7.1.2 の例であり，ロボットの構成や使用するコンピュータによってはすべてが必要となるわけではない．例えば，図 7.1.2 の点線で囲まれた部分がすべて一つの IC に載っているワンチップマイコンを用いた場合，図 7.1.4 に示すような構成となる．また，図 7.1.5 に示すように，コンピュータの一部の機能や，カウンタボード，D/A ボードに相当する機能を持つインテリジェントモータドライバもある．

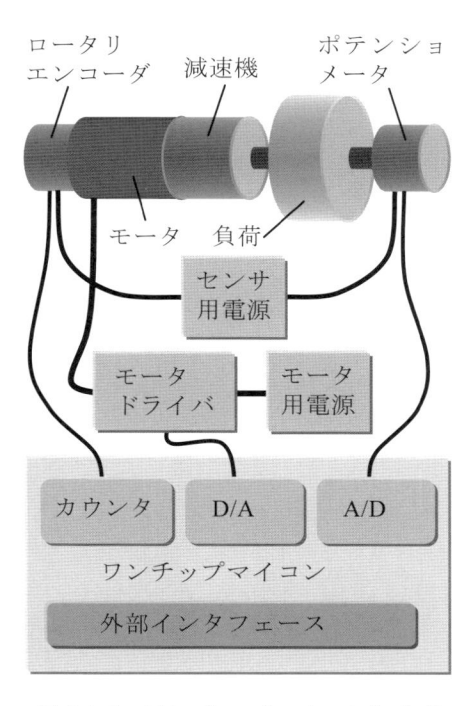

図 7.1.4　ワンチップマイコンによる構成

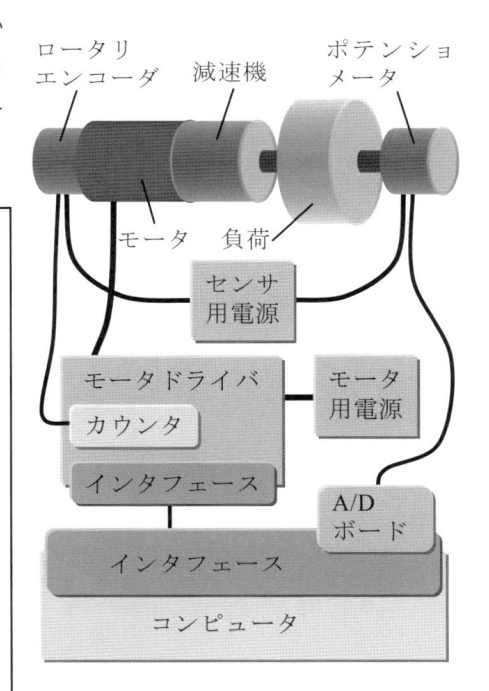

図 7.1.5　インテリジェントモータドライバによる構成

インタフェースボード

産業用コンピュータや，店頭で売っているパーソナルコンピュータは，標準ではセンサからの信号を取り込んだり，モータドライバなどに信号を送り出したりする機能は備わっていない．インタフェースボードとは，このような機能を追加するためにコンピュータに実装するボードの総称である．カウンタボード，A/D ボード，D/A ボードもインタフェースボードである．コンピュータ側にはボードを取り付けるためのスロット（インタフェース）が用意されており，カウンタボードなどは，このスロットに差し込むことで実装する．スロットには ISA，PCI，PCIe や Compact PCI，VME といった規格があり，それぞれ形状や信号線の総数，信号の周波数帯域などが異なる．ボードもスロットの規格に合わせて作られており，規格が異なるボードはスロットに差し込むことができないようになっている．インタフェースボードを選定する際は，差し込むスロットの規格にも注意しなければならない．

電圧　　　　2 進数　　　　10 進数
10V ↔ [1 1 1 1 1 1 1 1] = 255
⋮
0.039V ↔ [0 0 0 0 0 0 0 1] = 1
0V ↔ [0 0 0 0 0 0 0 0] = 0
　　　　　└─── 8 bit ───┘

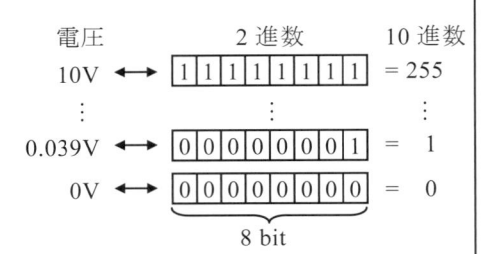

図 7.1.6　2 進数形式のデジタル値

2 進数形式のデジタル値で表現できる電圧の分解能

コンピュータ内では離散化された電圧は 2 進数形式のデジタル値で表される．このとき，表現できる電圧の分解能は，離散化する電圧の範囲，および 2 進数の桁数（bit 数）によって決まる．例えば，離散化する電圧の範囲を 0〜10V，デジタル値を 8 桁（8bit）の 2 進数で表現したとする（図 7.1.6）．すなわち 0V を 0000 0000 と表し，10V を 1111 1111 に対応させる．1111 1111 は 10 進数では $10^8 - 1 = 255$ である．ここで最下位の桁が 1 変化したとすると，元の電圧では $10/255 \approx 0.039$ V だけ変化したことになる．逆に言えば，8 桁の 2 進数では 0.039V より小さい電圧の変動を表現することはできない．すなわち，表現できる電圧の分解能は 0.039V となる．

7・1・3　負荷の運動（Motion of a load）

ここではモータが発生するトルクと負荷の運動との関係について述べる．図 7.1.7 に示すように，ある時刻 t(s)における負荷の基準位置からの回転角度を $\theta(t)$ (rad)，モータが発生しているトルクを $\tau(t)$ (Nm)，減速機の減速比を z，伝達効率を η とすると，$\tau(t)$ と $\theta(t)$ の関係は次式で与えられる．

$$z\eta\tau(t) = I\ddot{\theta}(t) + c\dot{\theta}(t) \tag{7.1.2}$$

ただし，I は負荷の回転軸周りの慣性モーメント，c は回転軸を支えるベアリングなどの粘性抵抗係数である．ここで図 7.1.8 に示すように，時刻 $t=0$ において τ を突然 τ_0 にしたときの負荷の運動を考えてみよう．ただし，$\dot{\theta}(0) = \theta(0) = 0$ とする．これは，モータがトルクを発生する直前まで負荷は基準位置に停止していたことを意味する．さて，図 7.1.8 のグラフは

$$\tau(t) = \tau_0 u(t) \tag{7.1.3}$$

で表される．なお，$u(t)$ は単位ステップ関数と呼ばれており，式(7.1.3)をステップ入力と呼ぶ．6・3 節で述べたように，実際のモータでは突然電圧をステップ状に印可しても，発生するトルクは緩やかに大きくなる．したがって，図 7.1.8 のように突然トルクを発生させることはできないが，ここでは電機子のインダクタンスが非常に小さく，応答性が高い理想的なモータを用いているものとする．

式(7.1.2)に式(7.1.3)を代入し，6・2・4 項と同様にラプラス変換を用いて $\theta(t)$ を求めると次式を得る．

$$\theta(t) = K\left(t - T_e\left(1 - \exp(-t/T_e)\right)\right) \tag{7.1.4}$$

ただし，$K = z\eta\tau_0/c$，$T_e = I/c$ である．また，負荷の角速度 $\omega(t)$ は

$$\omega(t) = \dot{\theta}(t) = K\left(1 - \exp(-t/T_e)\right) \tag{7.1.5}$$

となる．図 7.1.9，7.1.10 はそれぞれ $\theta(t)$，$\omega(t)$ の応答波形である．これらの図から分かるように，モータに突然トルクを発生させても，負荷はすぐに動

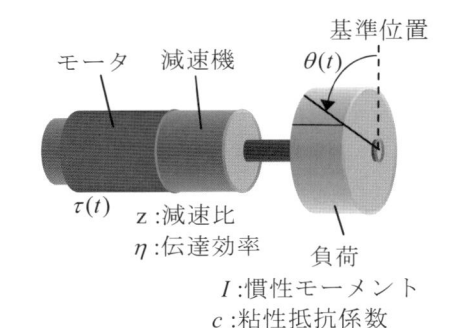

図 7.1.7　負荷の回転

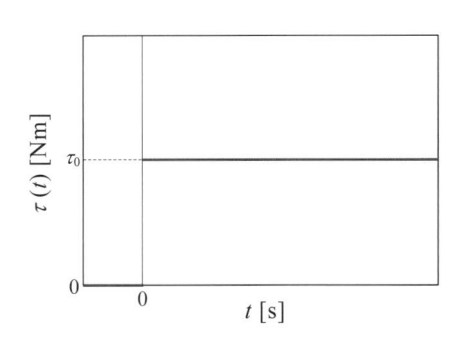

図 7.1.8　モータのトルクの遷移

き出さない．ロボットの腕を所望の角度で止める場合，いきなり大きな電流を流してモータを駆動させ，腕が所望の角度になった時点で電流を止めれば良いと考える初心者も多い．しかし関節の角速度は，いきなり電流を流しても徐々に大きくなるのと同様に，いきなり電流を止めてもすぐに0にはならない．したがって，腕は所望の角度からずれたところで止まる．では，所望の角度の少し手前で電流を止めれば良いのでは？と思うかもしれない．しかしながら，電流を止めてから腕が止まるまでに動く関節の角度は $T_e(=I/c)$ に依存している．軸受けなどの粘性抵抗係数 c を正確に求めることは難しく，また温度など環境の違いによって c の値は変化してしまう．したがって，所望の角度のどの程度前で電流を止めれば良いかは簡単に求めることができない．では，どのようにすれば関節を思い通りに動かすことができるのか．それには次節で説明する制御の概念が必要になってくる．

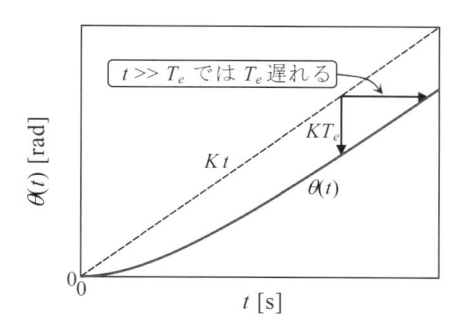

図 7.1.9　負荷の角度の遷移

7・2　モータを制御する（Control of a motor）

7・2・1　制御の話（Control story）

モータを制御すると言えば聞こえは良いが，その目的や手法は簡単なものから非常に高度なものまで千差万別である．車輪型の移動ロボットを一定の速度で走行させるのであれば，車輪が回転する速度を制御することになる．マニピュレータに作業をさせるのであれば，その関節の角度や角速度を制御できなければならない．すなわち，モータに接続された負荷の角度や角速度を制御できなければならない．負荷の角度を制御する場合と，角速度を制御する場合とでは，制御手法も異なるのである．しかしながら，多くの制御手法の根本に位置する基本的な考え方は，実は一つである．以下ではこの基本的な考え方について簡単に説明する．

前節と同様にモータに接続された負荷を目標角度 θ_d で止めることを考えよう．さて，前節では目標角度の少し手前でモータに流す電流を止めることについて述べた．しかし，この方法では電流を止める角度を容易に決めることができない．そこで，電流を止めるのではなく，以下の考えに従って電流を変化させることを考える．

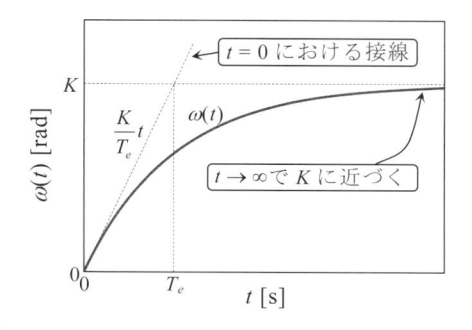

図 7.1.10　負荷の角速度の遷移

(1) 目標角度に近づく方向へ負荷が回転するように電流を流す．
(2) 電流の大きさが目標角度からのずれ（偏差）に比例するようにする．

理想的なモータの場合，電流と発生するトルクは比例するため，上述の考え方で電流を流せば，図 7.2.1 に示すように負荷が目標角度に常に近づく方向にトルクが発生し，そのトルクの大きさは偏差（deviation）に比例することになる．これは図 7.2.2 のように，目標角度と負荷との間に仮想的なバネが挿入されていると見なすことができる．軸受けなどの粘性摩擦によってエネルギーが損失するのであれば，粘性抵抗係数などが正確に分かっていなくても，この方法で負荷を目標角度に止めることができるはずである．

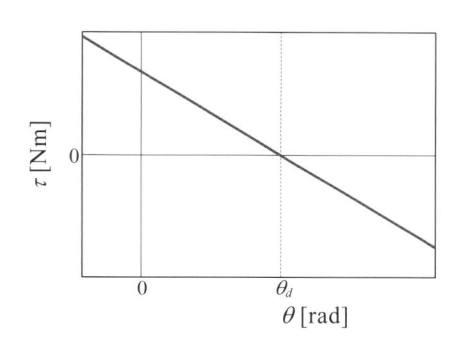

図 7.2.1　負荷の角度とトルクの関係

角度を制御する場合でも，角速度を制御する場合でも基本的な考え方は同じである．すなわち，制御量（controlled variable）（制御したい量）が目標

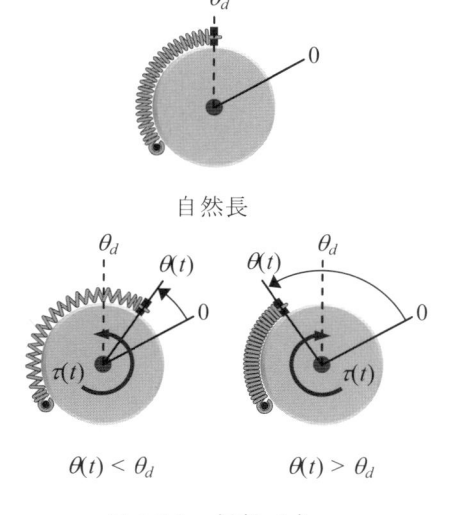

図 7.2.2　仮想バネ

値(desired value)(目標とする値)に近づくようにモータにトルクを発生させる．ただし，発生させるトルクは目標値からの偏差に比例するようにする，ということである（制御では発生させるトルクを操作量と呼ぶ）．このように，制御量に従って操作量を変化させる制御手法をフィードバック制御（feedback control）と呼ぶ．また，操作量を決める式，または理論を制御則と呼ぶ．

以上のように，制御の基本的な考え方は非常に簡単である．しかし，問題がまだ残っている．偏差に比例するようにトルクを発生させると述べたが，ではその比例係数はどのように決めればよいのであろうか．この比例係数は仮想バネのバネ定数に相当する．負荷を目標角度で素早く止めるためには，バネ定数をできるだけ大きくすれば良いと考えるかもしれないが，実はそれほど単純ではない．この比例係数のように，フィードバック制御にはその制御性能を左右するいくつかのパラメータがあり，それらを制御パラメータと呼ぶ．制御性能を十分に引き出すためには制御パラメータと負荷の挙動との関係を把握しておく必要がある．以下では上述の議論を踏まえ，ロボットの制御によく使われる比較的簡単な制御則について説明する．なお，制御についてより詳しく知りたい読者は文献[1]〜[3]を読んで頂きたい．

7・2・2 制御理論 (Control theory)

本節では，いくつかのフィードバック制御について順を追って説明する．

a．比例制御

図 7.1.7 の系において負荷の角度をフィードバック制御によって制御する方法を考えよう．7・2・1項で述べた考え方に従い，比例係数を $k_p(>0)$，目標角度を $\theta_d(t)$ として，モータに発生させるトルクを次の制御則で与える．

$$\tau(t) = k_p(\theta_d(t) - \theta(t)) \tag{7.2.1}$$

式(7.2.1)のように操作量を偏差に比例させるフィードバック制御を比例制御(proportional control)と呼び，k_p を比例ゲインと呼ぶ．また，比例制御を図で表すと図 7.2.3 のようになる．以下では比例ゲイン k_p と負荷の挙動との関係について述べる．

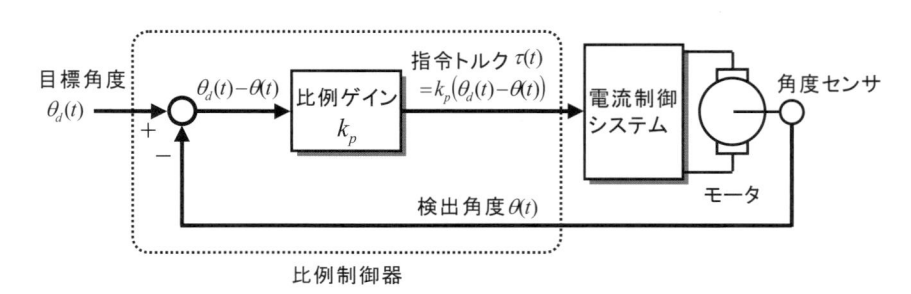

図 7.2.3　比例制御

式(7.2.1)を式(7.1.2)に代入し，両辺をラプラス変換して整理すると次の式を得る．

$$L[\theta(t)] = \frac{\left(\frac{\alpha}{\xi}\right)^2}{s^2 + 2\alpha s + \left(\frac{\alpha}{\xi}\right)^2} L[\theta_d(t)] \tag{7.2.2}$$

ただし，$\alpha = c/(2I)$，$\xi = c/(2\sqrt{z\eta I k_p})$ である．α は粘性抵抗係数と負荷の慣性モーメントによって決まるため，k_p を変えても ξ の値しか変わらないことに注意してもらいたい．

さてここで，図 7.2.4 に示すように，目標角度として $\theta_d(t) = \theta_0 u(t)$ を与えたとする．このとき，式(7.2.1)は次のようになる．

$$L[\theta(t)] = \frac{\left(\frac{\alpha}{\xi}\right)^2}{s^2 + 2\alpha s + \left(\frac{\alpha}{\xi}\right)^2} \frac{\theta_0}{s} \tag{7.2.3}$$

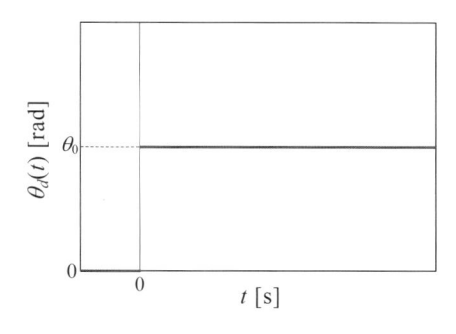

図 7.2.4 目標角度

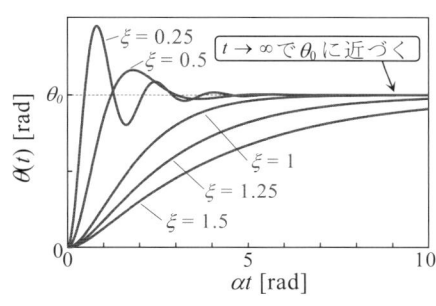

さらに，逆ラプラス変換することにより $\theta(t)$ は次式のように求まる．

$$\theta(t) = \begin{cases} \theta_0 \left(1 - \frac{e^{-\alpha t}}{\sqrt{1-\xi^2}} \sin\left(\frac{\sqrt{1-\xi^2}}{\xi}\alpha t + \tan^{-1}\frac{\sqrt{1-\xi^2}}{\xi}\right)\right), & (\xi < 1) \\ \theta_0 \left(1 - e^{-\alpha t}(1 + \alpha t)\right), & (\xi = 1) \\ \theta_0 \left(1 - \frac{e^{-\alpha t}}{\sqrt{\xi^2-1}} \sinh\left(\frac{\sqrt{\xi^2-1}}{\xi}\alpha t + \tanh^{-1}\frac{\sqrt{\xi^2-1}}{\xi}\right)\right), & (\xi > 1) \end{cases} \tag{7.2.4}$$

上式より，$\alpha \neq 0$（$c \neq 0$）であれば，ξ の値にかかわらず $\theta(t)$ は θ_0 に収束することが分かる．すなわち，k_p をどのよう選んでも，負荷が目標角度で止まることが保証される．しかし，収束するまでの応答（負荷の挙動）は ξ の値によって異なるのである．図 7.2.5 は $\xi = 0.25, 0.5, 1, 1.25, 1.5$ おける $\theta(t)$ の応答波形である（横軸が αt であることに注意）．$\xi < 1$ では振動しながら θ_0 に近づいている．また，ξ が小さいほど立ち上がりは速いが振幅は大きい．$\xi > 1$ では θ_0 を超えることはないが，ξ が大きいほど立ち上がりが遅く収束に時間を要している．$\xi = c/(2\sqrt{z\eta I k_p})$ であることから，k_p を大きくすると ξ は小さくなり，小さくすれば ξ は大きくなる．したがって，k_p を大きくすると負荷は目標角度に素早く止まるようになるが，止まるまでに目標角度の前後で大きく振動することになる．逆に k_p を小さくすると振動はしなくなるが，目標角度に到達するのに時間がかかるようになる．負荷を振動させずにできるだけ速く目標角度で止めたければ，$\xi = 1$，すなわち $k_p = c^2/(4z\eta I)$ とすればよい．しかしながら，c や I の値を正確に知ることは難しい．このため，まず c や I のおおよその値から k_p の初期値を決め，その後，実際に制御を行った際の負荷の挙動を見て k_p を調節するのが一般的である．

図 7.2.5 比例制御による負荷の応答

さてここで，c の値が I の値に比べ非常に小さいとしよう．この場合，α の値が非常に小さくなる．図 7.2.5 のグラフの横軸が αt であることから，これは $\theta(t)$ が収束するまでに要する実際の時間が長くなることを意味する．また，$\xi = 1$ とするためには k_p を非常に小さく設定しなければならないが，k_p を小さくすると偏差に対してモータが発生するトルクが小さくなり，$\theta(t)$ が収束す

るまでに時間を要することになる．しかし，k_pの値を大きくするとξの値は小さくなり，結果として$\theta(t)$の応答は振動的になる．ロボットの関節はcの値が小さくなるように設計されている場合が多く，比例ゲインを大きくすると関節の動きは振動的になる．逆に，振動を抑制するために比例ゲインを小さくすると，関節が止まるまでに時間がかかるようになる．

　以上のように，関節の粘性摩擦が小さい場合には比例制御で関節を思い通りに動作させることは難しい．このような場合には関節の制御に次節以降で述べるPD制御やPID制御を用いる．

制御装置の構成

　図7.2.3は比例制御における信号の流れを視覚的に捉えることができるように示した概念図であり，ハードウェアの構成を示した図ではない．7・1節で述べた周辺装置で比例制御を実現する場合，制御装置の構成は図7.2.6のようになる．ただし，図はロータリエンコーダと電圧指令型のモータドライバを使用した例である．

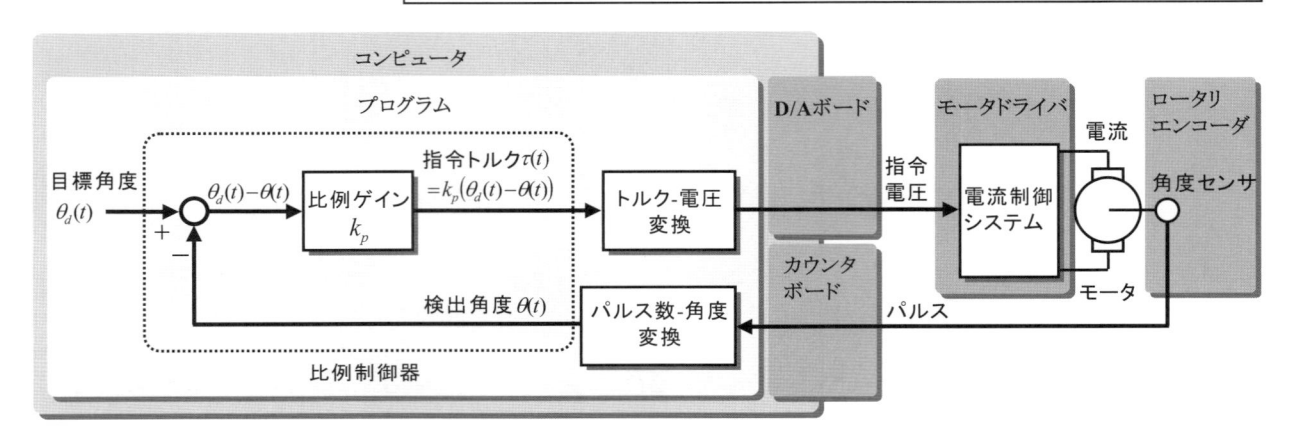

図 7.2.6　制御装置の構成

【例題7・2・1】　＊＊＊＊＊＊＊＊＊＊＊＊＊＊＊＊＊＊＊＊＊

運動方程式が式(7.1.2)で表せる関節の角度$\theta(t)$を，式(7.2.1)で示す比例制御によって$\pi/6$ rad 回転させることを考える．ただし，$t=0$[s]において関節は静止しており，関節の目標角度は$\theta_d(t)=(\pi/6)u(t)$で与える．なお，関節内の減速機の減速比zおよび伝達効率ηはそれぞれで 100，0.6 であり，関節の慣性モーメントIおよび粘性抵抗係数cの公称値はそれぞれ 0.015kgm^2，0.3Nms/rad である．

（1）$\xi=1$になる比例ゲインk_pを求めなさい．また，$\theta(t)$の応答を図示しなさい．

（2）Iおよびcの実際の値が公称値の1.2倍であるときの$\theta(t)$の応答を図示しなさい．

（3）さらに，関節内のベアリングを交換してcの実際の値が公称値の 0.4 倍になったとする．（1）で求めたk_pで制御を行った際の$\theta(t)$の応答を図示しなさい．

（4）（3）に対して$\xi=1$になる比例ゲインk_pを求め，$\theta(t)$の応答を図示し

なさい．

【解答】 各 $\theta(t)$ の応答波形は図 7.2.7 に示す．

（1） $\xi=1$ になる比例ゲイン k_p は

$$k_p = \frac{c^2}{4z\eta I} = \frac{(0.3)^2}{4\times 100 \times 0.6 \times 0.015} = 0.025 \text{[Nm]}$$

また，α は

$$\alpha = \frac{c}{2I} = \frac{0.3}{2\times 0.015} = 1 \text{[1/s]}$$

式(7.2.4)より次式を得る．

$$\theta(t) = \frac{\pi}{6}\left(1 - e^{-t}(1+t)\right) \text{ [rad]}$$

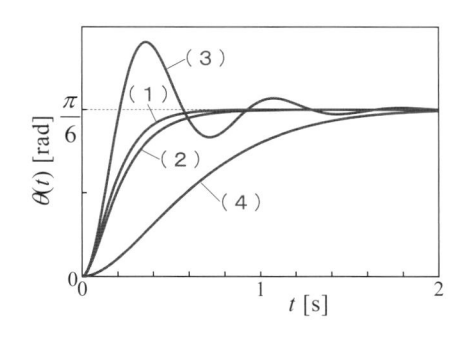

図 7.2.7 関節角の応答

（2） I，c の実際の値がそれぞれ 0.018kgm^2，0.36Nms/rad であることより，

$$\xi = \frac{c}{2\sqrt{z\eta I k_p}} = \frac{0.36}{2\times\sqrt{100\times 0.6\times 0.018\times 0.025}} \approx 1.095$$

$\alpha=1$ となることから，式(7.2.4)より

$$\theta(t) \approx \frac{\pi}{6}\left(1 - 0.234 e^{-t}\sinh(0.408t + 0.434)\right) \text{ [rad]}$$

（3） c の実際の値が 0.12Nms となることより

$$\xi = \frac{0.12}{2\times\sqrt{100\times 0.6\times 0.018\times 0.025}} \approx 0.365$$

α は 0.4 倍となることから，式(7.2.4)より

$$\theta(t) \approx \frac{\pi}{6}\left(1 - 1.074 e^{-0.4t}\sin(2.550t + 1.197)\right) \text{ [rad]}$$

（4） $\xi=1$ になる比例ゲイン k_p は

$$k_p = \frac{(0.12)^2}{4\times 100 \times 0.6 \times 0.015} = 2.25\times 10^{-3} \text{[Nm]}$$

式(7.2.4)より

$$\theta(t) = \frac{\pi}{6}\left(1 - e^{-0.4t}(1+t)\right) \text{ [rad]}$$

* *

b．PD 制御

粘性抵抗が小さい場合，比例制御だけで操作量を調節する方法では，負荷の角度を上手く制御できない．このような場合には，操作量の調節に角速度も考慮する．考え方は簡単で，目標角速度と実際の角速度との差に比例するトルクを付加するだけである．これは，仮想バネと共に仮想的なダンパを取り付けたことに相当する．仮想ダンパの比例係数を $k_d(>0)$，負荷の目標角速度を $\dot{\theta}_d(t)$ として，モータに発生させるトルクを次の制御則で与える．

$$\tau(t) = k_d\left(\dot{\theta}_d(t) - \dot{\theta}(t)\right) + k_p\left(\theta_d(t) - \theta(t)\right) \tag{7.2.5}$$

なお，$\dot{\theta}_d(t) - \dot{\theta}(t)$ は偏差の微分値でもある．式(7.2.5)のように，操作量に偏

差の微分値も用いるフィードバック制御をPD制御(proportional and derivative control)と呼び，k_dを微分ゲインと呼ぶ．また，PD制御を図で表すと図7.2.8のようになる．さらに，負荷を目標角度で止める場合は$\dot{\theta}_d(t)=0$より，PD制御の式は次のようになる．

$$\tau(t) = -k_d \dot{\theta}(t) + k_p(\theta_d(t) - \theta(t)) \tag{7.2.6}$$

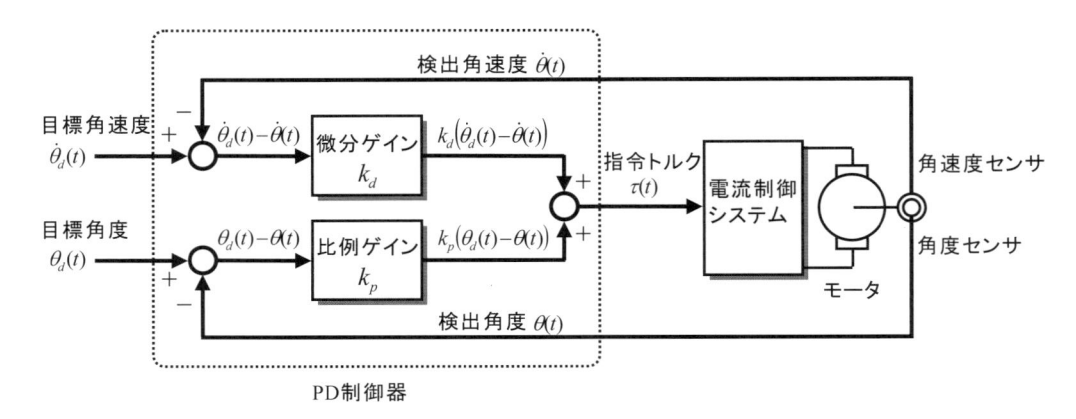

図7.2.8 PD制御

7・2・2・a同様PD制御における負荷の挙動について調べてみよう．ただし，以下では目標値が固定されているものとして式(7.2.6)を用いる．式(7.2.6)を式(7.1.2)に代入し，両辺をラプラス変換して整理すると次式を得る．

$$L[\theta(t)] = \frac{\dfrac{z\eta k_p}{I}}{s^2 + \dfrac{c+z\eta k_d}{I}s + \dfrac{z\eta k_p}{I}} L[\theta_d(t)] \tag{7.2.7}$$

さらに，$c \ll z\eta k_p$である場合，上式は次のように表せる．

$$L[\theta(t)] = \frac{\omega_n^2}{s^2 + 2\varsigma\omega_n s + \omega_n^2} L[\theta_d(t)] \tag{7.2.8}$$

ただし，$\varsigma = k_d\sqrt{z\eta}/(2\sqrt{Ik_p})$，$\omega_n = \sqrt{z\eta k_p/I}$である．$k_p$を変えると$\varsigma$，$\omega_n$ともに変わるが，$k_c$を変えても$\omega_n$しか変わらない．このことから，$k_p$，$k_d$により$\varsigma$，$\omega_n$それぞれを所望の値にすることができる点に注意してもらいたい．

さて，式(7.2.8)より，$\theta_d(t) = \theta_0 u(t)$に対する$\theta(t)$は次式のようになる．

$$\theta(t) = \begin{cases} \theta_0\left(1 - \dfrac{e^{-\varsigma\omega_n t}}{\sqrt{1-\varsigma^2}}\sin\left(\sqrt{1-\varsigma^2}\omega_n t + \tan^{-1}\dfrac{\sqrt{1-\varsigma^2}}{\varsigma}\right)\right), & (\varsigma < 1) \\ \theta_0\left(1 - e^{-\omega_n t}(1+\omega_n t)\right), & (\varsigma = 1) \\ \theta_0\left(1 - \dfrac{e^{-\varsigma\omega_n t}}{\sqrt{\varsigma^2-1}}\sinh\left(\sqrt{\varsigma^2-1}\omega_n t + \tanh^{-1}\dfrac{\sqrt{\varsigma^2-1}}{\varsigma}\right)\right), & (\varsigma > 1) \end{cases} \tag{7.2.9}$$

なお，ςは減衰係数（damping coefficient），ω_nは固有角周波数（natural angular frequency）と呼ばれている．式(7.2.9)より$\theta(t)$は十分時間が経てばθ_0に収束することが分かる．すなわち，k_p，k_dの値にかかわらず負荷が目標角度で止

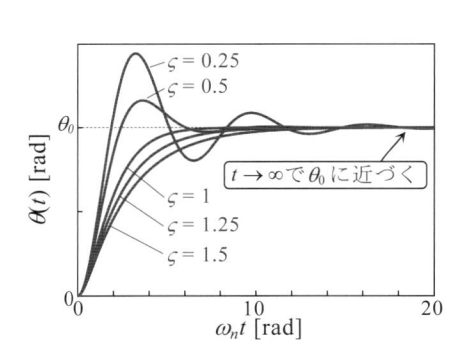

図7.2.9 PD制御による負荷の応答

まることが保証される．しかし，収束するまでの応答は比例制御の ξ と同様 ς の値によって異なる．図7.2.9は $\varsigma=0.25,\ 0.5,\ 1,\ 1.25,\ 1.5$ における $\theta(t)$ の応答波形である（横軸が $\omega_n t$ であることに注意）．$\theta(t)$ の応答は比例制御の場合とよく似ており，$\varsigma=1$ の場合が振動もなく収束が速い．また，PD制御では ς と ω_n の値をそれぞれ個別に設定できることから，収束の速さを ω_n で調節できる．例えば，図7.2.9は $\omega_n=0.5,\ 1,\ 2$ における $\theta(t)$ の応答波形である．$\omega_n=1$（図7.2.10(b)）に対して ω_n を $1/2$ にすると，応答波形は時間軸に対して2倍に引き延ばされる（図7.2.10(a)）．逆に ω_n を2倍にすると，応答波形は $1/2$ に縮められる（図7.2.10(c)）．

ここで k_p，k_d と負荷の挙動との関係について述べておこう．k_p を大きくすると ς が小さくなると同時に ω_n は大きくなる．また，k_p を小さくするとその逆になる．したがって，k_d を固定した場合 k_p に対する負荷の挙動は比例制御と同様になる．これに対し，k_d を変えても ς のみが変わるため，k_d を大きくすることで収束の速さを落とすことなく負荷の振動を抑制することができる．

【例題7・2・2】＊＊＊＊＊＊＊＊＊＊＊＊＊＊＊＊＊＊＊＊

粘性摩擦がない関節に対して，関節の角度 $\theta(t)$ を式(7.2.6)で示すPD制御によって制御する．目標角度を $\theta_d(t)=\theta_0 u(t)$ で与えたとき，関節の応答波形の減衰係数が1，偏差が目標値の9%になるまでにかかる時間を0.2sにしたい．k_p と k_d をどのように設定すればよいか．ただし，$5e^{-4} \approx 0.09$ として考えよ．

【解答】$\varsigma=1$ より関節の応答は次式で与えられる．

$$\theta(t)=\theta_0\left(1-e^{-\omega_n t}\left(1+\omega_n t\right)\right)$$

$e^{-0.2\omega_n}(1+0.2\omega_n)=5e^{-4}$ とすると $\omega_n=20$ を得る．したがって，$\omega_n=\sqrt{z\eta k_p/I}$，$\varsigma=k_d\sqrt{z\eta}/(2\sqrt{Ik_p})$ より k_p，k_d を以下のように設定すればよい．

$$k_p=\frac{400I}{z\eta},\quad k_d=\frac{40I}{z\eta}$$

＊＊＊＊＊＊＊＊＊＊＊＊＊＊＊＊＊＊＊＊＊＊

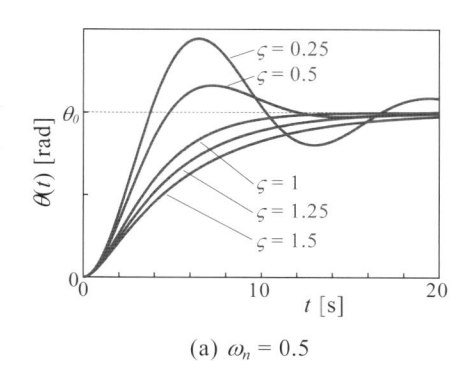

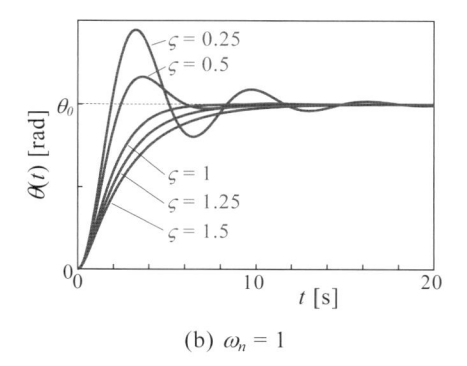

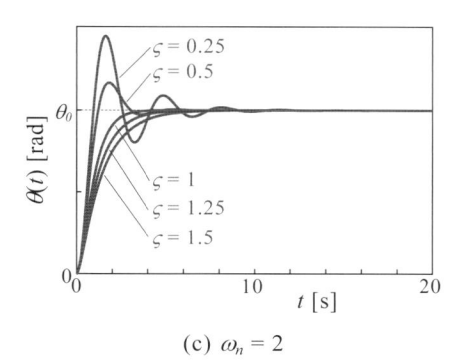

図7.2.10 PD制御における固有角周波数 ω_n と応答波形の関係

c．PID制御

PD制御では，制御量が目標値に近づくと操作量が非常に小さくなる．つまり，負荷が目標値に止まる寸前ではモータのトルクは非常に小さくなる．減速機や軸受けの摩擦が大きいと，トルクが摩擦抵抗より小さくなってしまい，図7.2.11に示すように負荷は目標値ではなくその近傍で止まってしまう．このように目標値に収束せずに残ってしまった偏差を定常偏差という．定常偏差が生じる場合には，偏差の積分値を操作量に加えることで，目標値近傍でも発生するトルクが摩擦力より大きくなるようにする．すなわち，モータに発生させるトルクを次式で与える．

$$\tau(t)=-k_d\dot{\theta}(t)+k_p\left(\theta_d(t)-\theta(t)\right)+k_i\int_{t_0}^{t}\left(\theta_d(\tau)-\theta(\tau)\right)d\tau \tag{7.2.10}$$

ここで，$k_i(>0)$ は積分ゲインと呼ばれている．式(7.2.10)のように，操作量に

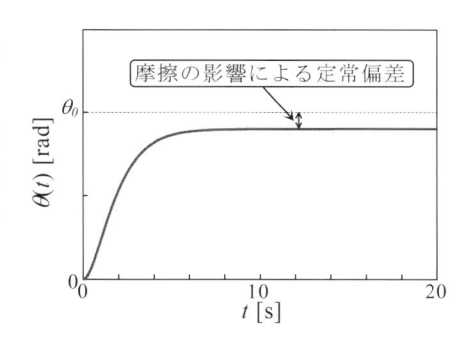

図7.2.11 PD制御による負荷の応答（摩擦が大きい場合）

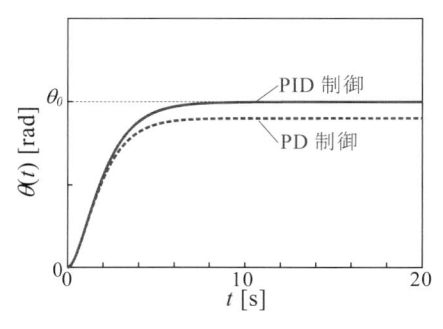

図 7.2.12　PID 制御による応答の改善

偏差の積分値も用いる制御手法は PID 制御(proportional integral and derivative control)と呼ばれている．図 7.2.12 は PID 制御と PD 制御による負荷の応答を比較した例である．定常偏差がなくなり応答が改善されていることが見て取れる．このように，PID 制御は摩擦などの影響で定常偏差が生じる場合に有効な制御手法である．しかしながら，発生させるトルクが過去の応答に影響されるため，積分ゲインを大きくしすぎると，負荷が目標値近傍で振動することになる．詳細は専門書に譲るが，制御対象が複雑になると，PID 制御における制御ゲインと制御対象の挙動との関係を解析的に示すことは，比例制御や PD 制御と比較すると少し難解になる．このため，PID 制御では実際に制御を行った際の制御対象の挙動に基づいて制御ゲインを調整する．ステップ入力に対する応答波形の減衰比が 1/4 となるように調整する過渡応答法や，対象の挙動が不安定になる（振動が持続する）比例ゲインを求め，それを基準に調整を行う限界感度法などが知られている．

d．PI 制御

移動ロボットを走行させる場合，車輪の回転速度を制御することになる．移動ロボットは車輪の外周で接地面を蹴ることによって推進力を発生させている．この反力は，上り坂や下り坂ではロボットにかかる重力の影響により異なるため，走行中は車輪にかかる反力が一定であるとは限らない．このため，移動ロボットの速度を思い通りにするためには，車輪の回転速度が目標値となるように制御を行う必要がある．回転速度を制御する場合，図 7.1.7 の系で置き換えると，制御量は負荷の角速度 $\omega(t)$ となる．車輪が接地面から受ける反力を考えると，制御量に対する比例制御だけでは定常偏差が生じることは前述の説明から容易に想像がつくであろう．したがって，角速度を制御する場合，次式が多く用いられる．

$$\tau(t) = k_p\left(\omega_d(t) - \omega(t)\right) + k_i \int_{t_0}^{t} \left(\omega_d(\tau) - \omega(\tau)\right) d\tau \tag{7.2.11}$$

ここで，$\omega_d(t)$ は負荷の目標角速度である．角速度が制御量であることから，式(7.2.11)を用いる制御手法は PI 制御(proportional and integral control)と呼ばれている．PI 制御における制御ゲインの調整には，PID 制御同様，限界感度法などが用いられる．

e．マニピュレータへの拡張

ここまでは目標値が一定である場合について説明してきたが，ロボットを動作させる場合，関節や車輪の回転は目標とする動作にあわせて時々刻々と変化させなければならない．すなわち目標角度 $\theta_d(t)$ は時間とともに変化する．以下では 4・4・2 項で説明したマニピュレータの位置制御へ話を拡張しよう．先にも述べたようにマニピュレータの関節は粘性抵抗が小さくなるように設計されている．また，マニピュレータを制御する場合，各関節は望みのトルクが発生できるように構成されていると仮定し，モータのトルクではなく関節のトルクを操作量とするのが一般的である．このようにすることで関節の減速比やモータの駆動回路の特性と，マニピュレータの制御とを切り分けて考えることができる．さて，以上を仮定すると式(7.1.2)は

$$\tau(t) = I\ddot{\theta}(t) \tag{7.2.12}$$

となり，式(4.4.1)と同じ平面1自由度マニピュレータの式になる．ただし，I は関節軸周りのリンクの慣性モーメントを表す．ここで $\ddot{\theta}_d(t)$ を用いて式(7.2.5)を以下のように拡張する．

$$\tau(t) = I\left(\ddot{\theta}_d(t) + k_d\left(\dot{\theta}_d(t) - \dot{\theta}(t)\right) + k_p\left(\theta_d(t) - \theta(t)\right)\right) \tag{7.2.13}$$

上式は $\theta_d(t)$ に従って関節を回転させるために必要となるトルクを，式(7.2.5)の制御則にあらかじめ加えた形となっている．なお，k_p，k_d が式(7.2.5)と異なるが，その役割は同じである．導出は省略するが，仮に $\theta_d(t) = \theta_0 u(t)$ とし，$\varsigma = k_d/\left(2\sqrt{k_p}\right)$，$\omega_n = \sqrt{k_p}$ と置くと $\theta(t)$ の応答は式(7.2.9)と同じになり，これまでと同様の議論ができる．なお，式(7.2.13)右辺括弧の中を新たな制御入力 $u_\theta(t)$ と置いたものが式(4.4.5)のフィードバック制御則である．さらに，4・4・2項では，関節の制御から多関節型マニピュレータの手先の制御へ拡張した．式(4.4.14)のフィードバック制御則は手先の位置・姿勢に対するPD制御であり，上記の議論と同じように扱うことができる．なお，式(4.4.14)の非線形項 $\hat{n}$ の推定値が真値と大きく異なると，手先に定常偏差が生じることがある．この場合，次式のPID制御を用いると7・2・2・cと同様に定常偏差を軽減できる．

$$\boldsymbol{u}_x = \ddot{\boldsymbol{x}}_d + \boldsymbol{K}_d(\dot{\boldsymbol{x}}_d - \dot{\boldsymbol{x}}) + \boldsymbol{K}_p(\boldsymbol{x}_d - \boldsymbol{x}) + \boldsymbol{K}_i\int_{t_0}^{t}(\boldsymbol{x}_d - \boldsymbol{x})d\tau \tag{7.2.14}$$

ただし，$\boldsymbol{K}_i$ は積分ゲイン行列である．

7・2・3 制御理論の実現方法
（Realization method of control theory）

a．考え方・フローチャート

制御装置が図7.2.6のように構成されている場合を考える．コンピュータ内のプログラムによりモータに必要なトルクが計算され，さらに指令電圧値（数値，デジタル値）に変換される．その値は，コンピュータに装着されたD/Aボードによって実際の指令電圧に変換される．その先につながれているモータドライバは，電圧で指令を受け取り，その値に比例した電流をモータに流し込む．モータは式(6.2.8)によりトルクを発生させて，モータは回転する．

モータの回転により角度センサであるロータリエンコーダから回転に応じてパルス信号が出力される．そのパルスはカウンタボードにより計数されてパルス数（数値，デジタル値）となる．このカウンタボードはコンピュータに装着されており，プログラムにより読み取られて，パルス数は角度（radなど）に変換される．

この例では，プログラム内部で比例(P)制御器が構成されている．この部分を変更することにより，前述のPD制御，PID制御，PI制御が実現できる．

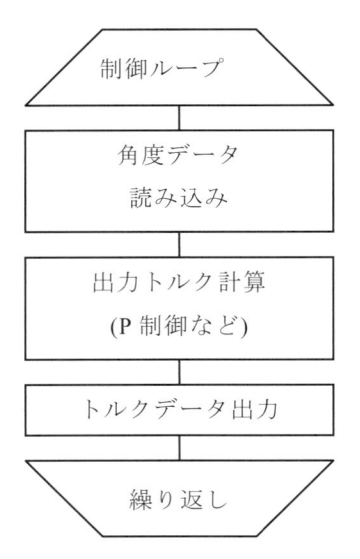

図 7.2.13　制御プログラムフローチャート

```
void control(void)
{
  double q, tau, da_data;
  q = P_TO_R * read_counter();
  tau = kp * ( qd – q);
  da_data = (int)I_TO_DA * tau / KT;
  write_da( da_data);
}
```

図 7.2.14　制御用関数例:P 制御

制御器以外のところの構成は不変である．

図 7.2.6 のとおりにインタフェースボード，モータドライバ，モータ，ロータリエンコーダを接続することが必要である．信号の伝達には電圧信号が使われているので，信号線の他に GND 端子の接続も忘れてはならない．接続には信号線を直接導線で繋ぐ場合もあるが，フォトカプラをつかって電気的にアイソレート（絶縁）する場合もある．

また，制御装置として PC を用いる場合インタフェースボードは，デバイスドライバ等が正しくインストールされている必要がある．

フローチャートは図 7.2.13 に示すとおりである．モータの回転角度のデータを読み込んでから，トルクデータを出力するまでには，一定の時間を必要とする．またインタフェース回路による変換の時間も必要であり，モータドライバへの制御は 1Step 遅れることとなる．

b．プログラム例（C 言語）

C 言語での制御用関数の例を図 7.2.14 に示す．この例では比例制御を行っており，P_TO_R, I_TO_DA, KT はそれぞれカウンタパルスをラジアンに変換する定数，制御電流値を D/A の出力値に変換する定数，トルク定数であり，kp は比例ゲイン，qd は軌道計画によって計算された角度指令値であり，通常は時間の関数である．これらの定数および変数は，すでに定義され，または値がセットされているものとする．read_counter()および write_da()はそれぞれカウンタ値の読み込み用関数，D/A への書き込み用関数である．これらの関数はインタフェースボードに付属するライブラリとして配布される．

この関数内の 2 行目では，モータの回転角度をカウントするカウンタボードの値を読み込み，値をラジアンに変換している．3 行目は比例制御を行っている部分で目標値と現在値の差（偏差）に比例ゲイン kp をかけてモータに入力するトルク τ を求めている．4 行目は，その τ をトルク定数 KT で割り，モータに入力する電流を計算し，さらに I_TO_DA をかけることで D/A コンバータに対する指令値へ変換している．5 行目では D/A コンバータへの出力を行う関数を呼び出している．

実際の制御ではこの関数を繰り返し呼び出すことにより，連続的な制御を行っている．繰り返して呼び出す方法はいくつか考えられるが，例えばこの関数の実行に 1ms かかるとすると，10 秒間の制御を行うためには，

```
for( i = 0; i < 10000; i++)
        control();
```

のようにすればよい．

c．プログラム言語と開発環境

上記の例では制御プログラムの開発に C 言語を用いた．高級言語でありながら制御で必要なビット操作などの表現が簡潔に行えるため C 言語は制御用プログラミングに多く用いられている．他の高級言語が用いられる場合もある．PIC などのマイクロコントローラを用いた制御ではアセンブラ（アセン

ブリ言語）を用いた開発も行われる．

　制御用のプログラミング言語にはプロセッサから外部のインタフェースへの入出力の記述が可能であることが求められる．PCを用いて制御系を構成する場合には，図7.2.14のようにインタフェースボードメーカから提供されるインタフェース入出力関数を用いて行うことになる．図7.2.18のようにPICなどのマイクロコントローラを使って制御する場合にはハードウェアに直接データを出力する命令（I/O命令）を用いることになる．

　開発環境やプログラミング言語は，市販されているもの，ターゲットCPUなどのベンダーから供給されているもの，フリーのものなどがある．

　また，コンピュータ言語を用いない制御プログラムの開発としてシーケンサを用いる制御も存在する．シーケンサではラダーチャートを用いて，制御の手順を記述していく．ラダーチャートの例を図7.2.15に示している．この図ではランプのON/OFFを行う回路を(a)に示している．その下にある(b)が，この回路をラダーチャートである．梯子（はしご）のように見えるのでラダーチャートと呼ばれる．このチャートによって動作の手順を示すことができるので，プログラミング言語と同様の機能を果たすことができる．

　この回路では，はじめランプが消えている状態だとすると，押しボタンスイッチSW1を押すとリレーのコイルRに電流が流れて，リレーの接点X1，X2がONになる．一度ONになるとリレーの働きでX1は閉じたままになるのでSW1を押し続けたのと同じ状態になり，SW1を離してもランプは光り続ける．このように，このチャートではSW1とX1が論理和の関係にあることを表している．この状態のときSW2を押すとリレーのコイルX1に流れていた電流が途絶えてリレーの接点がOFFになり，ランプは消灯する．この場合SW1とSW2は論理積の関係にあることが表されている，このような複雑な動作であってもシンプルなラダーという形で表現できる．

　制御用プログラムの開発はPCで制御する場合，そのPC上で開発を行う場合がほとんどであるが，組み込み機器の開発のようにターゲットとなるCPUが異なる場合には，ターゲット用のコンパイラを用意するなどクロス開発環境を整える必要がある．

d．モータドライバICをPICで制御する

　6・3節ではモータドライバの回路としてHブリッジ（H-bridge）が示されている（図6.3.4）．このHブリッジはDCモータ用Hブリッジドライバとして市販されている．パッケージは図7.2.16に示すようなリード挿入型(SIP)や表面実装型がある．このICにはHブリッジに加えて制御回路が内蔵されており，直流サーボモータの駆動を簡単に行うことができる．ブロック線図を図7.2.17に示す．出力電流は大きいものでも数A程度である．

　このICへの入力はIN1，IN2の2ビットであり，この組み合わせにより以下の表に示す4つのモードを切り替えることができる．

　このモータドライバICをPIC(Peripheral Interface Controller)で制御する．回路図を図7.2.18に示す．PICの入出力ポートのうちAポートのRA0とRA1にそれぞれモータドライバのIN1，IN2が接続されている．RA0とRA1は出力ポートに設定されているものとする．

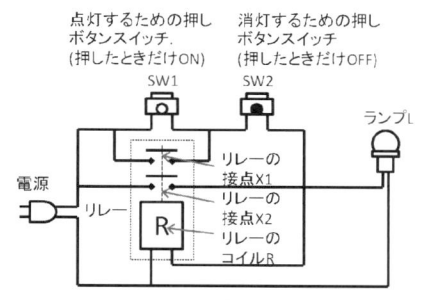

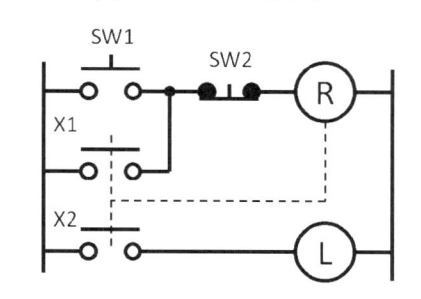

図7.2.15　ラダーチャートの例示

図7.2.16　DCモータ用Hブリッジドライバ IC（東芝）

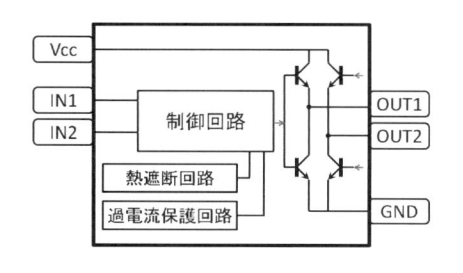

図7.2.17　ドライバICのブロック線図

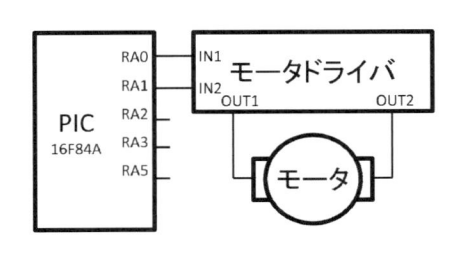

図 7.2.18 PIC を使ったモータ駆動回路

表 7.2.1 モータドライバ用 IC の入出力ファンクション例

入力		出力		出力モード
IN1	IN2	OUT1	OUT2	
L	L	ハイインピーダンス		ストップ
L	H	L	H	逆転
H	L	H	L	正転
H	H	L	L	ブレーキ

```
正転：
        MOVLW   B'00010'
        MOVWF   PORTA
逆転：
        MOVLW   B'00001'
        MOVWF   PORTA
ストップ(フリー)：
        MOVLW   B'00000'
        MOVWF   PORTA
ブレーキ：
        MOVLW   B'00011'
        MOVWF   PORTA
```

図 7.2.19 モータ制御プログラム

```
PWM_MOTOR:
        MOVLW   D'128'
        MOVWF   PWMON
        MOVLW   D'128'
        MOVWF   PWMOFF
MOTOR_ON:
        MOVLW   B'00010'
        MOVWF   PORTA
PWMLOOP_ON:
        CALL    WAIT_0.01
        DECFSZ  PWMON, F
        GOTO    PWMLOOP_ON
MOTOR_OFF:
        MOVLW   B'00000'
        MOVWF   PORTA
PWMLOOP_OFF:
        CALL    WAIT_0.01
        DECFSZ  PWMOFF, F
        GOTO    PWMLOOP_OFF
```

図 7.2.20 PWM 制御のプログラム例

このとき図 7.2.19 に示すようにアセンブリ言語でモータドライバの状態を制御できる．正転の場合を例に簡単に説明すると「MOVLW　B'00010'」は二進数のデータ 00010 を保存することを意味する．データの末尾の 1, 0 が上記回路図の RA1, RA0 に出力されるデータであり，1 は'H'を，0 は'L'に対応する．次の「MOVWF　PORTA」は保存したデータを A ポートに出力する命令である．A ポートは RA0〜RA4 の 5 ビットで構成されている．この回路を使って 6・3 節に示された PWM 駆動を実現することも可能である．図 7.2.20 に示しているのは，上記モータドライバ IC のファンクションを使った PWM 駆動のプログラム例である．PIC のハードウェアおよびアセンブラについて詳しく知りたい場合には，たとえば，文献[4]などを参照されるとよい．

PWM_MOTOR はこのサブルーチンの名前である．ここではモータの ON 時間（変数名は PWMON）と OFF 時間（同 PWMOFF）をそれぞれ指定して PWM を実現している．このプログラム中の「CALL　WAIT_0.01」で 0.01 ミリ秒間の時間を計るサブルーチン（自分で用意したサブルーチン）を呼び出している．このサブルーチンコールを PWMON, PWMOFF で指定された回数だけ行うことで ON 時間および OFF 時間を制御している．

MOTOR_ON では，まずポート A にモータ正転の指令を出してモータを正転状態にする．その後 PWMLOOP_ON のところに移り時間を計る．まず 0.01 ミリ秒を計るサブルーチンをコールの後に「DECFSZ　PWMON, F」によって ON 時間の回数をカウントダウンして 0 かどうかチェックしている．0 の場合は次の命令に制御が移るが，0 でない場合には PWMLOOP_ON に戻り再び 0.01 ミリ秒経過した後再びカウントダウンする．これを繰り返すことで指定時間を計測可能となっている．以下 MOTOR_OFF も同様である．

以上模式的に制御用ソフトウェアの概要を示してきた．このようにハードウェアとそれに適用したソフトウェアを使ってモータの制御ができるが，実際には，ソフトウェアとハードウェアをつなぐ様々なインタフェースを理解しなければ，ロボットシステム全体を制御することは困難である．

7・3　ハードウェアとソフトウェアのつながり
（Connection between hardware and software）

ロボットを動かすためには，最終的にはコンピュータ上のソフトウェアが必要であるが，ソフトウェアだけではもちろんロボットを動かすことはできない．必要なハードウェアとソフトウェアのつながりを図 7.3.1 に示している．ロボットはメカニズム（機械）として構成されている．これを動かすのはアクチュエータ（力やトルクを発生するもの）である．アクチュエータを

動かすためにはパワーを発生させるドライバ回路およびドライバ回路を構成する電気・電子回路があり，これらの回路はコンピュータとハードウェア的に接続されている．コンピュータのハードウェアはプログラム（ソフトウェア）によってコントロールされている．このようにロボットの構成は各部分に分けることができるが，各部分の内容や役割をよく理解したうえで，各部分の間のインタフェースの理解も必要である．

7・3・1 制御用コントローラ（Device for control）

制御用のコントローラとしては開発環境としても利用可能なデスクトップPCやノートPCがよく使われるが，小型化を目指す場合にはOS搭載のワンボードマイコンやスタンドアローンで動作可能なDSPボードが使われる．また組込用にはワンチップマイコン（PIC, AVR, H8, SH2, ARMSなど）が多用されている．これらプロセッサの詳細については各社のホームページよりデータシートを参照されたい．このほか前述のシーケンサによる制御や，動的に回路構成を変更可能なFPGAなども用いられる．

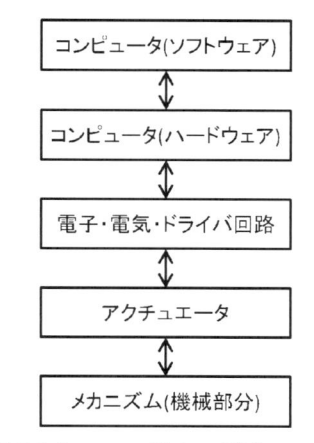

図 7.3.1　ハードウェアと
ソフトウェアのつながり

7・3・2 インタフェース（Interface）

インタフェースの例として，電気的接続と通信について見てみよう．

ロボットは多数の要素から構成されている．それらの要素はお互いにつながれている．電気的情報をやりとりするためには，お互いに接続することが必要である．正しく信号をやりとりするためにはインピーダンスのマッチング，ノイズ対策が重要である．

デジタル信号のやりとりとしては，TTLレベルの信号が多く用いられている通常は0.8V以下の電圧を「L」，2.0V以上を「H」として扱う．TTLの種類によって「H」は3.3Vあるいは5Vである．ラインドライバとも呼ばれる．TTLレベル以外のものを駆動するための方式としてオープンコレクタ出力がある．希望の出力電圧を得るために図 7.3.2 のように出力をプルアップ抵抗を介して電源に接続する．トランジスタがONの時には出力はグランドに接続されて0Vとなり，トランジスタがOFFの時には出力とグランド間の抵抗が無限大となり接続した電源の電圧を出力する．

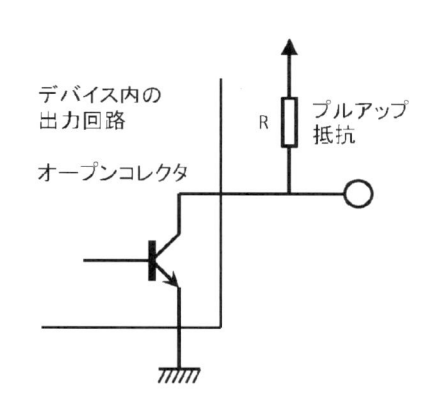

図 7.3.2　オープンコレクタ

シリアル通信は0,1の信号を1ビットずつ一定の間隔で送受信する通信方法であり，信号の線が少なくてすむメリットがある．そのため長距離の通信やノイズ対策が施しやすく，多用されている．送受信がスムースに行われるためには，通信速度，パリティなどを合わせる必要があり，様々な取り決めがある．それらは規格（プロトコル）と呼ばれている．代表的なシリアル通信の規格としてはRS-232, RS-485, USB(Universal Serial Bus), FireWire (IEEE 1394, i.LINK)，イーサネット等がある．

これに対してパラレル通信は複数の信号線を使って並列的にデータを送受信する通信方法である．古くはプリンタとPCの通信に用いられたセントロニクス規格が有名であったが，現在ではプリンタ等の外部デバイスの接続はシリアル通信のUSBがほとんどである．また，PCIなどのコンピュータのバス(信号線の束)もパラレル通信の例であるといえる．

赤外線通信，Bluetooth，無線 LAN などの無線通信も多数の規格があり，それぞれ利用されている．

ロボットの接続に特化したネットワークの規格として ORiN(Open Resource/Robot interface for the Network)がある．機種やメーカの違いを問わずあらゆるデバイスを接続できるようにするオープンな通信インタフェースである．

自動車用のネットワークとして CAN(Controller Area Network)がある．車載機器の増加とノイズに強い通信規格の要請によって開発された．

7・3・3　オペレーティングシステム（Operating system）

a．OS とは

ある規模以上のシステムでは OS (Operating System)は不可欠である．OS はプロセス管理，メモリ管理，ファイルシステム管理，ネットワーク管理などシステムを円滑に，効率よく稼働させるに必要な仕組みである．また，システムコールなどによってハードウェアを抽象化して扱うことによりアプリケーション側のプログラミングの負担を軽減することも OS の重要な仕組みである．大規模なシステムでは，OS を導入せずに，これらすべてのシステム管理作業をプログラミングすることは非効率であるし，現実的ではない．OS をシステムに導入することにより，プログラマはこれらの管理から解放され必要な制御プログラムに専念することができる．しかし一方で，OS は多くのメモリとディスク容量を必要とし，計算資源も費やしてしまう．

b．リアルタイム性

OS を導入した場合の問題点は，もう一つある．それはリアルタイム性の問題である．リアルタイム性とはユーザが一定の時間間隔で実行したいプログラムが待たされることなく実行され，あるいは待ちが発生しない割り込みに対して処理ルーチンが即時実行されることを保証することである．7・2・3・a に記述したようにコンピュータを用いた制御では状態の観測（センサ情報の読み込み）から制御出力までに時間がかかる．この遅れ時間は短ければ短いほどよい．特に連続系の制御則を適用している場合には，この出力の遅れはシステムの不安定をもたらす．また，制御時には制御を一定間隔で行ないたいが，リアルタイム性の保証されない OS ではユーザの制御プログラムよりも優先度の高いプログラムがある場合，たとえば 7・2・3 項で示した制御関数(control())の実行開始から終了までの時間は一定とはならない可能性がある．ロボットの制御では，特に制御理論を厳密に適用させる場合などには制御の実行リクエストに対して応答が必ず一定時間内にあることが要求されるため，リアルタイム性を有する OS の導入が望まれる．

リアルタイム OS (real-time OS)を用いない場合でも，短い時間間隔（1ms 以下）でコンピュータ内部のタイマーなどによって正確なタイマー割り込みを発生させ，かつ割り込みのコントロールを適切に行ない，連動して制御を実行する方法や，PC に接続した DSP ボードなどでハードウェア的にリアルタイム性を保証する方法が行われている．

PIC で構成される小さいシステムでは，時間管理はプログラマの仕事となる場合がある．CPU で実行される命令にかかるクロック数は命令とその動作によって決まっているので，実行する命令数をカウントして正確な時間を測定するものである．

c．リアルタイム OS と非リアルタイム OS

我々が通常使用している PC で動作している Windows や Linux はリアルタイム OS ではない．リアルタイム OS としては，宇宙／航空など信頼性が求められる幅広い分野で利用されている VxWorks や，日本発で家電，携帯電話，自動車のエンジン制御などの組み込みシステム向けではデファクトスタンダードになっている μITRON などがある．

7・3・4 デバイスドライバ（Device driver）

PC や OS が持っていない機能を拡張するためにデバイスドライバという仕組みがある．通常は PC に新しいハードウェアを追加する場合に，アプリケーション側から，そのハードウェアにアクセスする手段を OS に付加するものである．

デバイスドライバはソフトウェアとしてインストールされるが，ユーザが直接起動して使用するものではなく，各種アプリケーションから，そのハードウェアの特定の機能を呼び出すときに使われる．また，プログラマはデバイスドライバと共に提供されるライブラリを使用して，デバイスドライバの機能を呼び出すことで，自作のアプリケーションからハードウェアの機能にアクセスすることができる．このような仕組みを模式的に表したものが図 7.3.3 である．

この際ユーザはハードウェアの具体的な仕様や特性を知る必要はなく，機能を呼び出すための API（関数など）をプログラム中に記述すればよい．ハードウェアはデバイスドライバによって抽象化されているということができる．図 7.2.14 中の read_counter()，write_da() 関数などは，このような仕組みのものを表している．

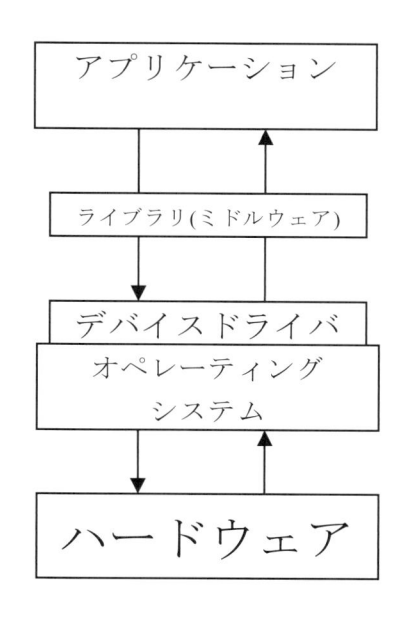

図 7.3.3　デバイスドライバの働き

7・3・5 RT ミドルウェアとは（RT-Middleware）

デバイスドライバを用いた制御プログラム開発では，プログラムは使用する個々のインタフェースなどのハードウェアの詳細（回路図など）を知る必要はなく，利用する機能をどのようにソフトウェアで呼び出せばよいかだけを知っていればよい．しかしながら，これまではそれぞれのハードウェアにそれぞれのソフトウェア的なインタフェースが存在して，プログラマはそれぞれのインタフェースを理解する必要があった．またハードウェアの変更に伴って制御プログラミングも変更が余儀なくされていた．RT ミドルウェアは，これらの問題を解決しようというものであり，従来個々のハードウェアに対して存在していたインタフェースを統一し，ロボット制御に必要な機能を一つにまとめた機能要素（RT コンポーネント）をソフトウェア化することで，機能要素を組み合わせることによりロボット制御プログラムの開発を容易にしようとするものである．また，この開発のためのプラットフォームを RT

ミドルウェアと呼んでいる．

　RT機能要素とは、ロボットを構成するに必要な要素で，角度センサであったり，サーボモータであったり，1つの機能を提供するデバイス毎に対応するソフトウェア要素と考えることができる．また，制御アルゴリズムなどハードウェアとの結びつきがないものも，構成要素と考えることもできる．

===== **練習問題** =====================
【7・1】リアルタイムOSの種類と特徴を調べてみよう．

第7章の文献

[1] 伊藤正美，自動制御概論（上），昭晃堂．（1983）

[2] 吉川恒夫，古典制御理論，昭晃堂．（2004）

[3] 橋本洋志，石井千春，小林裕之，大山泰弘，Scilabで学ぶシステム制御の基礎，オーム社．（2008）

[4] 後閑哲也，電子工作のためのPIC活用ガイドブック，技術評論社．（2000）

第8章

行動を決定する
Motion teaching/planning

これまで第3章では車輪または脚式の移動ロボットの制御について，第4章では物体を運んだり力を加えたりする作業を行うマニピュレータの制御について述べた．そこでは移動ロボットが走行すべき経路や，マニピュレータが追従すべき軌道はあらかじめ与えられているものとしていたが，実際にはこれらの経路や軌道をどのようにして決定するかについても考えなければならない．移動ロボットやマニピュレータの手先が与えられた経路や軌道に沿ってある状態から別の状態に移行するような「運動」を行うのは，ある目的を達成するためである．このようにある目的を満たすための一連の運動が「行動」である．そこで本章では，ロボットがある目的を達成するための行動を決定する方法について述べる．

8・1 行動決定の分類（Classification of motion decision）

ロボットにある作業をさせるためには，ロボットがその作業を遂行するために十分な機能（センシング・アクチュエーション）をもっていなければならないのはもちろんであるが，ロボットの持つ機能を生かしてどのようにして目的の作業を行わせるか，言い換えるとその作業を遂行するためにロボットにどのような行動をとらせるのかをあらかじめ決めておく必要がある．本章では，このようなロボットの行動決定の問題について扱う．

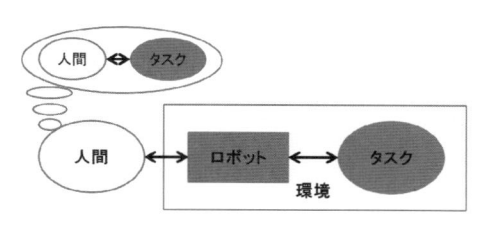

図 8.1.1　ロボットへの動作教示

ロボットの行動を決定する最も原始的な方法は遠隔操縦(remote control)である．遠隔操縦されるロボットは，操縦者の動作指令を単に実現するだけであり，行動決定はすべて操縦者である人間が行っている．一方，生産現場で同じ動作を繰り返し行う産業ロボットでは，あらかじめ人間が教示した動作をプログラムの形で保存しておき，その動作を毎回再生している．この場合も，ロボットの行動は教示者である人間が決定したものであるが，遠隔操縦と違って同じ動作を毎回再生するだけなので，組み立てる部品の位置が変わるなどの環境の変化に適応的に振る舞うことはできない．環境の変化にも適応的に行動するようにするには，ロボットにある程度の自律性を持たせる必要がある．この場合は，ロボットが自律的に行動を決定しているのであるが，そのような自律的な振る舞いができるようにプログラムしたのは人間であることに注意して欲しい．

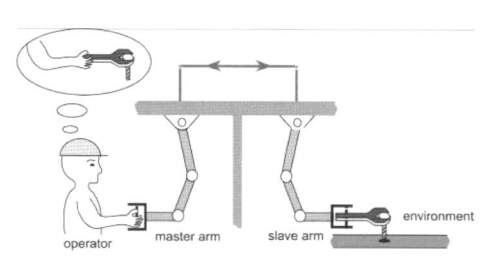

図 8.1.2　マスタ・スレーブ型マニピュレータ

このように，ロボットの行動を決定する手法には様々なものがあるが，ある目的の下にロボットに作業をさせようとしている場合は，いずれの場合も図 8.1.1 に示すように結局人間がロボットに何らかの方法で動作教示を行っているとみなすことができる．以下では，このロボットの行動決定方法について分類する．

8・1・1 操縦型（Manual operation type）

災害現場や宇宙，原子炉内などでの緊急時の作業のような不定形な作業に

図 8.1.3　機械式マスタ・スレーブマニピュレータ Model M8 （提供：Central Research Laboratories）

対してロボットが自律的に行動を決定できるようにするのは一般に難しい．操縦型では，ロボットの行動決定を操縦者である人間が行うため，このような作業には操縦型ロボットが用いられることが多い．図 8.1.2 は，操縦型ロボットの代表的な方式であるマスタ・スレーブ方式のマニピュレータであり，操縦者がマスタと呼ばれる操縦用のアームを動かすと，スレーブと呼ばれる作業用のアームがマスタと同じように動く仕組みとなっている．図 8.1.3 に示したものは，マスタとスレーブとが機械的に結合された方式のものであり，ホットセルとよばれる，放射線が漏れないようにした放射性物質取り扱い場所での作業に用いられている．

操縦型ロボットの歴史は古いが，現在でもホットセル以外に様々な分野で用いられている．図 8.1.4 に示す米国 NASA のスペースシャトルに搭載されているロボットアームも船内の宇宙飛行士が 2 本のジョイスティックでアームを操作する操縦型ロボットであり，国際宇宙ステーションの建設にも同種のロボットアームが活用された．米国 Intuitive Surgical 社が 1997 年に開発したダビンチ（図 8.1.5）は，内視鏡手術を行うマスタ・スレーブ方式の操縦型ロボットである．

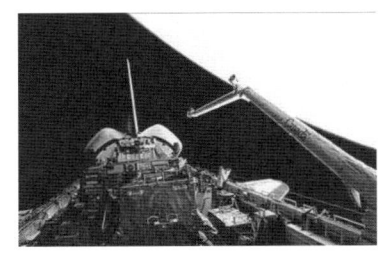

図 8.1.4　スペースシャトルに搭載されているロボットアーム
（提供：JAXA）

8・1・2　教示型（Teaching type）

人間が予めロボットに目的の作業を行うための動作を教えることを教示という（教示について詳しくは 8・3 節で説明する）．現在工場等で稼働している，図 8.1.6 に示すような産業用ロボットのほとんどは，教示再生（ティーチングプレイバック）方式で動作している．この方式では，一度ロボットに行わせたい動作を教示して記憶させておけば，あとは同じ動作を繰り返し再生させることができるので，工場で同じ製品を数多く作る場合に適している．この教示再生方式に関する考え方は，1954 年に米国の発明家ジョージ・デボルが取得した特許が基となっている．また近年では，8・3・1 項に示すようにモーションキャプチャと呼ばれる技術を用いて，人間の全身の動作をそのまま教示に用いる試みもなされている．

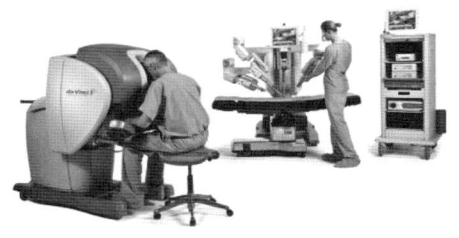

図 8.1.5　内視鏡手術用遠隔操縦型ロボット　ダビンチ
（Intuitive Surgical 社）

8・1・3　自律型（Autonomous type）

工場内の産業用ロボットだけでなく，自律的に判断をして活動をすることが求められるロボットは自らセンサで外界の状態を認識し，行動を計画・判断し，それを実行する必要がある．そのような自律的な行動決定の方法は大きく分けて 2 つに分類される．一つは，外界の状態や与えられたタスクの内容を計算機の中にモデル化し，必要な行動を算出するモデルベースのもの（8・4・1 項など），二つ目は，入力されるセンサ情報と出力するべき行動のルールに従って動作をするルールベースの手法（8・6 節のコラム参照）である．

図 8.1.6　ユニメート
（Unimation 社）

8・2　操縦型（Manual operation type）

8・2・1　操縦型の分類（Classification of manual operation type）

本節では主にアーム型のロボットを操縦する場合を中心に議論をするが，

8・2 操縦型　159

適宜移動ロボットの操縦についても触れることにする．ロボットアームを操縦するには様々な方法が考えられるが，操縦方法としては，(i)各軸スイッチ方式，(ii)ジョイスティック方式，(iii)マスタ・スレーブ方式の3つに分けることができる．

a．各軸スイッチ方式

ロボットアームは一般にいくつかのリンクが関節を介してシリアル結合されたものであるから，もっとも単純な操縦法は各関節の増分を指令する方法であり，各軸スイッチ方式と呼ばれている．ただし，通常ロボットアームで作業を行う際に参照する部分はアームの手先であり，このアームの手先に望みの動きをさせるように各軸スイッチ(each axis switch)を操作する（いわば操縦者が自らロボットアームの逆運動学問題を解くことに相当する）ことは，操縦者に負担を強いていることになる．

移動ロボットの場合には，クローラや車輪などの個々の駆動部を独立に操作するのが各軸スイッチに相当する．例えば，図8.2.1に示すような2輪駆動型移動ロボットの場合，まっすぐ前進するには両方の車輪を前進方向に同じ速度で回転させるような指令が必要となる．

図8.2.1 2輪駆動型移動ロボット：P3DX

b．ジョイスティック方式（手先制御方式）

ジョイスティック方式(joystick mode)では，図8.2.2に示すようなジョイスティックを決められた方向に傾けたり回転したりすることでアームの手先位置や姿勢の増分を動作指令する．予め決められた手先座標系の各軸に沿って手先の位置姿勢の増分を指令することはスイッチでも可能ではあるが，ジョイスティックではスティックを傾ける角度や方向を調節することで，変化の方向や速度の指令を連続的に与えることができ，各軸スイッチ方式よりも直観的な動作指令が可能である．ジョイスティックの自由度は通常高々3なので，3次元空間でアーム手先の位置と姿勢の6変数を指令するには両手で2本のジョイスティックを操作する必要がある．ジョイスティック方式は，次項で述べるマスタ装置と違って操縦者側の占有空間を小さくできるので，宇宙用や海底探査用のマニピュレータなど操縦のための空間が大きくとれない場合によく用いられる．

図8.2.2 ジョイスティック

> **産業用ロボットも操縦型になる！**
>
> 8・3節で説明するように産業用ロボットの教示には図8.2.3に示すようなティーチングペンダント(teaching pendant)を用いる．このティーチングペンダントには各軸の増分を指令するボタンと手先の位置姿勢の増分を指定するボタンを備えている．すなわち産業用ロボットも作業教示時には，各軸スイッチ方式による操縦型ロボットになっていると解釈できる．

移動ロボットの操縦においても，ジョイスティック方式とすることで各軸スイッチ方式よりも直観的な操縦が可能となる．例えば前進するには1本のジョイスティックを前に倒すだけで良いようにすることができる．ただし，通常の2輪駆動型の場合はロボットを真横に移動させることはできないので

図8.2.3 HG1H形/小形ティーチングペンダント
（提供：IDEC（株））

（これを非ホロノミックな拘束と呼ぶ），ジョイスティックの操作と実際の動作との対応付けには注意を要する．3・1・5 項で述べたような特殊な車輪を持つ全方向移動ロボットの場合はこういった心配がなく，ジョイスティック方式との相性が良いと言える．

8・2・2　マスタ・スレーブ方式（Master-slave type）

マスタ・スレーブ方式は，実際に作業を行うロボットアーム（スレーブ）と同様の多リンク機構を操縦デバイス（マスタ）として用いるもので，操縦者が操作するマスタの手先位置・姿勢とスレーブの手先位置・姿勢を対応させることで，直接作業する形態に近い形でロボットを操縦できる．マスタ・スレーブ方式は，アーム以外にもハンドやカメラヘッドの遠隔操縦にも適用できる．

マスタ・スレーブ方式の長所は，操作の直感性にある．マスタアームによる操作は，各軸スイッチやジョイスティックに比べて直接作業をするときの形態に最も近い．さらには，後述するように，操縦者の運動指令を遠隔地のスレーブに伝えるだけでなく，遠隔地のスレーブが環境から受ける力を操縦者へフィードバックするいわゆるバイラテラル制御とすることにより，より直接操作に近い操作感を得ることができる．

一方マスタ・スレーブ方式は，マスタアームが各軸スイッチやジョイスティックに比べて操縦者側に必要な装置としては大掛かりになり，占有空間も大きくなるのが欠点である．また 6 自由度のマスタアームを用意すればジョイスティックと違って片手で一度にスレーブアームの 6 自由度の動きを指令できるのであるが，場合によってはこの利点がかえってある特定方向の動きのみを微調整したい場合に不利になることもある．

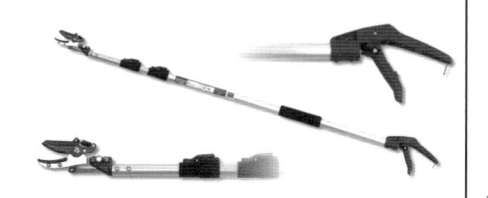

図 8.2.4　高枝切りバサミ
（提供：(有) 岸本農工具製作所）

身近なマスタ・スレーブ方式の例

我々の日常の身の周りにもマスタ・スレーブ方式と見なせるものがある．例えば，図 8.2.4 の高枝切りバサミは機械式マスタ・スレーブマニピュレータと見なせる．パソコン画面上のマウスポインタをスレーブとすれば，手元のマウスはマスタと見なすことができる．自動車のステアリングホイールと前輪の操舵角もマスタ・スレーブの関係にある．さらに前輪の舵を切るのにステアリングホイールを何回か回転させるようになっているので，一種のスケールドテレオペレーション（マスタ・スレーブ方式の分類のコラム参照）ともみなせる．これにより微妙な前輪舵角調整が容易にできる．

8・2・3　マスタ・スレーブ方式の分類（Classification of master-slave type）*

マスタ・スレーブ方式は，幾つかの観点からさらに分類が可能である．

a．制御方式による分類

ユニラテラル制御：図 8.2.5 に示すようにスレーブ側にのみ制御系を置き，マスタアームからの目標値を単にスレーブ側の制御系に送るだけの方式を

ユニラテラル制御(unilateral control)と呼ぶ．ユニラテラル制御では，後述するバイラテラル制御のようにマスタ側にアクチュエータを配置する必要がないのでマスタ側の装置が簡単化でき，操作感も軽くできる．ただし単に操作者の動作指令がスレーブ側に送られるだけなので，スレーブアームが環境中の何かと接触しても操作者には力感覚を通してはその状況が伝わらないため（後述するバイラテラル制御ではそれが可能となる），クランク回しなどの環境から拘束を受ける作業を遂行するのは難しい．

バイラテラル制御：バイラテラル制御(bilateral control)は，図8.2.6に示すようにマスタアームとスレーブアームの双方に制御系を配置するもので，双方に目標値を出し合いながら結合していることから，このように呼ばれている．スレーブ側からの目標値によってマスタアームも制御されるので

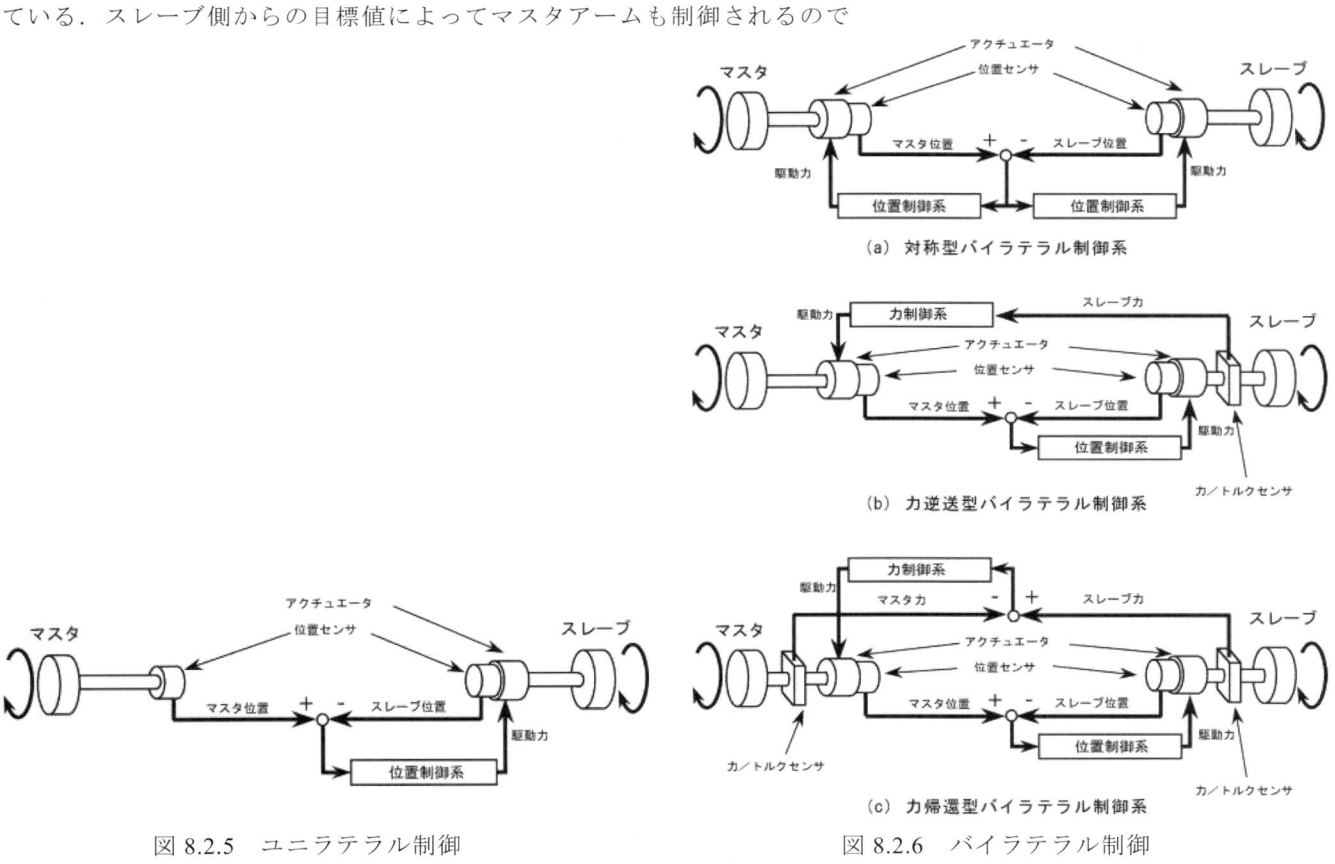

図 8.2.5　ユニラテラル制御

図 8.2.6　バイラテラル制御

操縦者はマスタアームを操作してスレーブの動作を指令するのと同時にマスタアームを介してスレーブと環境との接触状況を感じるとることができる．図8.2.6には，対称型(symmetric type)，力逆送型(force reflection type)，力帰還型(force feedback type)というバイラテラル制御の代表的な3つの方式が示されている．

b．構造による分類

多自由度のマスタ・スレーブアームでは，アームの構造からの分類ができる．

同構造型：マスタアームとスレーブアームの幾何的構造が同一のものを同構造型と呼ぶ．マスタアームとスレーブアームで対応する関節が機械的に結合されている機械式マニピュレータの場合，操縦者の意図した通りに

スレーブアームの手先が動くためには，マスタとスレーブの構造は同一となっていなければならない．図 8.1.3 の機械式マスタ・スレーブアームは同構造型の典型例である．

異構造型：マスタアームとスレーブアームの幾何的構造が異なるものを異構造型と呼ぶ．マスタとスレーブ間で対応させる変数を各々の関節変位ではなく手先位置・姿勢とすることで，構造の異なるアームを組み合わせることが可能になる．異構造型では手先位置・姿勢の対応を取るためにマスタ，スレーブそれぞれにおいて順運動学や逆運動学の計算が必要になるが，異構造型であれば一つのマスタアームで種々の異なった構造のスレーブアームを操縦できるようになる．

c．スケールによる分類

通常のマスタ・スレーブシステムでは，マスタアームの動いた分だけスレーブアームが動くように，またバイラテラル制御であればスレーブアームが受けた力と同じ力がマスタアームにて提示されるようにする，すなわち位置と力のスケールはマスタとスレーブ間で同一である．一方で，マスタとスレーブ間の位置や力のスケール比を積極的に変更することで，ミクロンオーダーの非常に微細な作業や逆に何トンもの重量物を扱う作業のように，人間が直接作業できないような作業でもマスタ・スレーブシステムを介して行うことができるようになる．このように，マスタとスレーブでのスケール比を変えた遠隔操作(remote control)を広くスケールテレオペレーション(scaled teleoperation)といい，微細な対象を操る場合を特にマイクロマニピュレーション(micro manipulation)という．

8・2・4 操縦型ロボットの進化の方向性（Future direction of manual operated type robot）

操縦型ロボットをロボットの行動を決定するための手法としてとらえた場合，その手法は今後どのように進化していくかについて考えてみよう．操縦者にとって直感的にロボットを操縦できるようにするためには，ロボットに幾つかのセンサを付加して，環境からの情報を操縦者にフィードバックすることが必要である．これは既に説明したバイラテラル制御の考え方を発展させて，ロボットと操縦者との感覚系・運動系の結合をさらに密にして行く方向である．これはテレイグジスタンス(telexistence)とかテレプレゼンス(telepresence)と呼ばれ，究極的にはあたかも操縦者自身がロボットに成り代わって作業を行えるようになる．すなわちロボットが人間の分身となる方向である．テレプレゼンスの例としては，米国の Space and Naval Warfare Systems Center で 1991 年に開発された TOPS (The Teleoperator/Telepresence System)がある（図 8.2.7）．

テレプレゼンスを実現するためには，操縦者たる人間にロボット側の環境情報を臨場感高く提示しなければならないが，1990 年代から盛んに研究されてきたバーチャルリアリティでは，計算機内に構築された仮想環境をあたかも現実空間のように提示するものであり，提示技術はテレオペレー

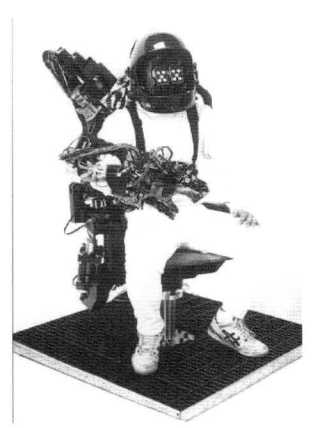

図 8.2.7　TOPS (Space and Naval Warfare Systems Center)

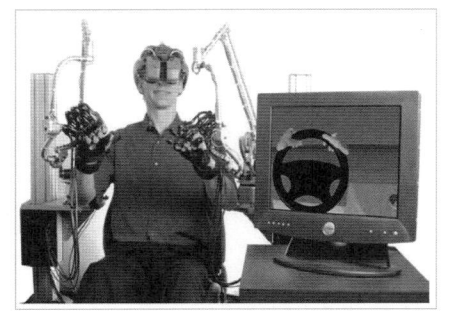

図 8.2.8　Immersion 社が開発した Haptic Workstation

ションでのマスタ側と本質的に同じである．その意味ではテレプレゼンスはバーチャルリアリティとも非常に関連が深いと言える．

> **テレオペレーションとバーチャルリアリティ(Virtual Reality)**
> 図 8.2.7 の TOPS では，バイラテラル制御された 9 自由度の多指型ハンドと 7 自由度のアームが 3 自由度の胴体に取り付けられており，さらに 3 自由度のカメラヘッドにはステレオ視可能なカメラが装着されている．操縦者は，外骨格（エグゾスケルトン；exoskeleton）型のマスタ装置とヘッドマウンテッドディスプレイ(head-mounted display)を装着することでテレプレゼンスを実現できる．一方，図 8.2.8 の Haptic Workstation は，仮想環境内に構築された自動車のハンドルを操作することができ，ヘッドマウンテッドディスプレイで両眼立体視ができるのと同時に，両手に反力を感じるだけでなく両手の各指先にも接触力を提示することができる．
> これら 2 つの例をみると，操縦者に提示する情報がスレーブ側の現実の環境からのものか計算機内の仮想環境からのものかという違いだけで，操縦者への提示方法はほとんど同じであることが分かる．

もう一つの進化の方向は，操縦されるロボットを知能化させる方向である．ロボット側にある程度の知能を持たせれば単純な動作はロボットが自律的に行えるので，操縦する人間が動作を事細かに指令することなく，より高度なレベルでの指示を与えるだけでよい．究極的にはロボットが有能な秘書のようになる．このような考え方は管理制御（スーパーバイザリーコントロール；supervisory control）として Farewell と Sheridan によって早くから提案されており，ロボットと操縦者との間の通信に時間遅れのある場合や通信帯域の制限などで操縦者とロボットとの感覚系と運動系の結合が密にできない場合に有効であるとされている．

図 8.2.9 火星探査ローバ ソジャーナ

> **管理制御と分担自律の例**
> 図 8.2.9 は，1997 年に火星に着陸し，約 3 カ月の間火星地表面での科学的探査を行ったマーズパスファインダー(Mars Pathfinder)のローバ，ソジャーナである．地球と火星との間では最長 20 分の通信時間がかかり通信ができる時間帯も限られるため，地上の科学者は 1 日毎に次の日にローバがとるべき動作シーケンスを図 8.2.10 のシミュレータ上で立案検証した後にローバへ転送することでローバを運用した．ローバには障害物を検知するセンサが備えられており，地上から送られてきた動作シーケンスを実行している過程で障害物に遭遇した時は，自律的にそれを回避できるように設計されていた．これは管理制御の典型例である．
> このようにロボットを完全に自律化するのではなく，可能な部分だけを自律化し残りの部分は操縦者の判断に委ねるという考え方を分担自律(Shared autonomy)という．管理制御以外の分担自律の例として，図 8.2.11 のように水を満たしたコップを遠隔操作でロボットに運ばせる場合を考えよう．このときコップを水平に保つ動作をロボットが自律的に行うようにしておけば，操縦者はコップの水がこぼれることを気にすることなくコップの位置を指令でき，遠隔操作の負担が軽減できる．

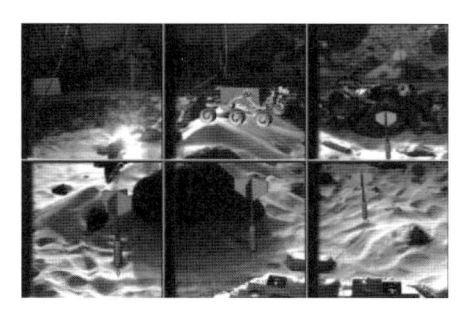

図 8.2.10 地上のコントロールステーションでローバの経路を計画するためのシミュレータ

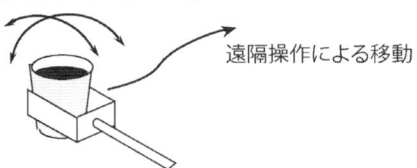

図 8.2.11 分担自律の例

ロボットを知能化する方向は，もともとロボティクスが目指す方向でもあるが，1980年代にはテレオペレーションとロボティクスを融合したテレロボティクス(telerobotics)という概念が提唱され，操縦型ロボットを知能化するという方向性が明確に打ち出された．本章の最初で説明したように自律ロボットといえどもその動作を生成する仕組みを指定したのは人間であるならば，操縦型ロボットと自律型ロボットとはロボットの行動を決定する手法という観点において一つの軸上に並べることができる．ただし，ロボットの自律性が上がるにつれ，その行動決定法は難しくなる傾向がある．まず人間が抽象度の高い動作指令を与える際に，その動作指令の裏にある操縦者の意図をその時の背景事情などからロボットが把握できなければならない．さもなければ操縦者は結局，事細かな動作指令をロボットに与えなければならなくなるであろう．逆にロボットの自律性が上がるとロボットの内部状態も複雑化し，それを操縦者が把握するのが難しくなる．例えば，指令した動作がうまくできなかった場合，ロボットが自身の内部状態を適切に操縦者に提示できないと，操縦者がその原因を取り除く適切な指令をその次に与えることもできなくなるであろう．

作業の抽象度と教示の直感性

例えば，ある作業を前述したマスタ・スレーブ方式などの操縦型ロボットで行うのは，手間はかかるものの作業自体は直感的である．しかし「テーブル上のコップに水を注ぐ」という一連の作業をロボットが自律的に行えるようにしようとすると，コップの位置の認識をどうするか，水はどこまで注ぐべきかなど，マスタ・スレーブ方式では人間が行っていた認識や作業計画を行うしくみをロボットに明示的に教え込む必要がある．この作業は操縦型ロボットで作業を行うほど直感的ではない．すなわち，作業の抽象度が上がるほど，教示の直感性は失われる傾向にあると言える．

8・3 教示型（Teaching type）

8・3・1 ティーチングプレイバック（Teaching playback）

教示再生方式（ティーチングプレイバック）においてもっとも単純な方法は，8・2・1項で説明したような操縦デバイスを用いてロボットの作業環境の中で実際にロボットを操縦し，教示ポイントと呼ばれる点を順次指定してゆく方法である．例として図8.3.1のように，ロボットの手先を点P1に移動し，点P10にある物体をつかんだ後に点P12まで移動し，そこで物体を離したあとに点P1に戻る動作をするタスクの教示を考える．この例だとP1, P10, P12などが教示ポイントである．このようにして教示されたポイントを用いて記述したロボット動作プログラムを図8.3.2に示す．このプログラムは，MOVが指定された教示ポイントまで移動する命令であり，MVSは指定された教示ポイントまで直線的に移動する命令である（直線補完という）．

物体の置かれている点や，次にその物体を置くべき点の座標値があらかじめ分かっている場合は，わざわざティーチングによってこれらの点を教示する必要はない．このように実際のロボットを用いた教示をせずに教示ポイン

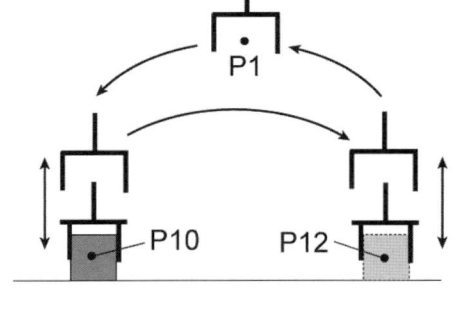

図8.3.1 ロボットへの動作教示の例

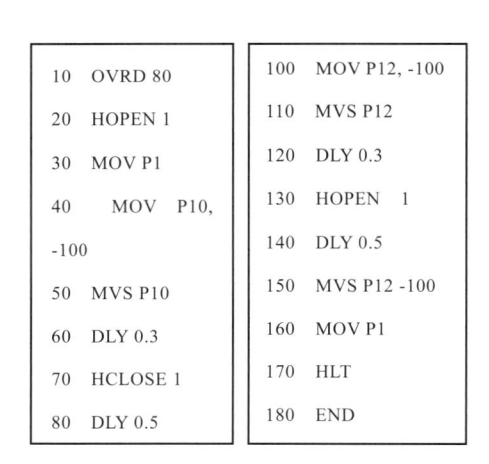

```
10   OVRD 80         100  MOV P12, -100
20   HOPEN 1         110  MVS P12
30   MOV P1          120  DLY 0.3
40   MOV P10, -100   130  HOPEN 1
50   MVS P10         140  DLY 0.5
60   DLY 0.3         150  MVS P12 -100
70   HCLOSE 1        160  MOV P1
80   DLY 0.5         170  HLT
                     180  END
```

図8.3.2 ロボット動作プログラムの例

トを指定する方法はオフラインティーチングと呼ばれているが，オフラインティーチングを行うためには環境やロボットの正確な幾何モデルが必要になる．

8・3・2　ダイレクトティーチング（Direct teaching）

前項のオフラインティーチングでは，作業対象物を含む作業環境の正確な幾何モデルを得ることは一般に難しく，個体差があるためにロボットの幾何モデルは一台ごとに微妙に異なっているので，環境モデルの誤差やロボットの個体差を検出して補正する機能がないとオフラインティーチングだけでロボットを動作させることは難しい（特に mm～μm の精度が要求されるはめあい動作など）．教示再生方式は，いわば「現物合わせ」によって環境やロボットの幾何モデルに依存することなく動作を教示できることが特徴であり，高い繰り返し精度を持つ（教示された動作は毎回正確に再現することができる）産業用ロボットの特性を生かした方法であると言える．

そこで，実際のロボットの手先などを人間の手によって操作することで教示を行う方式を，ダイレクトティーチングと呼ぶ．この手法は，ロボットの姿勢や位置を直接的に操作するので，人間のイメージする操作と同じ操作を再現することが容易にできるという利点がある．

8・3・3　実演による教示（Teaching by demonstration）

上記のような直接的なティーチングでは，人間がロボットの身体を直接手取り足取り操作して行動を決めるため，人間の立場からは不自然な動作を行わなければならないデメリットがあった．さらに，例えばロボットアームの手先のように，操作の対象となる部位が少ない場合には問題はないが，ヒューマノイドロボットのように両手・両足があるようなロボットの場合，人間の手で全ての関節を操作することは非常に困難となる．

そこで，人間が実演をすることで教示を行う方法が考案されてきている．1990年代に國吉らは Teaching by Showing というコンセプトを掲げ，人間が行っている作業をそのままカメラで観察することにより，その操作を教示する手法を考案した．具体的には積み木を積み重ねるようなタスクにおいて，人間が行う Pickup, Release, Move というような基本動作要素を，画像処理によって抽出し，その動作要素のシーケンスを記憶することで実演行動の再現を可能にした．

また，人間の全身動作パターンを計測するモーションキャプチャシステム (motion capture system) を用いた実演によって，ヒューマノイドロボットの動作を教示する試みも行われている．図 8.3.3 に示すように，人間の腕や脚に沿って棒状のリンクを装着し，各関節の部分でリンクをジョイント構造で連結したような機械的なスケルトンを装着することで動作を計測する機械式モーションキャプチャや，図 8.3.4 に示すように，人間の体に機構構造を装着させるのではなく，直径 3cm ほどのマーカーを各ボディリンクに貼り付け，それをカメラで撮影することで動作を計測する光学式モーションキャプチャが良く使われる．

機械式モーションキャプチャの長所としては単純な機構部品から成るため

図 8.3.3　機械式モーションキャプチャ Gypsy-7
（Animazoo 社）

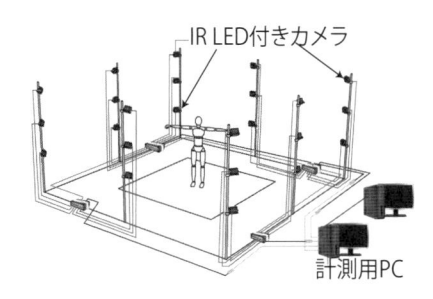

図 8.3.4　光学式モーションキャプチャの例
（提供：（株）スパイス）

にコストが安い点，計測精度が高い点等があるが，欠点として，人間の動作に大きな制約が生じる点がある．たとえば腰を大きく曲げて前屈するような動作を取る場合，人間の腰関節が取り得る角度の範囲は，機械ジョイントの取り得る角度範囲を大きく越えているために，途中で前屈運動ができなくなってしまう．また大きい重量を背負い込みながら動作するため，人間動作がぎこちなくなる欠点がある．

光学式モーションキャプチャシステムでは，欠点として複数のカメラで囲った特設のスペースが必要となること，高価なシステムとなること，マーカーが隠れてしまいあるカメラから撮影できない場合にそれを他のカメラで補うための複雑なソフトウェアが必要となること，各点がどのリンクに対応しているのか，という問題を解く必要があることなどがある．

この他にも，磁気センサを体に装着した状態で，磁場を発生させた空間の中に入ることで計測を行う磁気式モーションキャプチャシステムや，動作を行う人の主要なリンクに，ジャイロセンサを取り付けることで計測を行うジャイロ式モーションキャプチャシステムなども開発されている．

8・4 自律動作生成（Autonomous motion generation）

8・3節までで，人間が操縦したり教示をしたりすることでロボットの動作を決定する方法について解説をしてきた．しかしながら，ロボットが持つべき機能の一つとして，人間が何も指示をしなくても，自ら状況判断を行い，適切な行動を決定し，自律的に行動を遂行する機能がある．本節では，そのような自律行動を決定する仕組みについて解説する．

8・4・1 状態空間と探索問題（State space and search problem）

ロボットがおかれている状態を連続値のパラメータで表現すると，自律的な行動の決定の際に計算量が多くなるので，連続値のパラメータを離散的に表現し，状態空間を構成する方法がしばしば取られる．例えば，ハノイの塔と呼ばれるパズルを考えてみよう．ハノイの塔は図8.4.1にあるように，3本の柱に刺さっている円盤を1枚ずつ移動させ，別の柱に全ての円盤を移動させるパズルである．一回の操作では1枚の円盤を操作するだけで，柱の一番上の円盤を別の柱の円盤の上に移動させることしかできない．また，円盤の直径は全て異なっており，ある円盤の上にその円盤より大きな円盤をおくことはできない．このようなルールの下，n枚の円盤を移動させるには，2^n-1回の操作が必要となる．図8.4.1の矢印はこのパズルを進行させた状態遷移の関係を示している．このように，状態を時間発展させていく様子を全ての可能性について記述することで，ロボットは目標状態に到達するための行動系列を計算することができるようになる．ただし，ロボットはどのような木構造が構築されているのかを一般的には事前に知らないため，行動を逐次行いながら木構造を構築し，ゴールにたどり着くような状態の系列を探索していくことになる．

この状態空間の中で，初期状態から動作を開始し，適切な行動を選択することで最終状態（ゴール）にたどり着くことを目的とした問題を，探索問題(search problem)と呼ぶ．また，探索問題では，各状態をノード，状態間の接

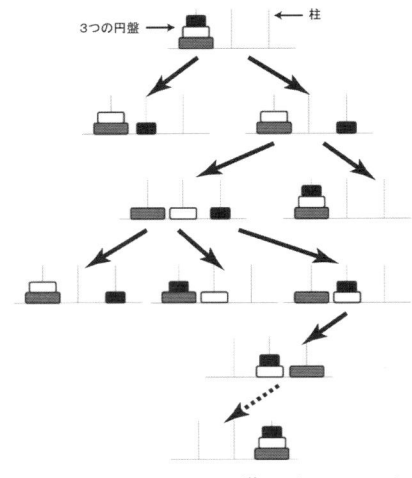

図8.4.1 ハノイの塔のタスクにおける状態空間．たとえば，最初の状態から黒い円盤を動かすことができるのは中央と右の2つの柱に対してである．その2つの可能な操作をそれぞれを矢印で表す

続をリンクと呼ぶ．ある状態で取り得る可能性のある行動の選択肢がリンクと表現されるので，あるノードから次のノードへと張られるリンクの数は，その状態において取ることのできる行動の種類と等しいことになる．探索問題を解くには，あるノードから出発して，リンクをたどる（展開する）ことによって，たどり着くことのできるノードの集合をすべて列挙し，その集合の中に最終状態が含まれているかどうかを判断して，適切な行動列を求める．この操作を探索と呼び，これを実現する主な方法として，以下の2つの方法が存在する．

a．幅優先探索(Breadth first search)

この方法は，現在展開されているノードのうち，初期状態からの距離（たどったリンクの数）が等しく，かつその距離がもっとも遠いノードすべてに対して，そのノードから展開することのできるリンクをすべて展開し，最終状態を探す．幅優先探索における探索木の構造とその探索の順序を図 8.4.2 に示す．すべての候補を列挙しながら探索を進めていくため，必ず解を見つけることができる反面，展開されたリンクとノードの情報をすべてメモリ上で記憶しておかねばならず，計算量が多くなる方法である．例えば，全てのノードからそれぞれ m 個の子ノードが展開されるような木構造を持つ状態空間の n 番目の層に最終状態がある場合，探索のために必要となる計算時間のコスト（時間計算量）のオーダーは $O(m^n)$，記憶するメモリの大きさのコスト（空間計算量）のオーダーも同様に $O(m^n)$ となる．

図 8.4.2 幅優先探索における探索木と探索の順序

b．深さ優先探索 (depth first search)

この方法は，現在展開されているノードのうち，もっとも初期状態から距離が大きいノードに対して，そのノードから展開できるリンクをすべて展開し，その先にあるノードについて，再帰的に探索を継続する．最終状態にたどり着くことなく，展開できるリンクが無くなった場合には，その選択肢は不要のものとみなし，前のレベルのノードに戻って探索を継続する．深さ優先探索における探索木の構造とその探索の順序を図 8.4.3 に示す．この手法では，展開されたリンクやノードの情報をすべて記憶する必要がないため，時間計算量は最悪の場合で $O(m^n)$ と，幅優先探索と同じであるが，それよりも短い時間でゴールに到達する可能性もある．空間計算量も $O(mn)$ と低いが，一つの可能性について，行き詰まるまで探索を続けるため，解にたどり着くまでの期待探索回数が多くなる問題がある．最悪の場合には，無限に探索が継続してしまい，解が見つからなくなる場合もある．この問題は，同じ状態を繰り返すようなノードの展開が存在する場合に容易に生じる．

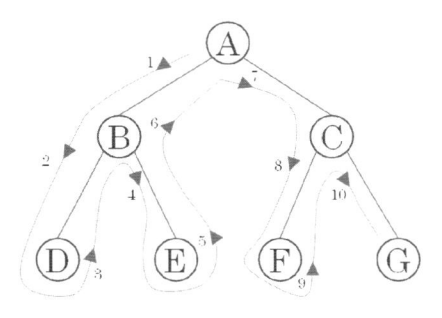

図 8.4.3 深さ優先探索における探索木と探索の順序

上記の単純な探索手法では，ある状態から隣の状態に遷移するコストは考えていない．しかし実際のロボットでは動作を実行するのに時間コスト，エネルギーコストなどを必要とする．そこでコストを考慮した行動計画の考え方が必要になる．評価・コスト関数の導入による行動計画アルゴリズムは，A*アルゴリズム(A* algorithm)と呼ばれており，以下のような探索を行う．

スタートからあるノード n を経由してゴールまでたどり着く経路の最短コストを $f(n)$ と表す．スタートからノード n までの最短コストを $g(n)$，ノード

nからゴールまでの最短コストを$h(n)$とした時，

$$f(n) = g(n) + h(n) \tag{8.4.1}$$

と表すことができる．ここでg, hの最短コストをあらかじめ知ることは不可能であるので，g^*，h^*として推定することを考えると

$$f^*(n) = g^*(n) + h^*(n) \tag{8.4.2}$$

となる．$g^*(n)$については実際に経路探索をしながら逐次求めていき，$h^*(n)$についてはヒューリスティックな関数を使用することを仮定して探索を進める．具体例として$h^*(n)$にはノードnからゴールまでの距離を使うことが多い．

図 8.4.4 移動ロボットのナビゲーションのためのポテンシャル場．（文献[1]より）

> **ポテンシャル法（potential method）**
>
> 上記の手法では，連続的な空間を離散的な状態に変換する方針が取られているが，直接，連続的な空間表現を用いて状態や行動を記述することも取られる．その 1 つの例がポテンシャル法である．この方法では，例えば 2 次元平面内で移動するロボットのために，図 8.4.4 のように，ゴールへ向かうポテンシャル場と障害物を回避するようなポテンシャル場を線形合成したポテンシャル場を計算し，移動ロボットは現在位置におけるポテンシャル場が示すベクトルに沿って移動するという方法である．複雑な計算を必要としないという利点がある反面，必ずしもゴールにたどり着く保証がないという欠点も持ち合わせている．

8・4・2 モーションプラニング（Motion planning）

モーションプラニングは，コンフィグレーションスペースを探索の空間として扱うことで，多自由度のロボットの動作を計画する手法である．コンフィグレーションスペース（Configuration Space; 略称 C-Space）とは，実際の目に見えるロボットの位置や形を直接探索の対象とするのではなく，ロボットが取りうる状態を空間で表現したものである．最も単純な例として，ある形状の移動ロボットが障害物を回避する際に，ロボットの大きさを考慮して障害物を大きくした空間を考える例がある．図 8.4.5 はそのようなコンフィグレーションスペースの例である．大きさを持つロボットが上図の黒い長方形の障害物を回避することは，大きさを持たない点が下図の灰色の障害物を回避することと同値となる．

自動車のように 2 次元平面で姿勢を変化させながら移動する場合では，移動体の 2 次元平面内での位置x, yおよび姿勢θの 3 つのパラメータから構成される 3 次元空間をコンフィグレーションスペースとして用いる．実際の「見た目」では移動体は 2 次元平面内を移動するだけであるが，実際には姿勢も含めた 3 次元空間のコンフィグレーションスペースで行動計画をしなければ，より詳細な行動の計画はできない．これと同様にして，マニピュレータの場合も，エンドエフェクタの位置ではなく，各関節の関節角度を基底とするコ

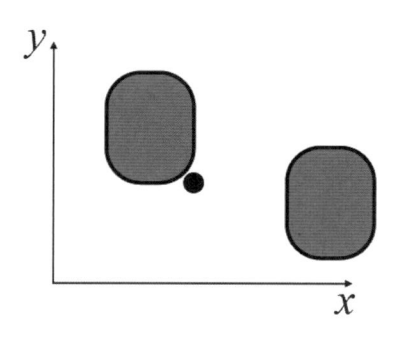

図 8.4.5 移動ロボットにおけるコンフィグレーションスペースの例

ンフィグレーションスペースを用いるのも一つの考え方である．コンフィグレーションスペースは連続量を持つパラメータで構成せれた空間であるが，この空間を適切に離散化し，それぞれの離散化された部分空間をノード，部分空間同士の遷移をロボットの行動，と見なすことで，行動計画問題を前節で述べた探索問題に帰着させることができる．

8・5 マニピュレータの軌道生成（Trajectory planning for manipulators）

本節では，8・4節で述べた自律動作生成方法をマニピュレータに適用する方法について述べる．マニピュレータのエンドエフェクタの位置を目標の位置に移動させる際に，障害物を回避するような軌道を生成する例を挙げ，その実現方法を解説する．

ここで，第4章で解説したPTP制御を例としてマニピュレータの起動生成とその制御を考える．PTP制御とはPoint to Point 制御の略のことで，飛び石を連続して飛んでいくようなイメージで，描くべき軌道の重要な点をいくつか指定し，その間を移動するように制御する方法である．マニピュレータの場合，エンドエフェクタの位置をいくつか指定することが考えられる．一番単純な軌道は初期地点と最終地点を直線で結ぶ軌道であるが，障害物を回避する必要がある場合には，8・4・2項で述べたように，エンドエフェクタの位置だけを指定するのでは，完全には障害物を回避することはできないため，コンフィグレーションスペースにおける，適切な点を結ぶことで障害物を回避していく．図8.5.1は2自由度マニピュレータにおけるコンフィグレーションスペースの例を示したものである．図の上はマニピュレータの作業空間を示したもので，(1)の姿勢から(2)の姿勢に移動をすることを考える．図の下はコンフィグレーションスペースを示しており，2つの関節角度 θ_1, θ_2 からなる空間である．斜線部分の領域が障害物を示しており，コンフィグレーションスペース内での斜線領域を回避するように軌道計画をすることで，マニピュレータの作業空間内での回避を実現する．例えば図 8.5.2 のように，コンフィグレーションスペースをグリッドに分割し，8・4・1 項で説明したような探索問題に帰着させることで，グレーのブロックのシーケンスで示したような軌道を計画することができる．

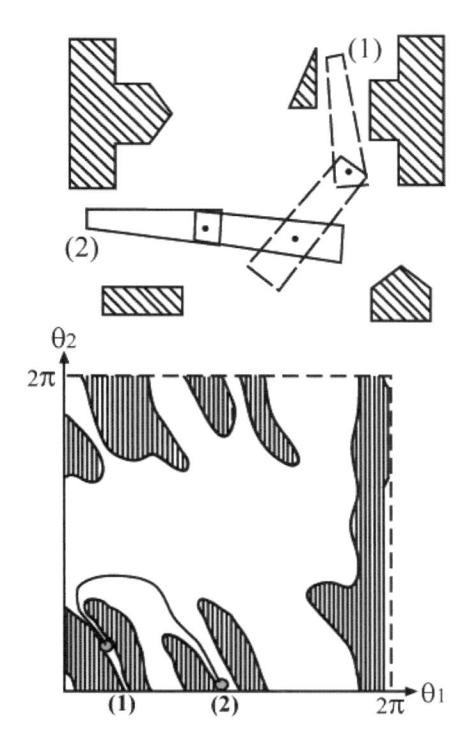

図 8.5.1 2自由度マニピュレータ（上図）におけるコンフィグレーションスペース（下図）

8・6 移動ロボットの行動生成（Motion planning for mobile robots）

ロボットの動作決定問題の2つ目の例として，移動ロボットの経路計画を対象として，迷路を脱出する例について述べる．

碁盤の目のように格子によって構成された空間における迷路を考える．各格子をノードと考え，接続している格子間にリンクが張られていると考えると，迷路脱出は，スタートの格子からゴールの格子までたどり着くための探索問題と置き換えることができる．例えば，人間が遊園地などのアトラクションで設計された迷路に入り，ゴールを目指す場合には，深さ優先探索を用いることになることは容易に想像できるであろう．進めるだけ進んで，行き止まりしかない場合には，入り口まで戻り，別の選択肢を選ぶのは，記憶する分岐点の数は少なくてすむが，ゴールまでたどり着くまでの時間コストが

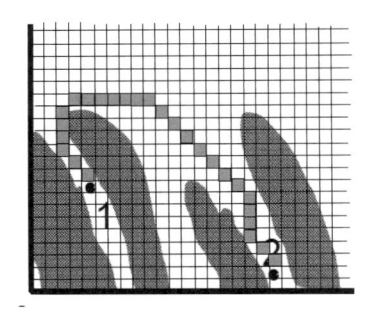

図 8.5.2 マニピュレータのコンフィグレーションスペース内での軌道計画

かかる．さらに迷路の構造によっては，無限に同じ場所を巡ってしまい，永遠にゴールにたどり着けない．しかし移動にかかる時間コストを無視すれば，幅優先探索がより良い探索手法であることは明らかであろう．無限に同じ箇所を巡ることを避け，かならずゴールにたどり着くことが可能である．さらに，A*アルゴリズムを用いて，現在の位置からゴールの位置までの距離を，推定されるコストh^*として用いることで，最適な探索ができることが知られている．

図 8.6.1 掃除機ロボットルンバ (Roomba)
（提供：iRobot 社）

> **サブサンプションアーキテクチャ（subsumption architechture）**
>
> ロドニー・ブルックス(Rodney Brooks)は 1986 年に，複数の目的を持つ単純な行動要素をあるルールで組み合わせるだけで，複雑な行動を発現できる移動ロボットシステムを提案した．それぞれの行動要素はある条件が整うと行動を開始するようなルールが設定されており，かつ，それぞれの行動要素ごとに優先順位が設定されている．優位にある行動要素は，劣位にある行動要素が活性化状態になったとしても，その動作を実行させずに自らの行動を実行する権限がある．このような構造はサブサンプションアーキテクチャと呼ばれ，複雑なルールや構造を持たなくても，十分に環境内で行動を決定できる手法として，大変注目を浴び，今日においてもその重要性は認識されている．実用例として有名なのが，図 8.6.1 に示す掃除機ロボットルンバ(Roomba)である．これはロドニー・ブルックスが設立した iRobot 社の製品で，サブサンプションアーキテクチャを用いることで，複雑で未知の家庭環境内を障害物をよけながら掃除をする，というタスクを実現している．

8・7 さらなる知能，自律行動へ（Towards extended intelligence and autonomous systems）

これまでに説明してきた操縦型，教示型は，人間が直接ロボットに指示を出すための労力が多い分，細かく適切な行動を生成することができる．自律型では，人間の労力が少なくて済むかわりに，ロボットが対応できる環境の複雑さは制限されてしまい，自律行動に失敗する可能性が高まる．そのような観点から，それぞれの長所を統合することで，さらに複雑で困難な問題へ応用する試みがなされている．

たとえば，ヒューマノイドロボットを操縦する際，全ての関節角度を操縦したり教示したりすることは人間には非常に大きな負担となるばかりか，バランスを保持して転倒しないような姿勢を教示するのは非常に困難な作業となる．しかしその一方で，自律行動生成手法に基づいてヒューマノイドの行動を計画するのも，作業が複雑になればなるほど困難度が高くなっていく．そこで，ヒューマノイドロボットの重心点を人間が操縦し，バランスを取って転倒しないような足や手の動作を自律的に計画させるような融合の仕方が考えられる．このような組み合わせによって，人間とロボットが互いに協調して行動を決定して行くような枠組みが，今後ロボットが実世界で活躍して行く際に必要な機能であると考えられる．

他にも，人間が操縦ミスをしたかどうかをロボットが常にチェックし，人

間が通常では行わないような希な行動を教示した場合，ロボットが「本当にその行動を実行して良いですか？」という具合に確認をするようなシステムを，確率的情報処理の技術を用いて実現する例も提案されている．

また，内容が高度になるため，本書では詳しくは解説しないが，人間が操縦した内容を記憶・学習し，似たような状況に遭遇した際には，その経験を再利用して自律的に行動を遂行するような枠組みも近年実現されてきている．このようなさらなる知能や自律行動を実現する際，基本的な要素となるのが，本節で解説した操縦型，教示型，自律型の3つとなっている．

===== 練習問題 =====================
【8.1】マスタ・スレーブ方式で動作している機械・道具で，日常生活にあるものがどのくらいあるか列挙してみよ．

【8.2】鉄道網の乗り換え検索を行う場合，深さ優先探索と，幅優先探索のうち，どちらが効率的か．また，なるべく運賃が安くなるような検索結果を導きたい場合には，どのような工夫をすれば良いか考えてみよ．

【8.3】例題として挙げられていた「ハノイの塔」を解く為には，深さ優先探索と幅優先探索のどちらが効率的か．

【8.4】2つの車輪がある移動ロボット上に，2自由度のマニピュレータが搭載されているロボットがある．手先位置の作業空間での行動計画を考える際，何次元のコンフィグレーションスペースが必要となるか．

【8.5】サブサンプションアーキテクチャも万能のアーキテクチャではない．どのような状況で，どのような問題が生じるであろうか．考察してみよ．

第8章の文献

[1] Ronald C. Arkin , "Integrating behavioral, perceptual, and world knowledge in reactive navigation, " Robotics and Autonomous Systems, Vol.6, Issues 1-2, pp.105-122. (1990)

第9章

デザイン（設計）する
Design

　本章では，前章までで学んだ各要素を統合し，特定の目的や機能をもつロボットに合致したシステムを総合的に構築するプロセスを学ぶ．また商品化を目指すロボットを開発する際の調査，企画，設計，デザイン等の製品開発における基本的なプロセスを紹介する．高付加価値で魅力あるロボット開発のため，設計方法をどのように統合し，外観意匠や使用性と融合させているかを，実際に商品化された「AIBO（アイボ）」や「マイスプーン」の具体的な開発事例を通して学ぶ．

9・1　デザイン（Design）

9・1・1　プロダクトデザイン（Product design）

　ロボットは自律動作を伴う新しいプロダクトである．映画やアニメの世界の人とロボットの最適な関係性を，現実世界でどのようにして創造できるかが課題である．ロボットデザインという新たなプロダクトデザインが要望されている．

　プロダクトデザインは，道具や機械を安全で使いやすく美しい外観にデザインする行為である．結果，快適で豊かな生活を人々に提供する．現在では外観デザインだけでなく，ターゲットユーザの利便性や満足感を向上させるニーズ設定や条件に対して最適な技術を選択し構造設計するシーズ設定など，これら一連のコンセプト（設計概念）づくりまで領域が拡大している．

a．機能美

　「形態は機能に従う　Form follows function.」機能に従った形は，生産性も高く，誰にでも使いやすく理解しやすいプロダクトになる．

　構造をダイレクトに表現した図9.1.1の機能美あるプロダクト（HQ7340）はその目的と使い方が認識しやすく，人々に使いやすさを感じさせる．さらに美しい外観は第一印象で人々のポジティブな反応を誘引する．

図9.1.1　機能美あるプロダクト（提供：（株）フィリップスエレクトロニクス ジャパン）

b．性能と外観

　人にとっては，プロダクトの性能が第一．その上で外観デザインが良ければ，印象が良くなり愛着を感じる．性能を超えた過剰な外観デザインは，逆に人をイライラさせ人はプロダクトを非難しはじめる．

　ロボットにおいても，低性能のロボットに高性能イメージの外観デザインを与えると人はイライラし落胆する．外観は性能イメージを超えないことが重要である（図9.1.2）．

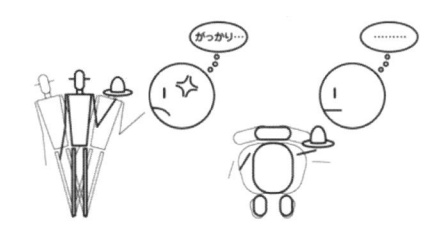

図9.1.2　外観デザインの影響

c．感性価値

　プロダクトの性能や機能が均質になると，その外観や使い勝手に"感情に

図 9.1.3　MINI Crossover
（提供：BMW 社）

図 9.1.4　Kettle-9093
（ALESSI 社）

図 9.1.5　PlayStation® 3
（提供：SCEJ　©2006 Sony Computer Entertainment Inc.）

図 9.1.6　ゴミ箱のアイコン

図 9.1.7　操作に対する反応

訴える"ものがないと人々は魅力を感じない．優れたプロダクトデザインは人の心を動かし情動させる[1]．

人は理性や知性とは別に，感覚的にプロダクトの好き嫌いを判断し，価値を見出し，内面的な充足感を得ようとする．良いプロダクトは，生活者の感性に働きかけ感動や共感を呼び起こす．図 9.1.3 の MINI Crossover は軽自動車と比較して費用対効果はよくないが，情動させる外観デザインは人々を魅了し世界的なヒット商品となっている．

例として，図 9.1.4 のケトルを紹介する．ケトルの機能を達成する基本構造を逸脱せず，火傷をしない把持部カバーや沸騰時を知らせる鳥のさえずり音など使用時の快適性を盛り込み，それらを外観に可視化させる（モノの現在の状態や得られる効果，操作方法などを理解させる工夫）ことで人々を魅了する道具へ昇華させている．

9・1・2　ロボットデザイン（Robot design）[2][3]

昨今のコンピュータが内蔵されている情報機器は，機能や操作手順が複雑化し，得られるサービスや効果が見えにくくなっている．これらブラックボックス化された機器のプロダクトデザインは，ユーザが理解しやすいように機器の様々な情報を可視化せねばならない．内部構造と外観の関係性は希薄だが，機器の機能や目的を表現する外観を与えることによって認知性を高めている（高い演算能力による高精緻画質ゲーム機を表現した従来のゲーム機や家電にはない光沢素材の外観デザイン（図 9.1.5））．

また，画面内の操作インタフェースにおいては，ゴミ箱の絵をアイコンに採用することで不要なデータを削除する操作を理解しやすくしている．このメンタルモデル（mental model）（人の記憶や経験内の様々なパターンを，製品操作にあてはめ使用性を向上させる）は，誰もが操作の心地よさや楽しさを優先して体感できるデザイン手法である（図 9.1.6）．

さらに，操作に何らかの結果と反応がないと人は不安になる．自分の意図を確認するため，プロダクトからのフィードバックが重要である（図 9.1.7）．

これら情報機器の延長線上にロボットが存在する．可視化，メンタルモデル，フィードバックは，人とロボットの最適な関係性を創造するデザイン手法である．

人間共存型ロボットは人とインタラクション（双方向にコミュニケーション）するため，従来のプロダクトデザインの開発プロセスに"動きのデザイン"プロセスの追加が必要である．

映画やアニメのキャラクターに人が感情移入するのは，それらが実世界以上に感情豊かな動きを表現するため人が情動させられるからである．

図 9.1.8 のように動きの誇張やタメの間を設けることで，動きに深みをもたせ魅力度を増している．やり過ぎは逆効果となるが，美しい動きを表現する（プログラムする）感性が必要である．

例として，図 9.1.9 の会話ロボット（conversational robot）を紹介する．耳を大きくした外観は，話を聞く機能を強調し会話ロボットを可視化している．

体形は乳幼児をモチーフとし，人が乳幼児に話しかける時に自然と顔を近づける動作をメンタルモデルとして，音声認識の補助機能とした．

フィードバックとして，ロボットに非言語コミュニケーションである瞬きやうなずき，身振り手振りなどの少し誇張した動作を盛り込んである．

結果，人はこのロボットとの会話に引き込まれ，ロボットと話すことに対する人側の恥ずかしさは解消できた．これは，人とロボットの最適な関係性が創造できた感性インタラクションデザインの事例である．

ロボットデザインについての概略の説明は以上である．以降は，異なった目的をもつロボット3機種のデザイン開発プロセスの事例を，具体的な考察や実験を通して紹介する．

図 9.1.8 動きの誇張やタメ

図 9.1.9 会話ロボット

9・2 食事支援ロボット（Meal assistance robot）

9・2・1 企画構想（Planning conception）

「全く新しい福祉機器を実用化する」という目標を掲げ，研究開発をスタートした．まず，障害者施設，老人ホーム，あるいは在宅の障害者，高齢者などにヒアリング調査を実施し，現在，利用している機器の問題や改善点などを広く調査した．ニーズは多岐にわたり，特に更衣やオムツ交換などのニーズは多かったが，技術的に極めて困難であることが予想された．ニーズと実現性のバランスを見極めることに苦労したが，生活の中で欠かせない営みであり人間の尊厳にもかかわる「食事の自立支援」の実現にターゲットを定めた．

9・2・2 本体デザインとユーザとの関係（Relationship between body design and user）

次に，本体デザイン（図 9.2.1）の背景や根拠をユーザとのかかわりの中で説明していく．

a．コンセプト

食事の支援というと，介護支援を連想しがちだが，あくまで自立支援を目標にした．実際，介助者は，単に食べ物を口の中へ運んでいるだけはなく，むせの有無など様々な配慮を行っている．また食事は，家族など人との交流の中で行われる営みでありロボットが人との接触を奪うものであってはならない．つまり，「食事支援ロボットはスプーンのような『食器』であり，介助者の代わりではない．食事の自立によって，家族とコミュニケーションをとりながら食事ができる」を基本コンセプトとした．

また，「料理がメイン．ロボットは脇役」も重要なコンセプトである．

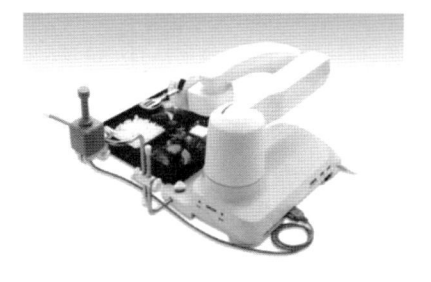

図 9.2.1 食事支援ロボット外観

b．機能概略

各々の機能について，以下に述べる．

対象食物は，固形物（例：煮物、ご飯、サラダ、豆腐など）に定めた．つまり，液体は扱わないこととした．理由は液体をこぼさずに搬送することは機構や制御系が複雑となり，コストアップとなるためである．なお，水分補

図 9.2.2 コップスタンド

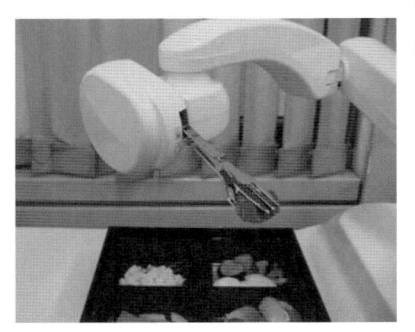

図 9.2.3　食物把持の様子

図 9.2.4　標準ジョイスティック

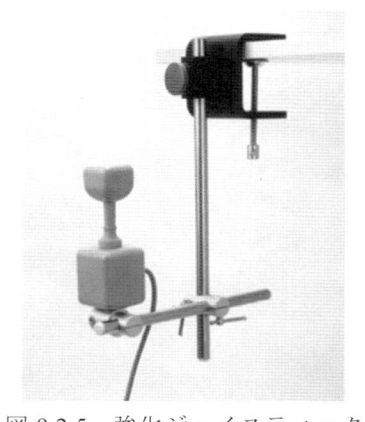

図 9.2.5　強化ジョイスティック

図 9.2.6　自動モード用ボタン

給として冷ましたお茶などを摂取できるようコップスタンド（図 9.2.2）を別途用意することにした．

食器は，専用の食事トレイとした．理由は，想定される対象者に，震えがある人もおり，震えなどで操作を誤った場合であっても，食器が転倒して，火傷することが無いように，ロボット本体にしっかり固定できるようにするためである．

搬送装置（アーム部）には，多関節型を採用した．多関節型が，機構学的に最も小型化できるためである．なおモータ負荷を低減するために平行リンクを，さらに重力補償機構としてバネを組み込んでいる．

把持装置（ハンド部）として，トング型（大きなピンセット）＋フォークスライド機構を考案した．把持装置には，「食物をつかむ」機能と「食べ易いように食物を差し出す」機能が求められる．トング型は簡単な制御で，確実に食物を把持し，搬送中も，こぼしにくい．しかし，そのままではフォークが邪魔をして食べにくいので，食べる時は，フォークがスライドして後退し，スプーンだけとなるよう，構造を工夫してある（図 9.2.3）．実は，この 2 つの機能「つかむ」「差し出す」は相反しており，2 機能をロボットで実現するにはこのような新たなアイデアが必要であった．

なお，フォークを退避させるタイミングの検出には，スプーンを検出子とした接触センサを用いている．原理は静電センサを利用したもので，多くの使用実績・信頼性などから選定した．

操作装置（ユーザインタフェース部）は，ジョイスティックを採用した．電動車いすなど障害者用のユーザインタフェースとして多くの使用実績があり，医療現場でも障害者への適用（フィッティング）が容易であり，コストも安いためである．また，症状にあわせて，主に顎（あご）で操作する標準ジョイスティック（図 9.2.4），足で操作する強化ジョイスティック（図 9.2.5），ジョイスティック操作が難しい人向けの自動モード用ボタン（図 9.2.6）を用意した．

研究開発の当初は，レーザポインタ方式を用いていた．利用者の頭部にレーザポインタを固定し（眼鏡などで），複数の受光センサを組み込んだ操作パネルにレーザを照射することで操作を行った．この方式は組み込んだ受光センサの数だけ多くの入力を与えることができた反面，レーザを受光センサに正確に照射しなくてはならず，操作負担が大きかった．そのため，ジョイスティック方式に変更した．その結果，障害当事者の立場から参画いただいた協力者から「これは良い．全く違った機械になった！」と評価を受けることができた．高度な技術や高い機能を組み込めば，商品価値が上がるとは限らないという反省となった．

c．構造設計

アクチュエータには，ステッピングモータ（パルスモータ）を採用した．その理由は，安全性のためが大きい．原理的にモータ端子に電圧が加わっただけでは回転しないため，暴走の危険性が低いこと，またトルクも制限し易いことなど，主に安全性を考慮したためである．また，コストが低く，耐久性が数万時間あることも選定理由の一つである．

減速機に関しては，樹脂製平歯車・多段減速方式を開発した．コンパクトで，エネルギー伝達効率が良く，減速比 1/20〜1/50 が得られ，かつ安価な減速機は市場には無いと思われる．精度はやや犠牲になるが，コストを重視し，バランスを見ての採用である．

9・2・3 安全性（Safeness）

安全性に関しては，機械的安全，電気的安全，化学的安全（食品衛生など）など広範な領域を検証しなくてはならない．福祉ロボットにおいて，特に衝突安全対策は、重要な項目である．次のような多重の安全対策を施した．
①スプーンは利用者の口の手前で止まる．口の中へ挿入しない．
②スプーンやフォークに丸みを持たせる．
③アーム動作中に、スプーンの接触センサに触れると緊急停止する．
④アームモータのトルクを必要最低限に制限する（電流制限）
まだ福祉ロボットのような人間と共存するサービスロボットの安全基準が定まっていないため，基準作りから，実験を重ねて行った．

なお「福祉機器は薬と同じ．処方を誤れば毒になる」と言われる．ご利用いただける方の条件として禁忌事項（例：飲み込みに障害のある人は使えない等）を把握し，パンフレットや取扱説明書に明記した．

9・2・4 感性価値（Emotional value）

冒頭でも述べたが「食事支援ロボットは『食器』であり、介助者の代わりではない．」というコンセプトに従い，デザインイメージは『スプーン』とした．スプーンなので食物を入れた食事トレイの脇（右脇）に配置されている．また，擬人化されないよう音声ガイダンスは無い．

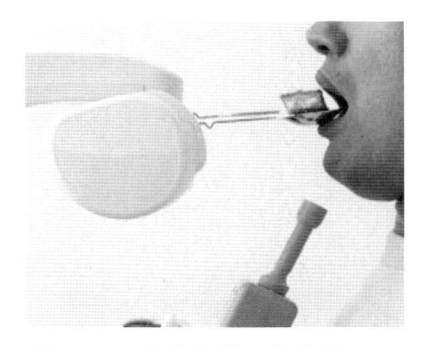

図 9.2.7　食物を差し出す様子

アーム関節形状は，回転動作が目立たないように円形を基本としている．色彩（カラー）は，白を基本としている．食卓で，圧迫感が無く，軽い感じを与え，かつメインの料理が中心となって，ロボットが「脇役」として目立たないようにするためである．なお，ベース部は薄い緑だが，色をつけて安定感を出すようにした．緑としたのは，中性的な色で男女から受け入れ易くするためである．

食べ易いスプーンを目指し，形状にも工夫を凝らした．食物を取り易くするにはスプーンを深く，食べ易くするためにはスプーンを薄くする必要があるが，この条件は相反する．そこで，スプーンの最も深い部分を先端部近くにし，かつ縁を少し削った．これにより食物が多く取れるようスプーンを深くしつつ，食べ易い形状とすることが可能となった．

なお，へらではなく，フォークとしたのは，大きな食物や麺類を先に引っ掛けて，つかめるようするためである．またスプーンとフォークは食器として馴染みがあるため受け入れも容易と判断した．

9・2・5 インタラクション（Interaction）

ユーザが，本ロボットを「道具」として感じ，一体感を持てることを目指し，操作系を考案した．具体的には，一つの操作に対し，ロボットが一つの

動作をするように設計した．（例：ジョイスティックのレバーを「前」→ロボットハンドが「前」へ移動する）

つまり，操作手順は，単純なコマンドの組み合わせで成立しているので，ユーザの習熟度が進むと，コマンドを組み合わせることで高度な作業（例：残った食物をかき集める．薄いハムをつかむ等）も可能となる．

9・2・6 ユーザの評価（User evaluation）

2002年4月から販売を行っているが，お客様から次のようなコメントを寄せていただいている．
・自分のペースで，気兼ねなく食べられることがうれしい．
・介護を受けているときは，自分が食べている間，母は食べられなかった．しかし今は，一緒に食事しながら話しもできる．

「食事支援ロボットはスプーンのような『食器』である．」をコンセプトとし，それに基づき，機構設計，操作手順の考案，外形・色彩デザインを行った．重要なことは，ユーザとの緊密なコミュニケーションに基づきコンセプトを構築し，それを研究開発スタッフと共有することであろう．

9・3 エンタテインメントロボット・AIBO（Entertainment robot AIBO）

9・3・1 企画構想の概要（Outline of planning conception）

AIBOの構想を始めた1990年初頭，コンピュータ技術の進歩はムーアの法則に代表されるように指数関数的に進化しており，民生用の機器に使われるマイクロプロセッサでも画像認識や音声認識が可能になることが予想されていた．ロボットに関しては，高度な制御技術を用いて危険作業ロボットに代表される役に立つロボットの研究が進められていた．しかし，役に立つロボットが一般の家庭に入るにはまだ技術が成熟しておらず，商品化には時間がかかると予想されていた．

一般の人々はこのような最前線の技術を用いた，便利で役に立つものを求める一方で，心や感情というものを重要視する，という傾向も出始めていた．そこで我々は，役には立たないが，人々のパートナーとなり，心や感情を満たしてくれるペット型ロボットを想定し，技術的な妥当性，民生用製品としてのコストの妥当性などを検証し，家庭用の自律4足型ロボットをパソコンと同等の価格で商品化することをターゲットにした．

9・3・2 本体デザイン（Body design）

a．デザインコンセプト

（1）外形に関するデザインコンセプト

4足のペット型ロボットとして，まず外見としてどのようなものにするべきであろうか？本当の犬のような外見にするべきか？我々は，1970年に提案された"不気味の谷"と呼ばれる概念に注目をしていた．それは，外見が本物に似ている類似度と感情的な反応である親密度は，基本的には比例の関係にあるが，

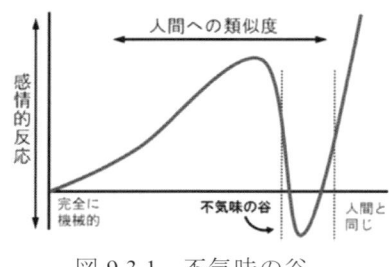

図 9.3.1　不気味の谷

図 9.3.2　AIBO ERS11

*AIBO はソニー（株）の商標または登録商標です．

あまり似すぎていると，不気味さが増し，親密度が谷のように落ちるカーブとなる，というものである（図9.3.1）．コンピュータグラフィックスで，顔の写真をテクスチャとしてワイアフレームにマッピングし，口などを動かすと極めて不気味なものになる．それと同じである．そうした観点から，我々はペット型ロボットの外見を，メカニカルで一目みてロボットとわかるものとし，しかし，その滑らかな動きの意外性やインタラクションにより愛着がわく，というものを狙うこととした．最終的な外見のデザインはプロのイラストレータによりなされ，メタリックで冷たい印象の外見であるが，耳や尻尾などで動きにアクセントをつけ，多彩な愛らしい動作とのギャップに見ている人が驚く，というものにした（図9.3.2）．

（2）行動に関するデザインコンセプト

ペット型ロボットとして，どのような行動をするべきだろうか？もちろん本物の犬のような行動が可能であれば良いが，非常に多くの課題が存在した．しかし，最も重要な課題は，ロボットがあたかも"生きている"という感覚をユーザに持ってもらうことである．そのために，4つの工夫をした．

- ロボットとして，機構系は移動などの機能として必要な自由度ではなく，生物と感じられる十分な自由度を持つこと．結果として，AIBO ERS-110は，口を含めて18の自由度をもたせた（図9.3.3）．
- 生物的と感じさせるために，様々な自発的な行動をすること．自発的な行動をするためには，行動動機を多数持つことが必要となるが，AIBOには，仮想的な食欲のような本能モデルに加えて，喜怒哀楽という感情モデルが存在する．この本能と感情のモデルを内部状態として持つことで，外部からの刺激がなくても自発的な行動が出る仕組みをつくった．
- 繰り返し同じ行動が出ないこと．同じ行動が出現しないように，上記の内部状態や行動履歴を用いて，同じ外部刺激でも異なる行動が選択される構成をとった．
- 成長すること．AIBOはユーザとインタラクションをするうちに次第に高度な行動をとるように変化し，また，ユーザからの教示により行動がカスタマイズされる仕組みを取り入れた．

上記のような工夫をすることで，多様な行動やインタラクションを作り出すことに成功した．後述の自律行動生成で詳しく説明する．

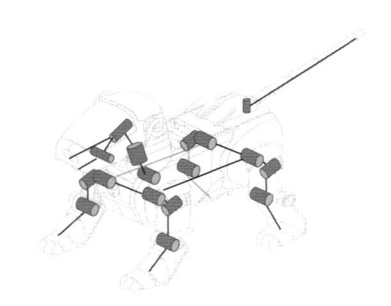

図9.3.3　AIBO ERS110の自由度構成図

b．安全性

自律的に動作する民生機器というのは前例がなく，安全性に関しては様々な状況を想定し，十分な対策を打たなければならない．大きく分けると，人間の身体との物理的接触に対する安全性と自律的行動によって生じる家庭内の物体との物理的接触による安全性の課題がある．人間との物理的接触に対しては，

(1) 指を切ったりしないように外装のシャープエッジをなくし，極力丸みがかった形状とする．

(2) 指足などの可動部に指などが挟まれないような構造にする．あるいは万が一はさまれた場合でもモータの脱力制御を行う．

(3) 持ち上げた時に，不意の動作により落下させ，足などを怪我させないた

めに，抱き上げ時には物理的な動作をさせない．
一方，家庭内の物体との物理的接触に対しては，
(4) 画像認識，近接センサなどによる衝突回避を行う．
(5) ろうそくなどに近づかないために，火の色に対しては逃避行動をとる．

ただし，上記の対策をすることによって，ユーザとのインタラクションを阻害する方向に働く要因も存在する．たとえば，(3)などはその典型的な例である．しかし，こうした考慮は十分に行わないと，今後広がるであろう自律型ロボットの一般家庭への普及に対するネガティブな意識の要因となり注意を要する．

9・3・3　4足歩行（4-legged walking）

AIBO は商品を購入した最初は歩行をしない状態から始まる．歩行をせずに，手足をばたばた動かしたり，首を振ってきょろきょろしたり，という動作である．インタラクションを続けていくうちに，簡単な歩行から段々と速い歩行に成長する．ただし，これらは，シナリオにより制御されたものである．成長初期は，ゆっくりと歩くため，静歩行になる．遊脚の順序にはいくつか考えられるが，対角線上の足を上げる歩容を選択した．歩容のパラメータであるデューティ比（β）は，最初は 3/4 以上，すなわち必ず 3 脚以上が接地している状態をとり，安定にゆっくりした歩行であるが，成長に伴い β を 3/4 以下にし，接地脚が 2 足しかない動歩行の領域に入る．また周期も短くすることで速い歩行を実現する．

AIBO のこれらの歩容のパラメータを決めるために，遺伝的アルゴリズムを用いて，評価関数を転倒しづらさと移動速度として，歩容を探索する実験をした．興味深いことにそれは匍匐前進のように肘をついて前かがみで歩く歩容であった（図 9.3.4）．

一方，商品化されてはいないが，実験的に AIBO にギャロップのような一つの脚も接地していない瞬間の存在する歩容を実験的に実現した．ただし，ハードウェアは脚にスプリングをつけるなどの変更が必要であった．

9・3・4　外界センサ（External sensor）

AIBO には，さまざまなセンサが装備されている（図 9.3.5）．主たるセンサは，イメージセンサであり，頭部の鼻のあたりに小型の CMOS センサが付いている．このカラーイメージは直後の LSI により色検出が行われる．色検出は，3 次元の YUV 空間において 3 次元領域を設定することにより行われる．複数の色をフレームレートで検出し，人の肌色やボールなどの AIBO が重要とする物体を色とその領域の幾何学的な情報から識別する．

音も AIBO にとって重要な情報である．頭部の両側に 2 つのマイクロフォンを用いて，音源の方向，音声認識を含むさまざまな音響信号解析がなされ，適切な反応をするようにデザインされている．もうひとつ，人との接触を感知するために，タッチセンサが体のさまざまな部位につけられている．AIBO は犬に似た形状であることから，人が犬に対して触る可能性が高い部位にそれらを配置してある．たとえば，頭部，背中などである．その他にも姿勢推

図 9.3.4　遺伝的アルゴリズムにより得られた歩容

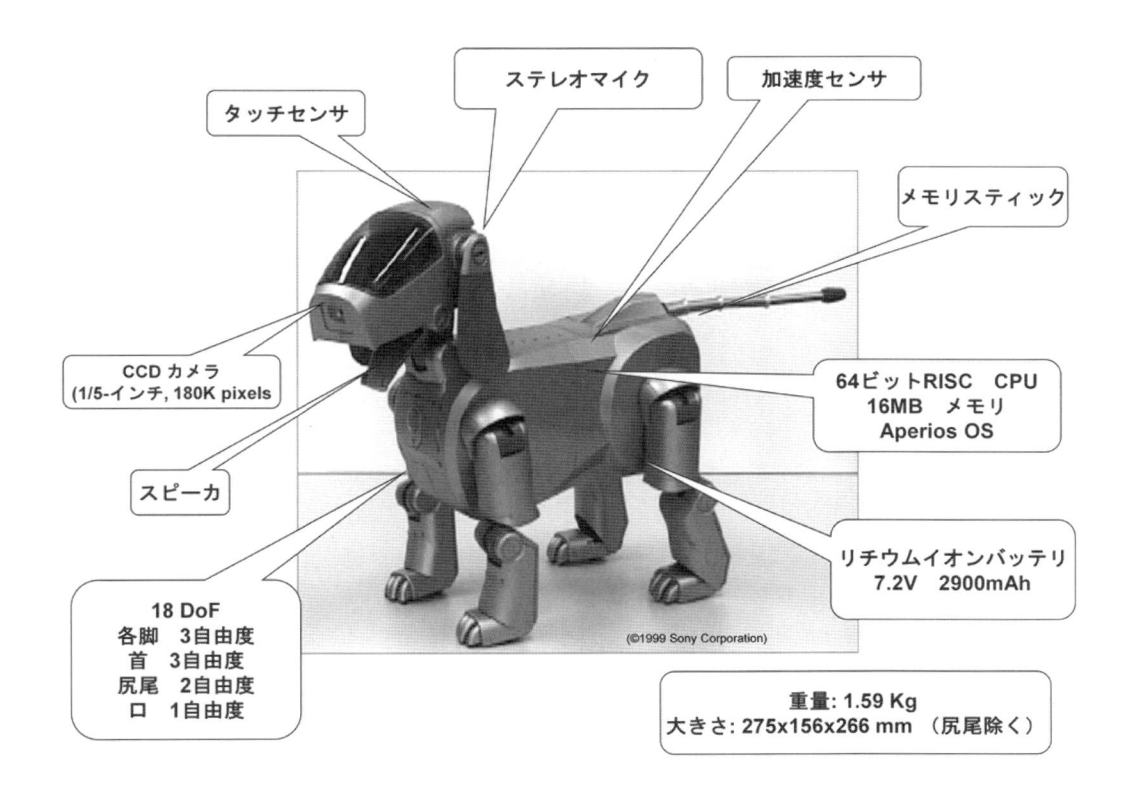

9・3 エンタテインメントロボット・AIBO

図 9.3.5 ERS-110 の外部センサ

（図中ラベル）
- タッチセンサ
- ステレオマイク
- 加速度センサ
- メモリスティック
- CCD カメラ (1/5-インチ, 180K pixels)
- 64ビットRISC　CPU / 16MB　メモリ / Aperios OS
- スピーカ
- リチウムイオンバッテリ 7.2V　2900mAh
- 18 DoF / 各脚　3自由度 / 首　3自由度 / 尻尾　2自由度 / 口　1自由度
- 重量: 1.59 Kg / 大きさ: 275x156x266 mm （尻尾除く）

(©1999 Sony Corporation)

定や抱き上げ検出を行うための加速度センサなどが装備されている．

一方，ロボットが自らの情動や意図を示すための効果器が必要である．声を出すためのスピーカ，目などの表情をだすための LED などがあるが，アクチュエータを用いた尻尾や口も情動などを示す非常に有効な効果器である．また図 9.3.6 に示すように，手，足などすべての関節は，情動，意図を示すために使うことができる．従来の移動のため，把持のため，といった考え方とは異なる考え方が必要となる．

9・3・5　駆動方法（Actuation method）

AIBO（ERS-110）には 18 個の DC サーボモータが使われている．DC サーボモータの構成要素であるギアの種類，ギア比などは以下のように考慮するべき課題は多い．

まずコストの面からは平歯車，伝達効率の低さから考えると遊星ギアやハーモニックギアなどが考えられる．また，発生トルクの面からは高いギア比が好ましい．しかし，人とインタラクションすることを考慮すると，ある程度のバックドライバビリティを確保したく，低いギア比が望ましい．それらを考慮し，それぞれの部位に適切なアクチエータの構成をする必要がある．さらに，量産設計を考えると，なるべく同じアクチエータモジュールを用いて部品点数を少なくしておきたい．それらをすべて考慮して，関節のアクチエータの構成が決定される．

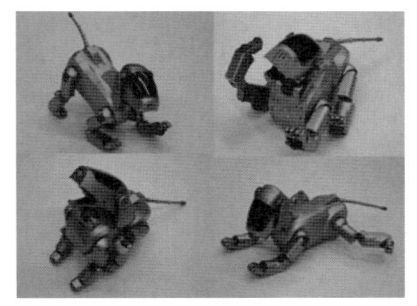

図 9.3.6　AIBO ERS-110 のアクチュエータを用いた情動表現

(©1999 Sony Corporation)

9・3・6 自律動作生成 (Generation of autonomous behavior)

図 9.3.7 に AIBO の行動制御アーキテクチャを示す．このアーキテクチャで生物のように多様な行動を状況に合わせて生成する，という機能を実現している．

基本は，行動規範型アーキテクチャであり，状況に応じて適切な行動がでるようなモジュールを基本構成要素とし，それらの行動モジュールが非常に多数設計されている．それぞれの行動モジュールは，後述する活性度というものを計算する．行動選択においては，その活性度が高いものが選択される．活性度は，外部入力，本能モデルと感情モデルの内部状態，などによって，現状においてその行動モジュールが実行する行動をするのに適切な状況か，という判断をして値がきまる．例えば，本能モデルの内部状態がインタラクション欲求の高い状態にあるとする．この場合，周りに人がいなければ人間を探す，という行動モジュールの活性度が高く評価され，人間を発見すれば，近づく，といった行動モジュールの活性度が高くなる．

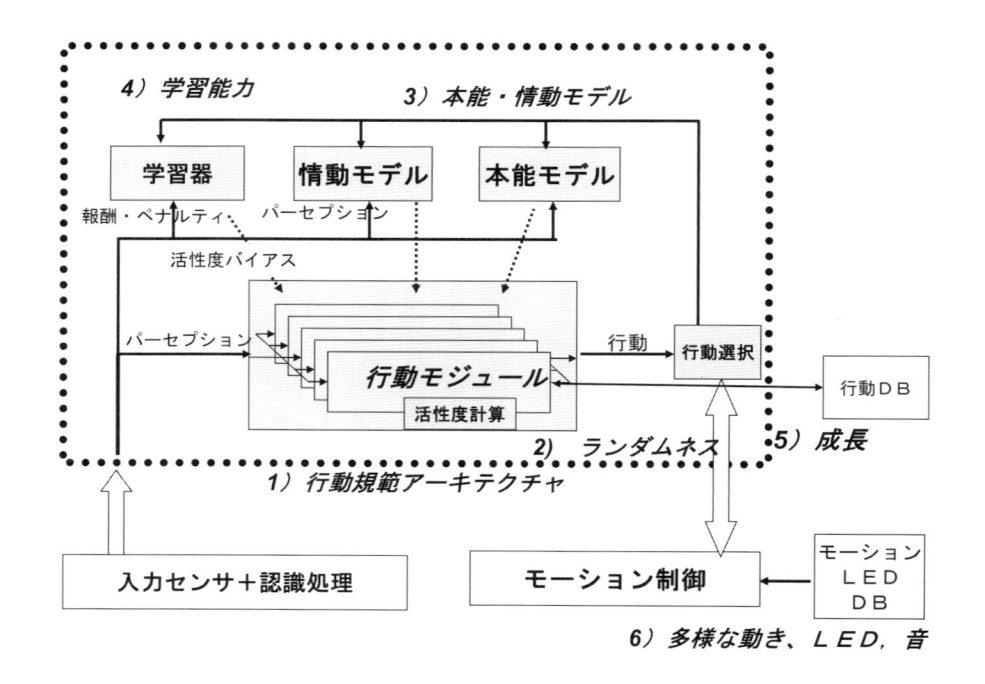

図 9.3.7 AIBO の行動制御アーキテクチャ

基本的に，活性度にはランダムネスが加えられ，同じ状況でも同じ行動ばかりが出ないようにしている．また，本能・感情モデルの内部状態によって，同じ外部状態と認識されても，異なる内部状態では，異なる行動が出力される工夫がなされている．例えば，お手をするような外部状態だとしても，もし，感情モデルが怒りであれば，お手を拒否する，という工夫である．

さらに，ある行動を出した後で報酬（頭をなでられるなど）が与えられると，同じ状況でその入力があった時に，活性度が上がるように学習をすることで，ユーザがカスタマイズした行動表出が可能になる．これは，行動モジ

ュール内に，確率的なステートマシンにより，行動系列が保持されており，その確率的なステートマシンの遷移確率を学習で変化させることで実現している．

　もうひとつ，成長という戦略をとっている．これは，行動モジュールや動きデータを AIBO とユーザのインタラクションの長さや質によって，入れ替えることで実現している．例えば，商品出荷時には AIBO は歩行をさせないように行動モジュールが作られている．インタラクションをある質と量以上することで，次のステージに移り，よちよちした歩行，さらにしっかりした歩行へとデータを変えていく．これらは，行動のデータベースおよび動きなどのデータベースを多様に設計し，それを適切に入れ替えることで実現している．

　このように図 9.3.7 に示す自律行動制御アーキテクチャによって，生物のように感じる AIBO の行動を作りだしている．

9・3・7　インタラクション（Interaction）

　インタラクションは，ペット型ロボットの大きな機能であり，AIBO においては開発当初からさまざまな工夫がなされた．AIBO の主たるセンサはカメラとマイクロフォン，および体の各所に配置した接触センサであり，効果器は，手足などの体と，スピーカである．AIBO は犬のような形状をしているため，ユーザのアクションは犬に対するそれと似てくる．一般的なアフォーダンスがそこに存在する．例えば，座っている姿勢では多くのユーザは，お手，という発話とともに，手を AIBO の顔の前に提示する．AIBO 内では，座っている姿勢では，目の前に肌色があり，距離が近ければ，お手，という動作を行動として選択する．手を認識するわけではなく，お手，という音声を認識する必要もなく，かなりの精度でユーザが期待する行動を発現させることができる．

　音声によるインタラクションに関しては，最初の商品（ERS-110）においては使わないポリシーを貫いた．その理由は，音声認識技術が家庭環境で十分な性能がでないこと，特に発話者とマイク距離が数メートルに及ぶ状況においてその性能が不十分なことである．ユーザが商品に対して抱く，いわゆる"期待のマネジメント"の観点から，期待が大きくなりすぎ，実際の性能に失望する，ということを防ぎたかったためである．その代わりに，音楽によるインタラクションを導入した．すなわち，口笛などによるインタラクションである．AIBO に口笛で"ドミソ"と語りかけると，AIBO は，別の音階を発生しながら，例えば，"おすわり"などの動作をする．エンタテインメント性を高めると同時に，先ほどの音声認識の課題である，家庭環境，マイクとの距離の問題を克服できる．

　一方，ユーザはこの状況においても音声で語りかけるケースが多い．名前をつけ，"こっちにおいで"，などと語りかけ，実際に近づいてくると言葉が理解できていると考え，異なる行動をすると，機嫌が悪い，と解釈してくれる傾向がある．2 世代目以降は音声認識を導入し，名前やいくつかの動作が理解できるように設定した．実際に，100%の認識率でなくても問題がないことを理解した上での実装である．

9・3・8 感性価値（Emotional value）

AIBOは，通常の家電製品と全く異なる商品である．ユーザのAIBOへの愛着に関しては，ユーザからのフィードバックの統計的なデータがある．

・70%〜80%のユーザは，AIBOに強い愛着がある，と答えている．
・さらに，26%〜40%のユーザは，もしAIBOが壊れた場合，強い喪失感を抱くであろう，と主張している．

実際，AIBOの足などの部品が故障したときに，新しいAIBOに変えることを拒否するユーザもいる．彼らは，自分のAIBOについた傷なども大事にする傾向がある．

一般のユーザではなく，AIBOをいわゆるAnimal Assisted Activities / Therapies (AAA/T)と呼ぶ，犬などの動物を用いて行う精神的な患者の治療に使う試みが複数で検討された．それらをRobot Assisted Activities / Therapies (RAA/T)と呼ぶ．それらの結果をまとめると，

- 生理的な効果（血圧の改善など）
- 心理的な効果（うつ傾向の改善など）
- 社会的接触の効果（他人とのコミュニケーションの活性化）

などがあげられる．これらは，定量的に感性価値を計測したものといえる．ストレスなどは，唾液中のs-IgAと呼ばれるホルモンの密度を計測することで定量化される．また，認知症傾向は，同じく唾液中のHomovanillic acid (HVA)の密度を測ることで定量的な改善を観測した．

これらの改善が，AIBOの何に関するものかの特定はなされていない．しかし，RAA/Tは本物の動物と異なり，餌や糞の衛生上の問題がなく，またプログラミングなどで個別な対応が可能なため，将来期待できる分野といえる．

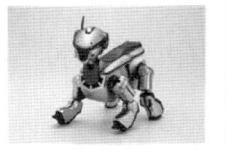

図9.3.8　AIBOシリーズ：左上 ERS-111, 右上 ERS-210, 左下 ERS-211, 右下 ERS-31X

(©1999-2001 Sony Corporation)

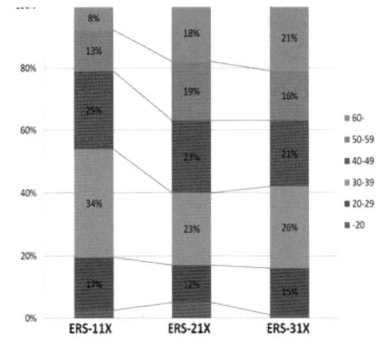

図9.3.9　AIBOシリーズ購入の年齢別割合

9・3・9 ユーザ評価（User evaluation）

AIBOは，図9.3.2に示したERS-110に続いて，図9.3.8に示す様にERS-111, ERS-210, 211, ERS-310, 311およびERS-7という商品を市場に出していった．これらを購入したユーザの年齢構成を図9.3.9に示す．当初，いわゆる先端的な技術に興味を持つ顧客層を想定していたが，実際には60歳以上の高齢者層を含み，非常に幅広い年齢に一様に受け入れられていることが分かる．彼らの購入の動機の上位3位は，1) ペットとして，2) 先端的な技術に触れたいから，3) 遊ぶため，というものであった．

では，ユーザは実際にどの程度AIBOと遊び続けてくれたのだろうか？ユーザからのアンケートの統計によると，約80%のユーザは購入直後には毎日遊ぶようである．時間が経過するとその割合は減少するが，10ヶ月後でも約35%のユーザは毎日遊ぶ，という結果がでている．彼らは遊ぶときには1時間ほど遊んでいる，と答えている．

前述の価値評価でも述べたが，AIBOは普通の家電とは全く異なる商品である．ユーザはAIBOが壊れたり，なくなったりすると強い喪失感を抱く，という．その意味で，当初我々がエンタテインメントロボットとして，想定していた，"心や感情を大事にする時代"のロボット，というものといえる．

9・4 ヒューマノイドロボット・VisiON-4G（Humanoid robot VisiON-4G）

9・4・1 ロボカップ（RoboCup）

「VisiON-4G」（図 9.4.1）は「ロボカップ」への参加を目的として開発されたヒューマノイドロボットである．ロボカップとは，幅広い分野の技術の開発と統合を必要とするような標準問題（※1）を設定することにより，人工知能やロボティクスに関する研究および教育を促進させることを目的とした，国際的な活動である[4]．このロボカップで最初に標準問題として取り上げられたのが「サッカー」である．図 9.4.2 にロボカップの様子を示す．

図 9.4.1 ヒューマノイドロボット「VisiON-4G」

9・4・2 サッカーを行うロボットの開発（Development of soccer robot）

我々はサッカーをルールさえ理解すれば「それなりに」競技することができる．一見，簡単そうに見える競技であるが，改めて考えるときわめて難解な問題を含んでいることに気付く．サッカーのフィールドの広さ，ゴールやボール，そして敵味方の位置はどうすれば理解できるであろうか？またそれらを理解できたとして，どういうヒューマノイドロボットを作ればよいのだろうか？そしてどう制御すればサッカー選手のように動くことができるのであろうか？

この問題を整理すると，サッカーを行うロボットの開発にはおおまかにわけて「環境の認識」「行動の計画」「身体の設計」「身体の制御」という4つの要件があるように思える．では VisiON-4G ではこれらにどう取り組んだのであろうか？次節以降にその実例を説明していこう．

図 9.4.2 ロボカップの様子

9・4・3 VisiON-4G の環境認識と行動計画（Recognition of environment, and motion planning of VisiON-4G）

a．環境を視る（視覚）

人間は様々な感覚を利用して環境を認識するが，その際に利用される感覚の大半が視覚である，とされている．これはロボットにおいても同様である．ロボットにおける視覚とは，一般的にはカメラから得られた画像情報のことを指し，その画像から特徴を抽出し，その特徴から特定の対象（オブジェクト）をモデル化することによって環境を認識する．

VisiON-4G では，一般的なカメラと共に「全方位カメラ」という設置した周囲の状況を一度に取得することができる特殊なカメラも利用している．このカメラを使えば，たとえ自分の後方にあるボールであっても見つけることが可能となる．全方位カメラでの取得画像を図 9.4.3 に示す．

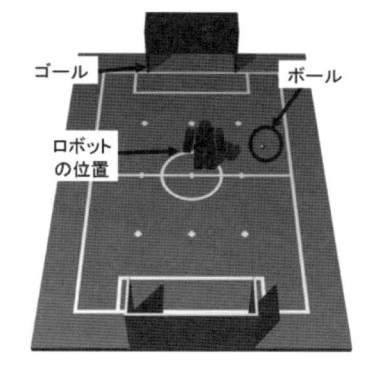

(a)実際の周囲の状況

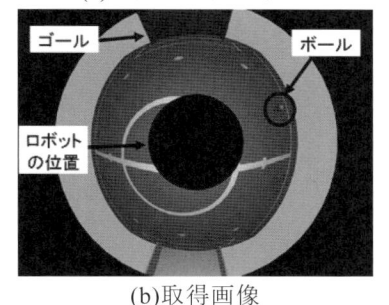

(b)取得画像

図 9.4.3 全方位カメラ画像

b．特徴抽出

カメラで得た画像を解析し，オブジェクト単位に「特徴」を得る作業を「特徴抽出」と呼ぶ．画像情報における「特徴」にはエッジ抽出で得る「エッジ」や，背景差分処理で得る「差分領域」，色抽出で得る「色領域」などがあるが，

(※1) ここでの標準問題とは「実環境で知的に活動するロボットを実現するため

ロボカップではあらかじめオブジェクトごとに色が規定されていることから，VisiON-4Gでは主に「色」を利用して特徴抽出を行っている（ボールは橙色，ゴールは黄色もしくは青，フィールドは緑と規定されている）．図 9.4.4 にVisiON-4Gでの特徴抽出の流れを示す．

まず，取得した画像上（図 9.4.3）のすべての画素に対し色の識別を行い，画素毎に色に対応したオブジェクトの情報を割り当てる（図 9.4.5）．この段階で，おおまかに地面や背景と物体が画素のレベルで分離する．

ところで，図 9.4.5 においてボール（中央付近の円がそれである）周辺に，部分的に，ボールと同色の画素が見受けられる．これがノイズであり，後の抽出処理での処理速度の低下や，オブジェクトの認識を誤る原因となる．そのため特徴抽出においても早い段階で除去することが望ましい．連結していない単一の画素成分はノイズである可能性が高い．このような画素は背景と同色として処理し，除去しておく．ノイズ除去を行った画像を図 9.4.6 に示す．ここまでの処理で画素ごとの色領域が抽出された（オブジェクト単位で抽出できたわけではないことに注意されたい）．

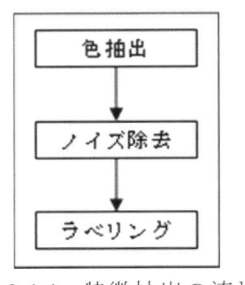

図 9.4.4　特徴抽出の流れ

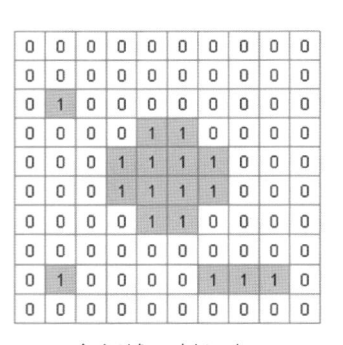

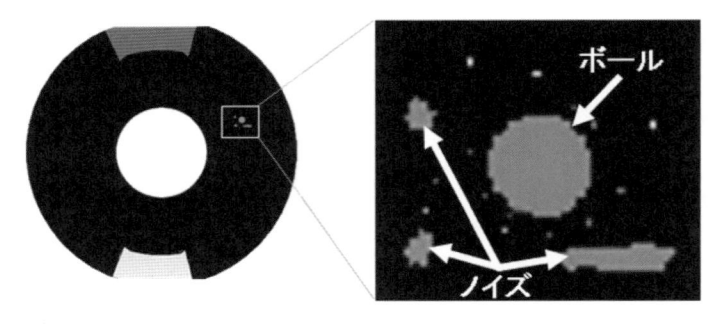

(a)画素単位の色抽出　　(b)色領域の割り当て

図 9.4.5　画素単位の背景と物体の分離

次に，これらを連結しオブジェクト単位の色領域を求める「ラベリング処理（図 9.4.7）」を行う．実際の VisiON-4G では，さらに複雑なアルゴリズムを用いているが，ここでは最も基本となる考え方のみ紹介する．

まず，得られた画像に対して，左上から順に走査（画素を検索すること）し，ラベルを付加されていない画素を見つける．そして，色領域のある画素にラベルを付加していく．もし，その画素を中心に上下左右4方向に画素が連結されている場合は，同じラベルを割り振る．連結されていない画素には別のラベルを付加する．この操作を繰り返すことで，すべての画素にラベル

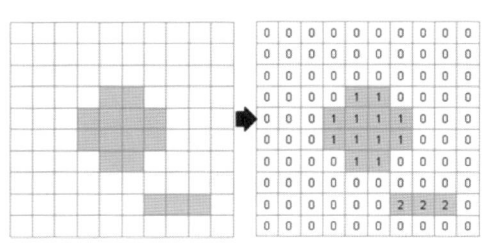

図 9.4.6　ノイズ除去後

ラベルが付加されていない画素の走査　新しいラベルの付加　連結する画素に同じラベルを付加　連結しない画素は新しいラベルを付加　すべての画素にラベルを付加するまで繰り返し

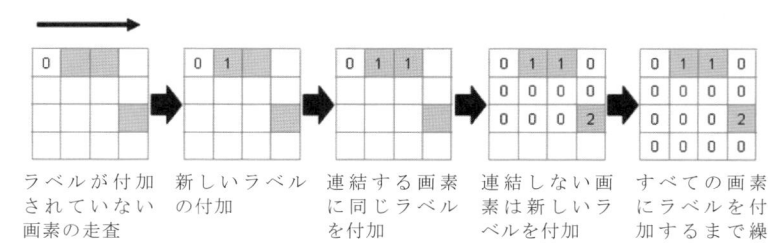

(a) ラベリング処理のイメージ　　(b) ラベリング処理の流れ

図 9.4.7　ラベリング処理

を付加し，複数の領域をグループとして分類することをラベリング処理（labeling process）という．ラベリング処理に関して，さらに詳細な知識が必要であれば文献[5][6]を参照されたい．

c．オブジェクトのパラメータ計算・判別

ラベリング処理から，オブジェクト単位での色領域を抽出する．次に，その色領域からオブジェクトの「パラメータ」を計算する．このパラメータは様々定義されているが，VisiON-4Gではオブジェクトの「面積」「重心」をパラメータとして定義し，利用している．オブジェクトの面積は「対応する色領域中の画素の総数」，重心は「色領域中の画素の位置座標の相加平均」となる．各画素の座標を (x_i, y_i) オブジェクト i が対応する色領域中の画素の総数を s_i，オブジェクト i ($i:1, 2, 3, ..., n$) の重心の位置座標を (X_i, Y_i)，とすると，式は以下のようになる．

$$X_i = \frac{\sum x_i}{s_i} \qquad Y_i = \frac{\sum y_i}{s_i} \qquad (9.4.1)$$

計算したパラメータをもとに，オブジェクトごとに「ボール」「ゴール」「相手ロボット」というように判別する．この段階で，色抽出の際に除去し切れなかったノイズも除去する．例えばボールと同系色のオブジェクトが複数，存在する場合，面積が最も大きいものがボールとし，極端に面積の小さいものは除外する（図9.4.8）．

d．環境認識

判別したオブジェクトのパラメータから，環境をモデル化し，フィールドにおけるボールの位置，自分自身の位置，そして相手ロボットの位置などを計算する．例えば，ボールの位置座標はゴールの幅や大きさ，フィールド上における位置から計算することができる．

e．行動計画

ゴールキーパを例に行動計画の一例を述べる．VisiON-4Gが「ボールがゴールに接近している」という状況に陥ったとする．この時の行動計画は「ボールの接近する方向」をもとに，「セービング動作の方向」を計画している．また，「ボールがゴールに接近している」という状況から次の行動へ移行する場合の遷移ルールは「ボールの位置」をもとに，ボールが近くに存在すれば「ボールをクリアする状態」へ，存在しなければ「ゴール中央の位置へ復帰する状態」へそれぞれ遷移するように計画している．

9・4・4　VisiON-4Gのハードウェアの設計と制御（Hardware design and its control of VisiON-4G）

本節ではVisiON-4Gのハードウェア設計と制御についてみていこう．最初にハードウェアの設計について示す．ハードウェアは「アクチュエータ」「コントローラ」そして「ボディ」の組合せである．これらにどのようなものを選び，どのように組み合わせるかがハードウェアの設計のポイントである．VisiON-4Gはおおまかには表9.4.1のように設計されている．以下で，個々にその詳細を追ってみよう．

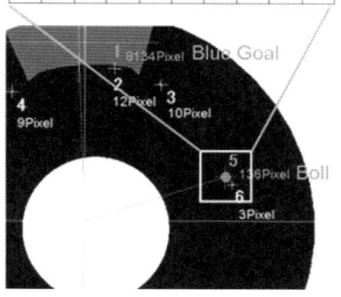

図9.4.8　オブジェクト判別

表9.4.1　ハードウェア構成

高さ	445mm
重量	3.2kgf
自由度	20 自由度
	足：7自由度×2
	腕：3自由度×2
アクチュエータ	VS-SV410
センサ	加速度センサ×3
	ジャイロセンサ×2
	角度センサ　×20
カメラ	全方位　×1
	単眼　×1
CPU	Geode-LX800　×1
	LPC2148　×1
OS	Windows XP
材質	ABS
	アルミニウム(A5052)

a．アクチュエータ

VisiON-4Gの関節のアクチュエータは，全て独自開発した「DCサーボモータモジュール」（図9.4.9）で構成されている．その数は，片足に7個，片腕に3個で合計20個におよぶ．

DCサーボモータモジュールは「ギヤボックス」「DCモータ」「モータ制御回路」「角度センサ」で構成される．このうちDCモータは，その出力が関節の駆動性能に直結するため，可能な限り出力が高いものを選定しなければならない．VisiON-4Gではコアレスモータを採用し，高い出力とスピードを維持するため，一般的なサーボモータよりも高い電圧（14〜16V）で駆動されている．同出力の場合，高電圧であれば電流値を下げることができるからである．

図9.4.9　アクチュエータ

b．コントローラ

ロボットにおいて，コントローラの役割は，センサから得られた情報を処理し，アクチュエータに伝えることである．VisiON-4Gにおける，センサとその情報処理については9・3節にて，その詳細を述べたので，ここではコントローラの構成について解説する．

コントローラの処理は，おおまかに「複雑な内容で処理に時間を要するもの」と「簡単な内容だが処理に実時間性が要求されるもの」の2種類に分類することができる．VisiON-4Gは2つのCPUによってコントローラを構成することで，それぞれを分散して処理している（図9.4.10）．前者には，処理能力の高いAMD社のGeode-LX800・クロック500MHzを用い，9・4・3項で述べた特徴抽出，環境認識，行動選択などの処理を行っている（図中のMainCPUに相当する）．一方，後者には，実時間性に優れたARM7コアのLPC2148・クロック40MHzを用い，関節などの運動制御を行っている（図中のSub CPUに相当する）．

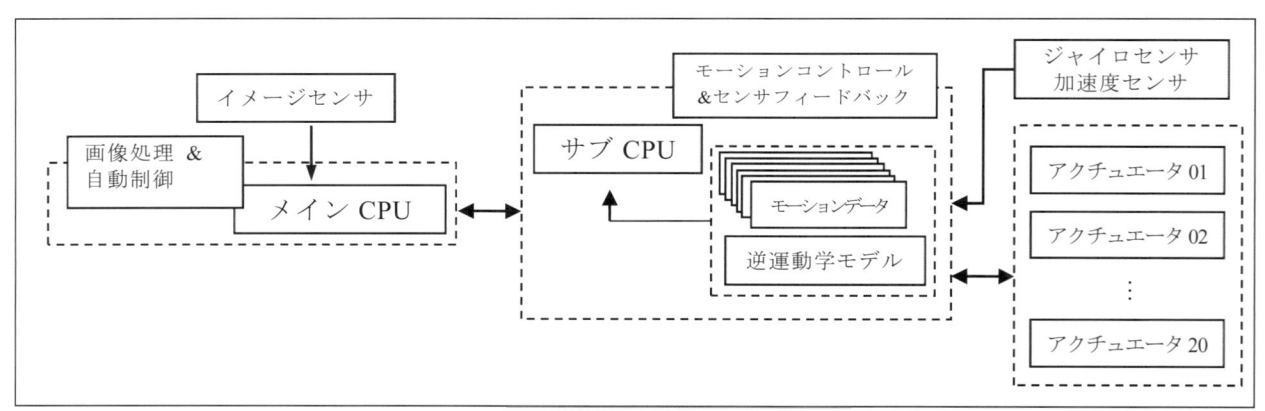

図9.4.10　コントローラ

c．ボディ

ヒューマノイドロボットにおいて，常に負荷がかかる部位は「ひざ」である．これは構造上，ある意味仕方がない．しかしながら，「ひざ」への過度の負荷は上体の姿勢の悪化につながるため無視することはできない．（図9.4.11(a)）

VisiON-4Gではひざへの過度の負荷を解消するため平行リンク構造を採用

9・4 ヒューマノイドロボット・VisiON-4G

している（図9.4.12）．平行リンク構造は「股間」と「ひざ」を繋ぐリンク間の平行を常に維持し，回転運動を並進運動へと変換する．そのため，足裏と上体は常に平行が保たれ，過度の負荷にさらされたとしても，頑健に動作する（図9.4.11(b)）．

ところで，サッカーではプレイヤ同士の接触が頻繁に発生する競技であり，プレイヤが転倒することも珍しくない．したがって，ロボットのボディも転倒対策が施されていることが望ましい．VisiON-4Gでは，転倒時の衝撃回避の工夫として，胸部，後頭部周りの背面など接触時に衝撃が加わりやすい部位の外装の一部に，ソフトラバーを用いた（図9.4.13）．なお，ソフトラバーはポリプロピレンライクというABSの一種とゴムの混合材料であり，その混合比によって任意の硬度を作り出すことが可能である．

d．制御

ここではVisiON-4Gの関節の制御について取り上げる（なお，9・4・3項で述べた行動計画もある種の「制御」である）．関節の制御方法としては，「運動学」を用いて関節に直接角度を与える手法と，「逆運動学」を用いて手先や足先などに目標となる軌道を与える手法がある．VisiON-4Gでは「シュート」や「ボールセーブ」などの直感的，感覚的な要素が多分に含まれる動作の関節制御には「運動学」を，周期的な「歩行」で幾何学的に決定できる動作の関節制御には「逆運動学」を使い分けている．これらの詳細に関しては第4章を参照してほしい．また，ヒューマノイドロボットについては梶田らの著書[7]が詳しい．

ところで，サッカーにおいては，時々刻々と変化する競技状況に応じて，様々な進行方向への転換が必要となるが，ここで重要となるのが進行方向と加減速の制御である．VisiON-4Gでは，逆運動学に与える歩行軌道に対し，任意の係数を乗じることによって進行方向と加減速を制御している．歩行時の足先軌道のy軸成分を$f_{y(t)}$，スケーリング係数をk，補正後の軌道を$f'_{y(t)}$とすると

$$f'_{y(t)} = k \times f_{y(t)} \tag{9.4.2}$$

となる．$k>0$の場合，前進し，$k<0$の場合，後進となり，また$k=0$の場合はその場で足踏みとなる．加減速は式(9.4.2)の応用であり，kの増減を制御することで行う（図9.4.14, 15）．

第9章の文献

[1] ドナルド・A・ノーマン，エモーショナル・デザイン－微笑を誘うモノたちのために，新曜社．（2004）
[2] 田中克明他，プロダクトデザインの発想，武蔵野美術大学出版社．（2006）
[3] 木全賢，売れる商品デザインの法則，日本能率協会マネジメントセンター．（2007）
[4] http://www.robocup.or.jp/
[5] http://msdn.microsoft.com/ja-jp/academic/cc998604.aspx
[6] http://imagingsolution.blog107.fc2.com/blog-entry-193.html
[7] 梶田秀司，ヒューマノイドロボット，オーム社．（2005）

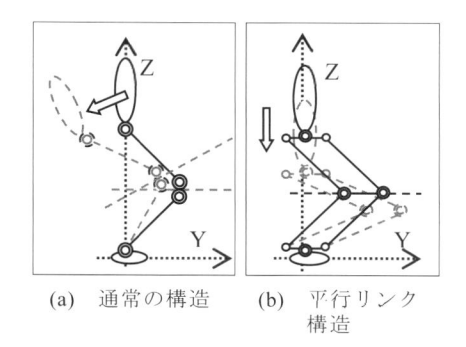

図9.4.11 構造による姿勢
(a) 通常の構造　(b) 平行リンク構造

図9.4.12 ひざの平行リンク構造

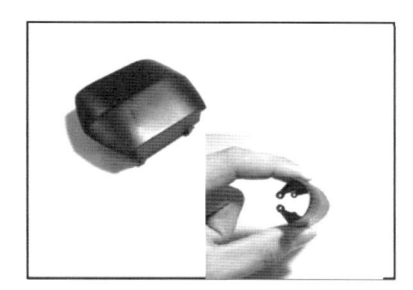

図9.4.13 ソフトラバー外装

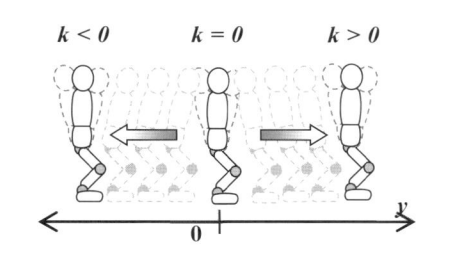

図9.4.14 スケーリング係数による方向制御

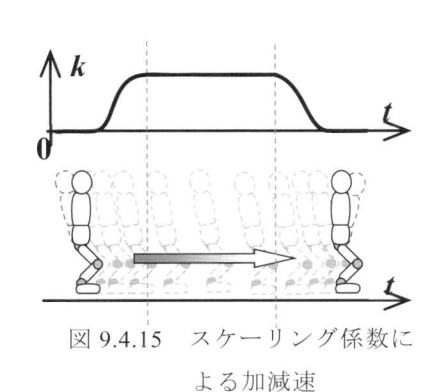

図9.4.15 スケーリング係数による加減速

おわりに

　最後まで読破された感想はいかがだろう．ロボットが持つ二つの顔を感じて頂けただろうか．一つの顔は「自由」であり，もう一つの顔は「拘束」である．すなわち，ロボットの開発は，開発者の発想の自由度と同じだけの自由度を持っており，全くの白紙に絵を描くところから始まる．そういう意味では「自由」である．一方では，その発想を具現化する際に様々な制約が存在する．例えば物理法則に従わねばならないのは当然であるが，要素技術の何らかの限界に縛られたり，コストの制限なども現実的な要素となったりすることもあろう．もちろんロボット以外の機械システムの開発も多かれ少なかれ同じような「自由（自由な発想）」と「拘束（製作上の拘束）」は存在する．ただ，ロボットの開発ほど両者の隔たりが大きなものはないと思われる．一般に機械システムの設計は，「自由」と「拘束」の両立しない要素に対する最適性を考えることであり，そのギャップが大きいほど開発者にとっておもしろい．その意味でロボットの開発は機械システムの中で最も興味ある，チャレンジングな工学的テーマであると言える．

　また，ロボットが持つ別の可能性に注目してみよう．その一つが「科学的側面」である．すなわち，ロボットを構成してゆくことで生き物の働きを理解しようとする考え方である．もちろん，生き物とロボットでは構成する素材が全く違うので，生き物そのものを再現しようとしているわけではなく，生き物の「機能」を再現し，そこから生き物の機能を理解しようとするスタンスである．このようなやり方を「生物理解の構成論的アプローチ」と呼ぶ．

　ロボットの歴史や未来の姿は本書ではあえて記述しない．それは，本書がロボットの面白さと難しさを理解していただくきっかけを最短時間で提供したいと考えているからである．歴史的背景は本書の内容を一通り学習した後，他の文献をあたっていただくのが良いと考えている．そして，現在において未来のロボットを予測することは可能であるが，本書の筆者らの共通の考えとしては，あえてそれはしないでおこうというものである．今の我々の考える未来像を描くことは読者諸氏に要らぬ先入観を与えることになりかねない．それは，ある意味で拘束になり，ロボットの発想は自由であるという考えに反するからである．ロボットの未来を構築するのは本書を読まれた読者の皆さんご自身である．加えて，数年先の科学技術（ハードウェア，ソフトウェア，理論など）のブレイクスルーを予測することはできない（予測できるものはブレイクスルーとは呼ばない！）．これはすなわち，本書で分解した様々な要素技術が画期的な進展を見せる可能性を示唆しており，したがってロボットの真の将来像は予測できないということになる．

とはいえ，どのように科学技術は進展しても，「基本」は普遍性をもっている．本書を読むに当たっても各章における基本的な知っておくべきことは存在する．本書の最後をしめくくるに当たって，各テーマで本書を読むのに必要最低限の基礎知識を得るための情報をあげておく．本書では十分説明しきれなかった基本事項などの理解はその情報を頼りに，ご自身で深めていただければ幸いである．本文中では各章ごとのくくりによる参考文献をあげたが，以下では別のくくりによる参考文献をあげておく．

まず，ロボットや力学，数学に関する入門書（あるいは網羅的教科書）をあげておこう．
（ロボット全般に関する網羅的著書）
・日本ロボット学会編集，新版ロボット工学ハンドブック，コロナ社．（2005）
・松原仁，松野文俊，稲見昌彦，野田五十樹，大須賀公一（編集），ロボット情報学ハンドブック，ナノオプトニクスエナジー．（2010）
（様々な機構の辞典）
・伊藤茂（編さん），メカニズムの事典—機械の素・改題縮刷版，理工学社．（1983）
・鈴森康一，ロボット機構学，コロナ社．（2004）
（ロボット制御の詳細な教科書）
・有本卓，新版ロボットの力学と制御，朝倉書店．（2002）（力学に関する入門書）
（力学に関する基本的な教科書）
・都筑卓司，ゼロから学ぶ力学，講談社．（2001）
（力学に関する詳細な教科書）
・H. Goldstein，J. Safko，C. Poole（原著），矢野忠，渕崎員弘，江沢康生（翻訳），古典力学（上），吉岡出版．（2006）
（線形代数に関する基本的な教科書）
・小島寛之，ゼロから学ぶ線形代数，講談社．（2002）
・西野友年，ゼロから学ぶベクトル解析，講談社．（2002）
（線形代数に関する詳細な教科書）
・伊理正夫，韓太舜，線形代数—行列とその標準形，教育出版．（1977）

さらに，ロボットは運動制御が基本なので制御工学の教科書をあげておく．
（制御工学の入門書）
・大須賀公一，足立修一，システム制御へのアプローチ，コロナ社．（1999）
（制御工学の詳細な教科書）
・吉川恒夫，古典制御論，昭晃堂．（2004）
・吉川恒夫，井村順一，現代制御論，昭晃堂．（1994）

そして．以下では各テーマについての教科書を列挙しておく．
（マニピュレータの関する教科書）
・吉川恒夫，ロボット制御基礎論，コロナ社．（1989）
・広瀬茂男，ロボット工学（改訂版），裳華房．（1996）

（二足歩行に関する教科書）
- 梶田秀司（編著），ヒューマノイドロボット，オーム社．（2005）

（多足や特殊移動に関するより詳しい教科書）
- 中野栄二，小森谷清，米田完，高橋隆行，高知能移動ロボティクス，講談社．（2004）
- 米田完，大隅久，坪内孝司，ここが知りたいロボット創造設計，講談社．（2005）

（センサの網羅的教科書）
- 藍光郎（監修），室英夫，佐取朗，石垣武夫，大和田邦樹，石森義雄（編集），次世代センサハンドブック，培風館．（2008）

（画像関係の教科書）
- ディジタル画像処理編集委員会，ディジタル画像処理，CG-ARTS協会．（2004）
- 出口光一郎，ロボットビジョンの基礎，コロナ社．（2000）

（アクチュエータのより詳しい教科書）
- 川村貞夫，野方誠，田所諭，早川恭弘，松浦貞裕，制御用アクチュエータの基礎，コロナ社．（2006）
- 米田完，坪内孝司，大隅久，はじめてのロボット創造設計，講談社．（2001）

（アクチュエータの詳しい実用技術書）
- モータ技術実用ハンドブック編集委員会編，モータ技術実用ハンドブック，日刊工業新聞社．（2001）

（アクチュエータの研究最先端）
- アクチュエータシステム技術企画委員会編，アクチュエータ工学，養賢堂．（2004）

（制御工学のより詳しい教科書）
- 坪内孝司，大隅久，米田完，これならできるロボット創造設計，講談社．（2007）
- 伊藤正美，自動制御概論（上），昭晃堂．（1983）
- 吉川恒夫，古典制御理論，昭晃堂．（2004）

（制御工学の実践的教科書）
- 橋本洋志，石井千春，小林裕之，大山泰弘，Scilabで学ぶシステム制御の基礎，オーム社．（2008）

（知能ロボットの教科書）
- S.J.Russell, P.Norvig, 古川康一（翻訳），エージェントアプローチ人工知能 第2版，共立出版．（2008）
- 太田順，新井民夫，倉林大輔，知能ロボット入門—動作計画問題の解法，コロナ社．（2008）

本書は，ロボティクスに関する入門書なので，ロボットに関する過去からの多くの研究や先端研究を紹介することは必ずしもしていない．ただ，向学心旺盛な読者諸氏はこの分野の学会誌や論文誌などを直接あたってみることを勧める．具体的には，日本ロボット学会や日本機械学会の学会誌や論文誌がJ-STAGE（https://www.jstage.jst.go.jp/browse/-char/ja/）などでバックナンバーを無料で閲覧することができる．例えばこのようなシステムを活用したり，直接図書館でオリジナルの文献を楽しんでみてはいががかと思う．

SUBJECT INDEX

A
- A* algorithm　A*アルゴリズム　167
- absolute encoder　アブソリュートエンコーダ　109
- accelerometer　加速度センサ　114
- actuator　アクチュエータ　9
- analog　アナログ　139
- angular velocity　角速度　78
- autonomous driving　自律走行　39
- autonomous robot　自律ロボット　17
- AC servo motor　ACサーボモータ　131

B
- back electromotive force　逆起電力　120
- back-drivability　バックドライバビリティ　90
- backlash　バックラッシュ　62, 128
- band-pass filter　バンドパスフィルタ　100
- bang-bang control　Bang-Bang制御　127
- baseline length　基線長　106
- Bayesian filtering　ベイズフィルタ　40
- bilateral control　バイラテラル制御　161
- breadth first search　幅優先探索　167
- brush　ブラシ　120
- brushless DC servo motors　ブラシレスDCサーボモータ　131

C
- calibration　キャリブレーション，校正　99
- charge coupled device，CCD　101
- cogging torque　コギングトルク　126
- commutator　整流子　120
- complementary metal oxide semiconductor，CMOS　101
- compliance ellipsoid　コンプライアンス楕円体　66
- concept drawing　ポンチ絵　2
- configuration space　コンフィグレーションスペース　168
- control　制御　86
- control engineering　制御工学　20
- control theory　制御理論　142
- controlled variable　制御量　141
- controller area network　CAN　154
- conversational robot　会話ロボット　174
- coordinate rotation matrix　座標回転行列　73, 77
- coordinate system　座標系　73
- coordinate transformation　座標変換　75
- Coriolis force　コリオリ力　115
- counter board　カウンタボード　138
- crawl gait　クロール歩容　45
- cross product　外積　78

D
- damping coefficient　減衰係数　146
- DARPA　国防省先進研究プロジェクト機関　28
- DC servo motor　DCサーボモータ　9, 119
- degrees of freedom　自由度　12
- delta-type　デルタ型　8
- Denavit-Hartenberg method　DH法　82
- depth first search　深さ優先探索　167
- desired value　目標値　141
- deviation　偏差　141
- device driver　デバイスドライバ　155
- differential drive wheeled robot　対向2輪型　31
- digital　デジタル　139
- direct drive　ダイレクトドライブ　126
- direct drive motors　ダイレクトドライブモータ　62
- direct teaching　ダイレクトティーチング　164
- disparity　視差　105
- drift error　ドリフト誤差　115
- duty ratio　デューティ比　125
- dynamic characteristics　動特性　123
- dynamic walk　動歩行　51
- dynamics　動力学　68

E
- each axis switch　各軸スイッチ　159
- electrical time constant　電気的時定数　123
- end effector　エンドエフェクタ　13, 60
- entertainment robot　エンタテインメントロボット　4, 178
- epipolar line　エピポーラ線　106
- equivalent moment of inertia　等価慣性モーメント　128
- Euler angle　オイラー角　78
- exoskeleton　外骨格（エグゾスケルトン）　163
- external sensor　外界センサ　9, 96

F
- feedback control　フィードバック制御　142
- Fleming's left-hand rule　フレミングの左手の法則　119
- focal length　焦点距離　104
- force control　力制御　90
- forward kinematics　順運動学　63

G
- gage factor　ゲージファクタ（ゲージ率）　112
- gait　歩容　40
- Gimbal mechanism　ジンバル機構　114
- Global Positioning System　GPS　17
- gripper　グリッパ　60
- gyrodometry　ジャイロオドメトリ　37
- gyroscope　ジャイロスコープ　97, 114

H
- Harmonic Drive　ハーモニックドライブ　127, 130
- H-bridge　Hブリッジ　151
- head-mounted display　ヘッドマウンテッドディスプレイ　163
- high-pass filter　ハイパスフィルタ　100
- homogeneous transformation　同次変換　76
- homogeneous transformation matrix　同次変換行列　19
- human support robot　人間支援型ロボット　22
- hybrid control　ハイブリッド制御　92
- hysteresis　ヒステリシス　99

I

image processing	画像処理		102
impedance control	インピーダンス制御		22
incremental encoder	インクリメンタルエンコーダ		109
industrial robot	産業用ロボット		3, 5
inertia matrix	慣性行列		88, 92
internal sensor	内界センサ		9, 96
interface	インタフェース		136
inverse dynamics computation	逆動力学計算		19
inverse kinematics	逆運動学		63

J

Jacobian matrix	ヤコビ行列		65
joystick mode	ジョイスティック方式		159

K

kinematics	運動学		62

L

labeling process	ラベリング処理		186
Lagrangian method	ラグランジュ法		73
landmark	ランドマーク		17
Laplace transform	ラプラス変換		123
line trace	ライントレース		39
Lorentz force	ローレンツ力		119
low-pass filter	ローパスフィルタ		100

M

manipulability ellipsoid	可操作楕円体		66
manipulator	マニピュレータ		11, 60
Mars Pathfinder	マーズパスファインダー		163
master-slave type	マスタースレーブ方式		60, 160
mechanical time constant	機械的時定数		124
mental commit robot	メンタルコミットロボット		7
mental model	メンタルモデル		174
moment	モーメント		67
motion capture system	モーションキャプチャシステム		165
motion planning	モーションプランニング		168
motor driver	モータドライバ		15, 124, 137

N

natural angular frequency	固有角周波数		146
Newton-Euler method	ニュートン・オイラー法		70
nonholonomic	ノンホロノミック		32
normalized cross correlation, NCC	正規化相互相関		103

O

occlusion	オクルージョン		106
odometry	オドメトリ		34
omni-directional mobile robot	全方向移動ロボット		11
omni-directional motion	全方向移動		29
Open Resource/Robot interface for the Network	ORiN		154
operating system	オペレーティングシステム		154

P

parallel link manipulator	パラレルリンクマニピュレータ		11, 59, 60
parallel link structure	パラレルリンク構造		8
passive dynamic walking	受動歩行		45
path following control	経路追従制御		37
path planning	経路計画		132
pattern matching	パターンマッチング		102
Peripheral Interface Controller	PIC		151
pet robot	ペットロボット		7
phase system	位相差方式		108
photodiode	フォトダイオード		101
piezoelectric element	圧電素子(ピエゾ素子)		112
pinhole camera	ピンホールカメラ		104
planetary gear mechanism	遊星歯車機構		129
point to point control	PTP制御		86, 168
position control	位置制御		86
posture of robot	ロボットの姿勢		6
potential method	ポテンシャル法		168
potentiometer	ポテンショメータ		96, 109, 138
prismatic joint	直動関節		3, 13
product design	プロダクトデザイン		173
proportional and derivative control	PD制御		145
proportional and integral control	PI制御		148
proportional control	比例制御		142
proportional integral and derivative control	PID制御		147
pullout torque	プルアウトトルク		131
pulsed system	パルス方式		108
pulse width modulation, PWM	パルス幅変調		125, 152
PWM period	PWM周期		125

R

real-time OS	リアルタイムOS		154
reduction gear	減速機		14
redundant manipulator	冗長マニピュレータ		59
remote control	遠隔操縦		157
rescue robot	レスキューロボット		6
RoboCup	ロボカップ		17, 185
robotics	ロボティクス		4
robotic science	ロボティックサイエンス		23
roll-pitch-yaw angles	ロール・ピッチ・ヨー角		77
rotary encoder	ロータリエンコーダ		15, 96, 109, 137
rotary joint	回転関節		13
rotation transformation	回転変換		83
RT middle ware	RTミドルウェア		155

S

scaled teleoperation	スケールドテレオペレーション		162
SCARA robot	スカラ型ロボット		3
search problem	探索問題		166
serial link manipulator	シリアルリンクマニピュレータ		11, 59
shared autonomy	分担自律		163
singular configuration	特異姿勢(特異点)		67
space robot	宇宙ロボット		61
speed control	速度制御		66
speed-torque curve	速度トルク曲線		121
spot welding	スポット溶接		5
stability margin	安定余裕		48
state space	状態空間		166
static characteristics	静特性		121
static walking	静歩行		49
statics	静力学		67

steady state	定常状態	121
step response	ステップ応答	123
stepping motor	ステッピングモータ	130
stereo camera	ステレオカメラ	105
stereo vision	ステレオビジョン	105
Stewart platform	スチュワートプラットフォーム	8
strain gauge	ひずみゲージ	111
subsumption architecture	サブサンプションアーキテクチャ	169
Sum of Absolute Difference	SAD	103
Sum of Squared Difference	SSD	103
supervisory control	管理制御(スーパーバイザリーコントロール)	163
surgery robot	手術ロボット	60

T

table-cart model	テーブル・台車モデル	41
teaching by demonstration	実演による教示	165
teaching pendant	ティーチングペンダント	159
teaching playback	教示再生(ティーチングプレイバック)	158, 164
telepresence	テレプレゼンス	162
telerobotics	テレロボティクス	164
telexistence	テレイグジスタンス	162
template matching	テンプレートマッチング	103
time of flight	TOF	107
track	クローラ	28
trajectory planning	軌道計画	132
transfer function	伝達関数	124
trapezoidal speed curve	台形速度曲線	132
triangulation	三角測量	105
trot gait	トロット歩容	46

U

ultrasonic sensor	超音波センサ	98

V

virtual reality	バーチャルリアリティ	162

W

wave gait	ウェーブ歩容	45
wheatstone bridge	ホイートストンブリッジ回路	112
worm gear	ウォームギア	127

Z

zero moment point	ZMP	42

μ

μITRON	155

索　引

あ

アクチュエータ	actuator	9
圧電素子（ピエゾ素子）	piezoelectric element	112
アナログ	analog	139
アブソリュートエンコーダ	absolute encoder	109
RTミドルウェア	RT middle ware	155
安定余裕	stability margin	48
位置制御	position control	86
位相差方式	phase system	108
インクリメンタルエンコーダ	incremental encoder	109
インタフェース	interface	136
インピーダンス制御	impedance control	22
ウェーブ歩容	wave gait	45
ウォームギア	worm gear	127
宇宙ロボット	space robot	61
運動学	kinematics	62
ACサーボモータ	AC servo motor	131
A*アルゴリズム	A* algorithm	167
SAD	sum of absolute difference	103
SSD	sum of squared difference	103
Hブリッジ	H-bridge	151
エピポーラ線	epipolar line	106
遠隔操縦	remote control	157
エンタテインメントロボット	entertainment robot	4, 178
エンドエフェクタ	end effector	13, 60, 86
オイラー角	Euler angle	78
オクルージョン	occlusion	106
オドメトリ	odometry	34
オペレーティングシステム	operating system	154
ORiN	Open Resource/Robot interface for the Network	154

か

回転関節	rotary joint	13
回転変換	rotation transformation	83
会話ロボット	conversational robot	174
カウンタボード	counter board	138
各軸スイッチ	each axis switch	159
角速度	angular velocity	78
可操作楕円体	manipulability ellipsoid	66
加速度センサ	accelerometer	114
慣性行列	inertia matrix	88, 92
管理制御（スーパーバイザリーコントロール）	supervisory control	163
外界センサ	external sensor	9, 96
外積	cross product	78
画像処理	image processing	102
機械的時定数	mechanical time constant	124
基線長	baseline length	106
軌道計画	trajectory planning	132
逆運動学	inverse kinematics	63
逆起電力	back electromotive force	120
逆動力学計算	inverse dynamics computation	19
キャリブレーション	calibration	99
教示再生（ティーチングプレイバック）	teaching playback	158, 164
クローラ	track	28
クロール歩容	crawl gait	45
グリッパ	gripper	60
経路計画	path planning	132
経路追従制御	path following control	37
減衰係数	damping coefficient	146
減速機	reduction gear	14
ゲージファクタ（ゲージ率）	gage factor	112
校正	calibration	126
コギングトルク	cogging torque	126
国防省先進研究プロジェクト機関	DARPA	28
固有角周波数	natural angular frequency	146
コリオリ力	Coriolis force	115
コンフィグレーションスペース	configuration space	168
コンプライアンス楕円体	compliance ellipsoid	66

さ

サブサンプションアーキテクチャ	subsumption architecture	169
三角測量	triangulation	105
産業用ロボット	industrial robot	3, 5
座標回転行列	coordinate rotation matrix	73, 77
座標系	coordinate system	73
座標変換	coordinate transformation	75
視差	disparity	106
手術ロボット	surgery robot	60
焦点距離	focal length	104
シリアルリンクマニピュレータ	serial link manipulator	11, 59
CAN	controller area network	154
CCD	charge coupled device	101
CMOS	complementary metal oxide semiconductor	101
実演による教示	teaching by demonstration	165
ジャイロオドメトリ	gyrodometry	37
ジャイロスコープ	gyroscope	97, 114
自由度	degrees of freedom	12
受動歩行	passive dynamic walking	45
順運動学	forward kinematics	63
ジョイスティック方式	joystick mode	159
状態空間	state space	166
冗長マニピュレータ	redundant manipulator	59
自律走行	autonomous driving	39
自律ロボット	autonomous robot	17
ジンバル機構	Gimbal mechanism	114
GPS	Global Positioning System	17
スカラ型ロボット	SCARA robot	3
スケールドテレオペレーション	scaled teleoperation	162
スチュワートプラットフォーム	Stewart platform	8
ステレオカメラ	stereo camera	105
ステレオビジョン	stereo vision	105
ステッピングモータ	stepping motor	130
ステップ応答	step response	123
外骨格（エグゾスケルトン）	exoskeleton	163

スポット溶接	spot welding	5
正規化相互相関	normalized cross correlation, NCC	103
制御	control	86
制御工学	control engineering	20
制御量	controlled variable	141
制御理論	control theory	142
静特性	static characteristics	121
静歩行	static walking	49
静力学	statics	67
整流子	commutator	120
ティーチングペンダント	teaching pendant	159
ZMP	zero moment point	42
全方向移動	omni-directional motion	29
全方向移動ロボット	omni-directional mobile robot	11
速度制御	speed control	66
速度トルク曲線	speed-torque curve	121

た

対向2輪型	differential drive wheeled robot	31
探索問題	search problem	166
台形速度曲線	trapezoidal speed curve	132
ダイレクトティーチング	direct teaching	164
ダイレクトドライブ	direct drive	126
ダイレクトドライブモータ	direct drive motors	62
力制御	force control	90
超音波センサ	ultrasonic sensor	98
直動関節	prismatic joint	3, 13
TOF	time of flight	107
定常状態	steady state	121
テレイグジスタンス	telexistence	162
テレプレゼンス	telepresence	162
テレロボティクス	telerobotics	164
テンプレートマッチング	template matching	103
テーブル・台車モデル	table-cart model	41
DH法	Denavit-Hartenberg method	82
DCサーボモータ	DC servo motor	9, 119
デジタル	digital	139
デバイスドライバ	device driver	155
デューティ比	duty ratio	125
デルタ型	delta-type	8
電気的時定数	electrical time constant	123
伝達関数	transfer function	124
等価慣性モーメント	equivalent moment of inertia	128
特異姿勢（特異点）	singular configuration	67
トロット歩容	trot gait	46
同次変換	homogeneous transformation	76
同次変換行列	homogeneous transformation matrix	19
動特性	dynamic characteristics	123
動歩行	dynamic walk	51
動力学	dynamics	68
ドリフト誤差	drift error	115

な

内界センサ	internal sensor	9, 96
ニュートン・オイラー法	Newton-Euler method	70
人間支援型ロボット	human support robot	22
ノンホロノミック	nonholonomic	32

は

ハイパスフィルタ	high-pass filter	100
ハイブリッド制御	hybrid control	92
幅優先探索	breadth first search	167
ハーモニックドライブ	Harmonic Drive	127, 130
bang-bang制御	bang-bang control	127
バイラテラル制御	bilateral control	161
バックドライバビリティ	back-drivability	90
バックラッシュ	backlash	62, 128
バンドパスフィルタ	band-pass filter	100
バーチャルリアリティ	virtual reality	162
パターンマッチング	pattern matching	102
パラレルリンク構造	parallel link structure	8
パラレルリンクマニピュレータ	parallel link manipulator	11, 59, 60
パルス幅変調	pulse width modulation, PWM	125, 152
パルス方式	pulsed system	108
ヒステリシス	hysteresis	99
ひずみゲージ	strain gauge	111
比例制御	proportional control	142
VxWorks		155
PIC	Peripheral Interface Controller	151
PI制御	proportional and integral control	148
PID制御	proportional integral and derivative control	147
PWM周期	PWM period	125
PTP制御	point to point control	86, 168
PD制御	proportional and derivative control	145
ピンホールカメラ	pinhole camera	104
フィードバック制御	feedback control	142
フォトダイオード	photodiode	101
フレミングの左手の法則	Fleming's left-hand rule	119
深さ優先探索	depth first search	167
歩容	gait	40
ブラシ	brush	120
ブラシレスDCサーボモータ	brushless DC servo motors	131
分担自律	shared autonomy	163
プルアウトトルク	pullout torque	131
プロダクトデザイン	product design	173
ヘッドマウンテッドディスプレイ	head-mounted display	163
偏差	deviation	141
ベイズフィルタ	Bayesian filtering	40
ペットロボット	pet robot	7
ホイートストンブリッジ回路	wheatstone bridge	112
ポテンシャル法	potential method	168
ポテンショメータ	potentiometer	96, 109, 138
ポンチ絵	concept drawing	2

ま

マスタースレーブ方式	master-slave type	60, 160
マニピュレータ	manipulator	11, 60
マーズパスファインダー	Mars Pathfinder	163
μITRON		155
メンタルコミットロボット	mental commit robot	7
メンタルモデル	mental model	174
目標値	desired value	141
モーションキャプチャシステム	motion capture system	165
モーションプランニング	motion planning	168

用語	英語	ページ
モータドライバ	motor driver	15, 124, 137
モーメント	moment	67

や

用語	英語	ページ
ヤコビ行列	Jacobian matrix	65, 79
遊星歯車機構	planetary gear mechanism	129

ら

用語	英語	ページ
ライントレース	line trace	39
ラグランジュ法	Lagrangian method	73
ラプラス変換	Laplace transform	123
ラベリング処理	labeling process	186
ランドマーク	landmark	17
リアルタイムOS	real-time OS	154
レスキューロボット	rescue robot	6
ロボカップ	RoboCup	17, 185
ロボティクス	robotics	4
ロボティックサイエンス	robotic science	23
ロボットの姿勢	posture of robot	6
ロータリエンコーダ	rotary encoder	15, 96, 109, 137
ローパスフィルタ	low-pass filter	100
ロール・ピッチ・ヨー角	roll-pitch-yaw angles	77
ローレンツ力	Lorentz force	119

ロボティクス
Robotics

2011 年 9 月 15 日	初版第 1 刷発行	著作兼 発行者	一般社団法人日本機械学会 （代表理事会長　伊藤　宏幸） 東京都新宿区新小川町 4 番 1 号 KDX 飯田橋スクエア 2 階
2023 年 5 月 8 日	第 7 刷発行		
		装　丁	中川　志信　　更谷　紀子
		印刷者	赤川　靖宏 秋田協同印刷株式会社 秋田県秋田市八橋南 2－10－34

発行所　東京都新宿区新小川町 4 番 1 号　　　　　　一般社団法人　日本機械学会
　　　　KDX 飯田橋スクエア 2 階
　　　　郵便振替口座　00130-1-19018 番
　　　　電話（03）4335-7610　FAX（03）4335-7618　https://www.jsme.or.jp

発売所　東京都千代田区神田神保町 2-17　　　　　　丸善出版株式会社
　　　　神田神保町ビル
　　　　電話（03）3512-3256　FAX（03）3512-3270

Ⓒ日本機械学会，2011　　　本書に掲載されたすべての記事内容は，一般社団法人日本機械学会
　　　　　　　　　　　　の許可なく転載・複写することはできません．

ISBN 978-4-88898-208-5　C3053